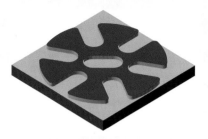
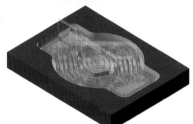
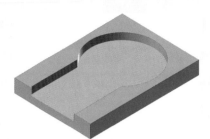

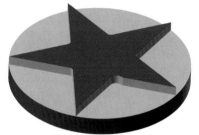
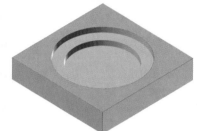
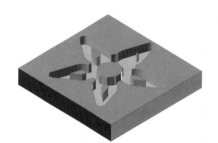

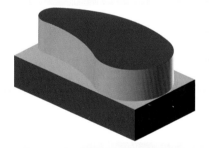
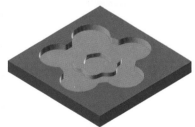

SANWEI

SANWEI

SANWEI

清华社"视频大讲堂"大系

CAD/CAM/CAE技术视频大讲堂

Mastercam 中文版
从入门到精通

CAD/CAM/CAE技术联盟 ◎编著

清华大学出版社

北 京

内 容 简 介

本书通过 50 多个实例，全面讲解了 Mastercam 软件的 CAD、CAM 部分，包括 Mastercam 基础，二维图形的绘制，三维实体的编辑，曲面、曲线的创建与编辑，加工基础，加工参数设置，加工通用参数设置，外型铣削加工，挖槽加工，钻孔和面铣加工，雕刻加工及全圆铣削，曲面粗加工，曲面精加工，刀路编辑，多轴加工等。另附 1 章扩展学习电子书，讲解模具加工综合应用，供学有余力的读者学习。本书通过实例来介绍参数的含义，内容安排由浅入深，步骤详细，便于读者掌握参数的设置方法。

本书还配备了极为丰富的电子资料包，其中包含全书实例操作过程视频演示的 MP4 文件和实例源文件。读者可以扫描书中二维码学习操作，并下载实例文件，在按照书中实例操作时调用。

本书适合广大 CAM 编程人员使用，也可以作为大、中专院校和职业培训机构的教材或教学参考书。

图书在版编目（CIP）数据

Mastercam 中文版从入门到精通 / CAD/CAM/CAE 技术联盟编著. —北京：清华大学出版社，2021.8 (2024.11 重印)

（清华社"视频大讲堂"大系 CAD/CAM/CAE 技术视频大讲堂）

ISBN 978-7-302-57474-3

I. ①M… II. ①C… III. ①计算机辅助设计—应用软件—教材 IV. ①TP391.73

中国版本图书馆 CIP 数据核字（2021）第 022771 号

责任编辑：贾小红
封面设计：闰江文化
版式设计：文森时代
责任校对：马军令
责任印制：刘海龙

出版发行：清华大学出版社
  网　　址：https://www.tup.com.cn，https://www.wqxuetang.com
  地　　址：北京清华大学学研大厦 A 座　　　　　　邮　编：100084
  社 总 机：010-83470000　　　　　　　　　　　邮　购：010-62786544
  投稿与读者服务：010-62776969，c-service@tup.tsinghua.edu.cn
  质量反馈：010-62772015，zhiliang@tup.tsinghua.edu.cn
印 装 者：大厂回族自治县彩虹印刷有限公司
经　　销：全国新华书店
开　　本：203mm×260mm　　　印　张：24.25　　插　页：2　　字　数：724 千字
版　　次：2021 年 9 月第 1 版　　　　　　　　　　　　　　　印　次：2024 年 11 月第 4 次印刷
定　　价：89.80 元

产品编号：074126-01

前 言

Preface

制造是推动人类社会发展和文明进程的主要动力，它不仅是经济发展和社会进步的重要基础，也是创造人类精神文明的重要手段，在国民经济中起着重要的作用。为了在最短的时间内，用最低的成本生产出最高质量的产品，人们除了从理论上进一步研究制造内在机理，也渴望能在计算机上用一种更加有效、直观的手段体现产品设计和制造过程，CAD/CAM 应运而生。

Mastercam 是美国 CNC Software 公司开发的最新 CAD/CAM 系统，是经济高效的全方位软件系统之一。由于其界面采用微软风格，加上操作灵活、易学易会、实用性强、在自动生成数控代码方面有其独到的特色等优点，被广泛应用于机械制造业，尤其是在模具制造业深受用户的喜爱。Mastercam 具有卓越的设计及加工功能，在电子、航空等领域也有广泛应用，许多工业大国皆采用该系统作为设计、加工制造的标准。

一、编写目的

鉴于 Mastercam 强大的功能和深厚的工程应用底蕴，本书全方位介绍 Mastercam 在工程中的实际应用，针对工程设计的需要，利用 Mastercam 大体知识脉络作为线索，以实例作为"抓手"，帮助读者掌握利用 Mastercam 进行设计和加工的基本技能和技巧。

本书以 Mastercam 的最新版本为依据，对 Mastercam 设计与加工的基本思路、操作步骤、应用技巧进行了详细介绍，并结合典型工程应用实例详细讲述了 Mastercam 的具体工程应用方法。

二、本书特点

1．循序渐进

本书对内容的讲解由浅入深、从易到难，以必要的基础知识作为铺垫，结合实例逐步引导读者掌握软件的功能与操作技巧，让读者潜移默化地进入顺畅学习的轨道，逐步提高软件应用能力。

2．覆盖全面

本书立足于基本软件功能的应用，全面介绍了软件的各个功能模块，使读者全面掌握软件的强大功能，提高 CAD/CAM 工程应用能力。

3．画龙点睛

本书在讲解基础知识和相应实例的过程中，及时对某些技巧进行总结，对知识的关键点给出提示，这样就能使读者少走弯路，快速提高能力。

4．突出技能提升

本书有很多实例本身就是工程分析项目案例，经过作者精心提炼和改编，不仅保证读者能够学好知识点，更重要的是能帮助读者掌握实际的操作技能。全书结合实例详细讲解了 Mastercam 的知识要点，让读者在学习案例的过程中潜移默化地掌握 Mastercam 软件的操作技巧，同时也培养工程设计与加工实践应用能力。

三、本书的配套资源

本书提供了极为丰富的学习配套资源，读者可通过扫描二维码下载，以便在最短的时间学会并精通 Mastercam。

1. 55 集高清教学微视频

本书针对大多数实例，专门制作了 55 集实例演示视频，读者可以扫描书中二维码观看视频，像看电影一样轻松愉悦地学习本书内容。

2. 全书实例的源文件

本书附带了很多实例，电子资料中包含实例的源文件和部分素材，读者可以通过安装 Mastercam 软件打开并使用。

四、关于本书的服务

1. Mastercam 安装软件的获取

按照本书的实例进行操作练习，以及使用 Mastercam 进行设计和加工，需要事先在计算机中安装 Mastercam 软件。可以登录 http://www.mastercam.com 联系购买正版软件，或者使用其试用版。另外，当地电脑城、软件经销商一般有售。

2. 关于本书的技术问题或有关本书信息的发布

读者如果遇到有关本书的技术问题，可以扫描封底"文泉云盘"二维码查看是否已发布相关勘误/解疑文档，如果没有，则可在下方寻找作者联系方式，或点击"读者反馈"留下问题，我们会及时回复。

3. 关于手机在线学习

扫描书中二维码，可在手机中观看对应教学视频。充分利用碎片化时间，随时随地提升。需要强调的是，书中给出的只是实例的重点步骤，详细操作过程还需通过视频来仔细领会。

五、关于作者

本书由 CAD/CAM/CAE 技术联盟组织编写。CAD/CAM/CAE 技术联盟是进行 CAD/CAM/CAE 技术研讨、工程开发、培训咨询和图书创作的工程技术人员协作联盟，包含二十多位专职和众多兼职 CAD/CAM/CAE 工程技术专家。其创作的很多教材成为国内具有引导性的旗帜作品，在国内相关专业方向图书创作领域具有举足轻重的地位。

六、致谢

在本书的写作过程中，策划编辑贾小红和艾子琪女士给予了很大的帮助和支持，提出了很多中肯的建议，在此表示感谢。同时，还要感谢清华大学出版社的所有编审人员为本书的出版所付出的辛勤劳动。本书的成功出版是大家共同努力的结果，感谢所有给予支持和帮助的人士。

编　者

目 录

Contents

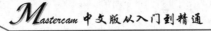

Note

Mastercam 扩展学习内容

扫 码 阅 读

Mastercam 基础

本章主要讲解有关 Mastercam 的基础知识，包括软件的启动与退出、软件界面、文件的管理、图素属性的设置等，这些是建模和加工过程中最基本的操作。读者应重点了解文件的管理，特别是保存和另存文件，以及输入和输出文件的方法；应熟练掌握颜色、图层、线型、线宽等参数的基本设置。

知识点

☑ 启动与退出软件　　　　　　　　☑ 文件管理

☑ 软件界面　　　　　　　　　　　☑ 软件基本设置

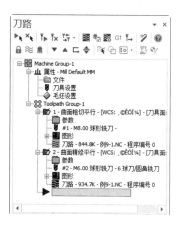
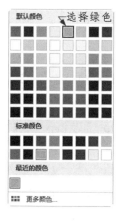

1.1 软件界面

认识界面是掌握软件操作的第一步，只有对界面比较熟悉，才有可能熟练地掌握软件的操作。

1. 界面简介

启动软件后，弹出如图1-1所示的界面。界面中包括标题栏、刀路操作管理器、操作面板、选择工具栏、快速选择栏、绘图区、状态栏等。

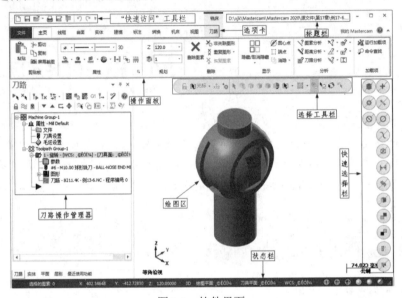

图1-1　软件界面

2. 实体操作管理器

按 Alt+I 组合键，弹出实体操作管理器，如图1-2所示，可以对所有实体进行操作和编辑。

3. 刀路操作管理器

按 Alt+O 组合键，弹出刀路操作管理器，如图1-3所示，可以对所有刀路进行操作和编辑。

图1-2　实体操作管理器

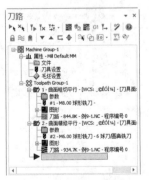

图1-3　刀路操作管理器

1.2　文件管理

新建和保存文件是文件处理过程中经常用到的功能。用户需要对文件进行合理的管理，以便日后进行调用和编辑。文件管理包括新建文件、打开文件、保存文件、输入/输出文件、调取帮助文件等。

1.2.1　新建文件

启动软件时系统新建一个默认文件，用户不需要先进行新建文件的操作，只需直接在当前窗口进行绘图即可。若用户在使用过程中想新建一个文件，可以单击"快速访问"工具栏中的"新建"按钮 ，系统弹出如图 1-4 所示的提示对话框，提示用户对当前文件进行保存。

若单击"保存"按钮，系统弹出如图 1-5 所示的"另存为"对话框，该对话框用来设置保存目录，对文件进行保存；若单击"不保存"按钮，则系统直接新建一个文件，不保存当前操作的文件。

图 1-4　提示对话框

图 1-5　"另存为"对话框

1.2.2　打开文件

当要打开其他文件时，可以单击"快速访问"工具栏中的"打开"按钮 ，弹出如图 1-6 所示的"打开"对话框。该对话框用来打开需要的文件，在右边的预览框中可以对所选的文件进行预览，查看是否是自己需要的文件，从而方便做出选择。

图 1-6　"打开"对话框

1.2.3 保存文件

在 Mastercam 中有保存、另存和保存部分 3 种文件保存方式。如果用户要对所完成的文件进行保存，可以单击"快速访问"工具栏中的"保存"按钮🔲，系统将弹出如图 1-7 所示的"另存为"对话框，该对话框用来设置保存文件的路径。

图 1-7　"另存为"对话框

选择"另存为"和"保存部分"两种方式时系统均弹出"另存为"对话框，但它们的意义有些不同。另存文件是将当前文件复制一份另存到别的地方，相当于保存副本；保存部分是选择绘图区中的某一部分图素进行保存，没有选择的则不保存。

1.2.4 输入/输出文件

输入和输出文件主要是将不同格式的文件进行相互转换。输入是将其他格式的文件转换为 MCX 格式的文件，输出是将 MCX 格式的文件转换为其他格式的文件。

单击菜单栏中的"文件"→"转换"→"导入文件夹"按钮🔳，弹出如图 1-8 所示的"导入文件夹"对话框，在"导入文件类型"下拉列表框中选择要转换的文件格式。

单击菜单栏中的"文件"→"转换"→"导出文件夹"按钮🔳，弹出如图 1-9 所示的"导出文件夹"对话框，在"输出文件类型"下拉列表框中选择要转换成的文件格式。

图 1-8　"导入文件夹"对话框　　　　图 1-9　"导出文件夹"对话框

1.2.5 调取帮助文件

在操作过程中，遇到难点或在某些地方存在疑问时，可以调取帮助文件，以解除疑问。单击操作界面右上角的"帮助"按钮 ，系统弹出如图 1-10 所示的帮助窗口。

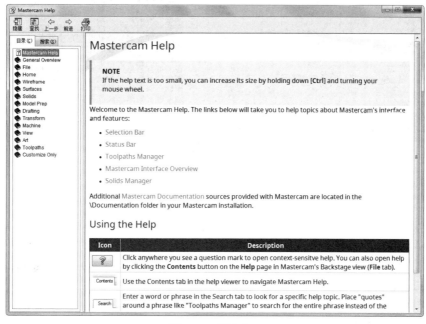

图 1-10   帮助窗口

1.3   软件基本设置

在操作过程中可以根据需要进行相关参数的设置，如绘图颜色、图层、线型、线宽等。设置合适的参数能给后续操作带来方便。本节主要讲解颜色、图层、线型、线宽、Z 深度、捕捉点及单位等常用的设置选项。

1.3.1   设置绘图区背景颜色

绘图区的背景颜色默认为蓝色，用户可以将其设置成自己喜欢的颜色。此处以将绘图区的背景颜色设置成白色为例，来说明设置绘图区颜色的方法，以使绘图区的图素显得更加清晰。

设置绘图区背景颜色的具体操作步骤如下。

（1）选择菜单栏中的"文件"→"配置"命令，弹出"系统配置"对话框。

（2）在对话框中依次选择"颜色"→"背景（渐变起始）"→"白色"选项和"颜色"→"背景（渐变终止）"→"白色"选项，将背景颜色设为白色，如图 1-11 所示。

（3）单击"确定"按钮 ，完成绘图区背景颜色的设置。

Note

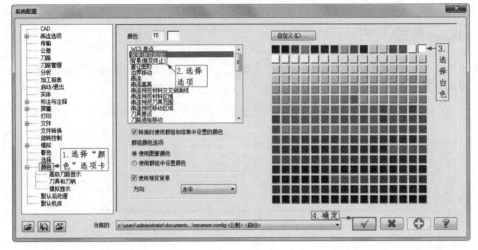

图 1-11　"系统配置"对话框

1.3.2　设置绘图颜色

为了方便用户管理图素，可以对绘图颜色进行设置。设置绘图颜色后所创建的图素颜色相同，直到重新设置颜色为止。

设置绘图颜色的具体操作步骤如下。

（1）单击"主页"选项卡"属性"面板中的"线框颜色"右侧的下拉按钮 ，弹出如图 1-12 所示的"颜色"对话框。

（2）在"颜色"对话框中选择所需的颜色，完成颜色的设置。

1.3.3　设置工作图层

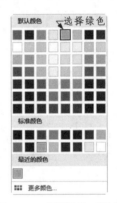

图 1-12　"颜色"对话框

图层是假想的放置图素的空间，为了方便管理图形，将图素按照某种分类方式放进不同的图层。系统预设了多个图层，通过关闭或开启某些图层，可以让图层中的图素显示或隐藏，从而达到管理图素的目的。

设置工作图层的具体操作步骤如下。

（1）按 Alt+Z 组合键，弹出如图 1-13 所示的"层别"对话框。

图 1-13　"层别"对话框

（2）在"编号"文本框中输入数字，即可将此层设为当前图层，当前图层的颜色为黄色，其后创建的所有图素都会放入此层。

（3）在列表框的"高亮"栏下单击，可以控制图层中图素的显示或隐藏。

✍ **技巧荟萃**：在"层别"对话框的列表框中单击"号码"栏下的编号，对应的编号前出现✔符号，即可将该编号对应的层设成当前构图层。

1.3.4　设置线型

线型即线的样式，包括虚线、实线、中心线、点画线等。如果需要设置线型，可以在"主页"选项卡"属性"面板中选择"线型"选项———，系统显示如图 1-14 所示的线型列表，选择虚线，即可将当前图素的线型设为虚线。另外，还可以右击图形，在弹出的快捷菜单中选择"线型"选项———来设置线型属性，如图 1-15 所示。

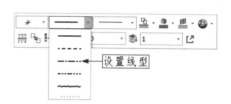

图 1-14　线型列表　　　　　图 1-15　在快捷菜单中设置线型

1.3.5　设置线宽

设置线宽与设置线型类似，在"主页"选项卡"属性"面板中选择"线宽"选项█，在弹出的线宽列表中选择一种线宽，即可将其设为当前线宽。另外，还可以右击图形，在弹出的快捷菜单中选择"线宽"选项█来设置线宽属性。

1.3.6　设置 Z 深度

Z 深度主要用于构建不在 0 平面的图素。当需要构建一个不在 0 平面上的图素时，可以在"主页"选项卡"规划"面板中选择"设置 Z 深度"选项 Z 0.0，直接在文本框中输入数值，以改变深度值。另外，当我们不知道某一点的深度值，但需要在该点所在的深度处创建图形时，可以采用捕捉深度值的方法来获取该点的深度值。在 Z 0.0 上右击，弹出如图 1-16 所示的快捷菜单，可以在其中选择一个命令来确定深度捕捉方式。

图 1-16　选择深度捕捉方式

✍ **技巧荟萃**：可以提前分析某点的坐标，再将用户需要的坐标值复制到剪贴板，然后在"设置 Z 深度"文本框上右击，在弹出的快捷菜单中选择"粘贴"命令，将刚才复制的坐标值粘贴到"设置 Z 深度"文本框中作为深度值。

1.3.7　设置自动捕捉点

在绘图过程中，通过自动捕捉点可以极大地提高捕捉速度。要捕捉点，需要提前设置捕捉点的类型。在操作界面"选择工具栏"中单击"选择设置"按钮，弹出如图 1-17 所示的"选择"对话框，该对话框用来设置自动捕捉点的类型。

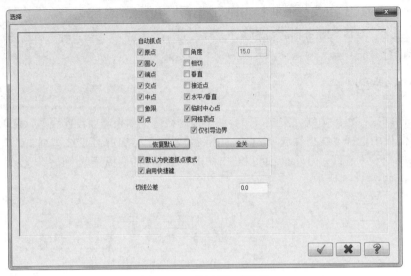

图 1-17 "选择"对话框

☞ **技巧荟萃**：一般将比较常用的捕捉点设为自动抓点，建议不要选择全部的点，否则会由于自动抓点过多，而导致捕捉错误。

1.3.8 设置公制和英制单位

单位设置功能可以用来设置当前文件的单位是公制还是英制，同时也可以将当前文件进行公制和英制的转换。

选择菜单栏中的"文件"→"配置"命令，弹出"系统配置"对话框。如图 1-18 所示，在"当前的"下拉列表框中选择单位类型，单击"确定"按钮 ✓ ，即可改变当前文件的单位。

图 1-18 "系统配置"对话框

☞ **技巧荟萃**：如果打开的图档是英制的，那么采用此方法可以直接将英制图档转换成公制图档。

第 **2** 章

二维图形的绘制

本章主要介绍使用 Mastercam 系统绘制二维图形的操作方法，包括点、线、圆弧、矩形、多边形等基本图形绘制和各种曲线与特定图形绘制及尺寸标注等知识。

通过本章的学习，读者可以初步掌握 Mastercam 的二维绘图相关功能。

知识点

☑ 点的绘制   ☑ 矩形的绘制

☑ 线的绘制   ☑ 曲线的绘制

☑ 圆弧的绘制   ☑ 二维图形的标注

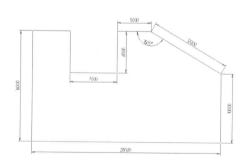

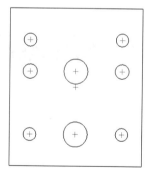

2.1 点 的 绘 制

点是几何图形的最基本图素。各种图形的定位基准往往是各种类型的点，如直线的端点、圆或弧的圆心等。点和其他图素一样具有各种属性，也可以对其进行编辑。Mastercam 软件提供了 6 种绘制点的方式，要启动"绘点"功能，可单击"线框"选项卡"绘点"面板中的"绘点"按钮，如图 2-1（a）所示，也可单击"线框"选项卡"绘点"面板"绘点"中的下拉按钮，在其中选择绘制点的方式，如图 2-1（b）所示。

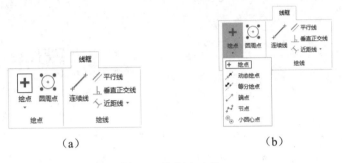

（a）   （b）

图 2-1 绘制点功能

2.1.1 绘制指定位置点

启动点绘制功能后，弹出"绘点"对话框，如图 2-2 所示，同时系统提示"绘制点位置"，根据系统提示用鼠标在绘图区某一位置指定绘制点（包括端点、中点、交点等位置，但要求事先在"选择"对话框中设置好自动抓点功能，如图 2-3 所示），然后单击"确定"按钮，完成所需点的绘制。

图 2-2 "绘点"对话框

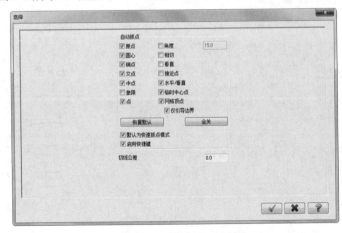

图 2-3 "选择"对话框

2.1.2 动态绘点

动态绘点指的是沿已有的图素，如直线、圆弧、曲线、曲面等，通过在其上移动的箭头来动态生成点，即生成点是根据图素上某一点的位置来确定的。

动态绘点的具体操作步骤如下。

（1）单击"线框"选项卡"绘点"面板"绘点"下拉菜单中的"动态绘点"按钮 ，弹出"动态绘点"对话框，如图 2-4 所示，同时系统提示"选择直线，圆弧，曲线，曲面或实体面"。

（2）选择如图 2-5 所示的曲线，接着在曲线上出现一个动态移动的箭头，箭头所指方向是曲线的正向，也是曲线的切线方向，箭头的尾部即是将要确定点的位置。

（3）用鼠标移动曲线上的箭头，待箭头尾部的十字到所需位置后单击，曲线上显示出绘制的点。

（4）单击"确定"按钮 ✓，退出动态绘点操作。

以上步骤如图 2-5 所示。

图 2-4 "动态绘点"对话框

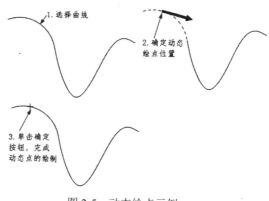

图 2-5 动态绘点示例

动态点位置也可根据图素零点的相对距离和该点正法线方向的偏移距离来确定。方法是，在"动态绘点"对话框"距离"组中的"沿（A）"文本框 中输入与图素零点相对的距离值。

2.1.3 绘制节点

绘制节点是指绘制样条曲线的原始点或控制点，借助节点，可以对参数曲线的外形进行修整。

绘制节点的具体操作步骤如下。

（1）单击"线框"选项卡"绘点"面板"绘点"下拉菜单中的"节点"按钮 节点，系统弹出"请选择曲线"信息提示。

（2）选择如图 2-6 所示的曲线。

（3）按 Enter 键，完成节点的绘制。

以上步骤如图 2-6 所示。

2.1.4 等分绘点

等分绘点是指在几何图素上绘制几何图素的等分点，包括按等分点数绘制剖切点和按等分间距绘制剖切点两种形式。

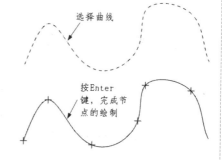

图 2-6 绘制节点示例

等分绘点的具体操作步骤如下。

（1）单击"线框"选项卡"绘点"面板"绘点"下拉菜单中的"等分绘点"按钮 等分绘点，弹出"等分绘点"对话框，如图 2-7 所示，同时系统提示"沿一图形画点：请选择图形"。

（2）选择如图 2-8 所示的曲线，同时系统提示"输入数量，间距或选择新图素"。

（3）在"等分绘点"对话框"点数"组的文本框中输入等分点个数为"5"。

（4）按 Enter 键，在几何图素上绘制出等分点。

（5）单击"确定"按钮，完成操作。

以上步骤如图 2-8 所示。

图 2-7 "等分绘点"对话框

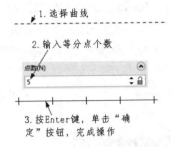

图 2-8 等分点数绘制等分点的操作示例

等分间距绘制等分点的步骤同等分点数绘制等分点的步骤，在此不再赘述。具体操作过程如图 2-9 所示。

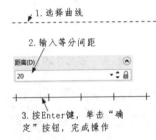

图 2-9 等分间距绘制等分点的操作示例

2.1.5 绘制端点

单击"线框"选项卡"绘点"面板"绘点"下拉菜单中的"端点"按钮，系统自动选择绘图区内的所有几何图形并在其端点处产生点。

2.1.6 绘制小圆心点

绘制小圆心点指的是绘制小于或等于指定半径的圆或弧的圆心点。

绘制小圆心点的具体操作步骤如下。

（1）单击"线框"选项卡"绘点"面板"绘点"下拉菜单中的"小圆心点"按钮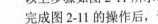，弹出"小圆心点"对话框，如图 2-10 所示，同时系统提示"选择弧/圆，按 Enter 键完成"。

（2）在对话框中的"最大半径"组的文本框中输入"20"。

（3）如果要绘制弧的圆心点，可以选中"包括不完整的圆弧"复选框 ☑包括不完整的圆弧(P)。

（4）选择要绘制圆心的几何图素。

（5）按 Enter 键，完成小圆心点的绘制，单击"确定"按钮，关闭对话框。

以上步骤如图 2-11 所示。

完成图 2-11 的操作后，读者会发现半径值大于 20 的圆未画出圆心，这是因为半径设定值为 20，而系统仅画出半径值小于和等于 20 的弧或圆的圆心。

图 2-10　"小圆心点"对话框

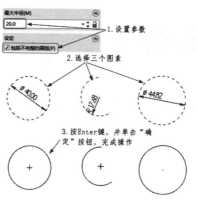

图 2-11　绘制小圆心点操作示例

2.2　线 的 绘 制

Mastercam 软件提供了 7 种直线的绘制方法，启动线绘制功能只需选择"线框"选项卡"绘线"面板中的不同命令，如图 2-12 所示。

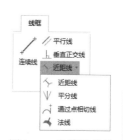

图 2-12　绘线子菜单

2.2.1　绘制任意线

绘制任意线命令能够绘制水平线、垂直线、极坐标线、连续线或切线。单击"线框"选项卡"绘线"面板中的"连续线"按钮，系统弹出"任意线"对话框，如图 2-13 所示。

"任意线"对话框中选项含义如下。

（1）选中"相切"复选框 ☑相切(T)：绘制与某一圆或圆弧相切的直线。

（2）选中"水平线"单选按钮 ⦿水平线(H)：绘制水平线。

（3）选中"垂直线"单选按钮 ⦿垂直线(V)：绘制垂直线。

（4）选中"两端点"单选按钮 ⦿两端点(W)：以起点和终点方式绘制直线。

（5）选中"中点"单选按钮 ⦿中点(M)：以中心点方式绘制直线。

（6）选中"连续线"单选按钮 ⦿连续线(M)：绘制连续直线。

（7）"长度"文本框 长度(L): 0.0001 ▾ ⇕ 🔒：输入直线的长度，并可单击🔒按钮将长度锁定。

（8）"角度"文本框 角度(A) 0.0 ▾ ⇕ 🔒：输入直线的角度，并可单击🔒按钮将角度锁定。

下面以绘制如图 2-14 所示的几何图形为例，介绍任意线的绘制过程。

绘制几何图形的操作步骤如下。

（1）单击"线框"选项卡"绘线"面板中的"连续线"按钮，系统弹出"任意线"对话框，在如图 2-13 所示对话框中选中"连续线"单选按钮 ⦿连续线(M)。

（2）系统提示指定第一个端点，在绘图区任意部位选择一点作为线段的第一个点，接着在对话框中的"长度"文本框中输入"160"，按 Enter 键确认，在"角度"文本框中输入"270"，按 Enter 键确认。

图 2-13 "任意线"对话框

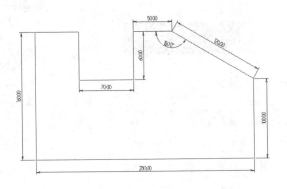

图 2-14 绘制几何图形

（3）系统继续提示指定第二端点，在对话框中的"长度"文本框中输入"280"，按 Enter 键确认，在"角度"文本框中输入"0"，按 Enter 键确认。

（4）系统继续提示指定第三端点，在对话框中的"长度"文本框中输入"100"，按 Enter 键确认，在"角度"文本框中输入"90"，按 Enter 键确认。

（5）系统继续提示指定第四端点，在对话框中的"长度"文本框中输入"120"，按 Enter 键确认，在"角度"文本框中输入"150"，按 Enter 键确认。

（6）用同样方法，在对话框中分别输入长度和角度为（50，180）、（60，270）、（70，180）、（60，90），操作完以上步骤后，结果如图 2-15 所示。

（7）系统继续提示指定端点，选择第一条线段的端点，如图 2-16（a）所示，接着绘图区显示如图 2-16（b）所示的最终结果图形，单击对话框中的"确认"按钮 ✅，结束绘线操作。

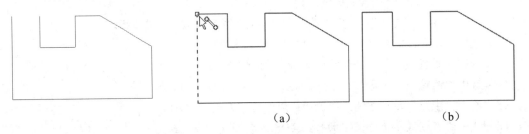

（a）　　　　　　　　　　　　　（b）

图 2-15 绘制完第 8 条线段的几何图形　　　　图 2-16 操作结果

2.2.2 绘制近距线

单击"线框"选项卡"绘线"面板中的"近距线"按钮 ，选择两个已有的图素，将绘制出它们的最近连线，操作示例如图 2-17 所示。

图 2-17 绘制近距线示例

2.2.3 绘制平分线

"平分线"命令用于绘制从两条直线交点处引出的角平分线。

绘制平分线的具体操作步骤如下。

（1）单击"线框"选项卡"绘线"面板"近距线"下拉菜单中的"平分线"按钮 ↓↓，弹出"平分线"对话框，如图 2-18 所示，同时系统提示"选择二条相切的线"。

（2）依次选择 A 线和 B 线。

（3）选择角平分线的某一侧为保留线。

（4）在"长度"文本框中输入角平分线长度为"50"。

（5）单击对话框中的"确定"按钮 ✓，完成操作。

以上步骤如图 2-19 所示。

图 2-18 "平分线"对话框

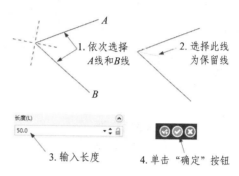

图 2-19 绘制平分线操作示例

2.2.4 绘制垂直正交线

"垂直正交线"命令用于绘制与直线、圆弧或曲线相垂直的线段。

绘制垂直正交线的具体操作步骤如下。

（1）单击"线框"选项卡"绘线"面板中的"垂直正交线"按钮 ┗，弹出"垂直正交线"对话框，如图 2-20 所示，同时系统提示"选择线、圆弧、曲线或边缘"。

（2）选择要绘制垂直正交线的图素，如选择图 2-21 中的弧 A，则在绘图区中生成一条垂直正交线。

（3）系统提示"请选择任意点"，指定任一点，在"长度"文本框中输入垂直正交线长度为"50"。

（4）在绘图区任选一点。

（5）按 Enter 键，确定所绘制的垂直正交线。

（6）单击对话框中的"确定"按钮 ✓，完成操作。

以上步骤如图 2-21 所示。

图 2-20 "垂直正交线"对话框

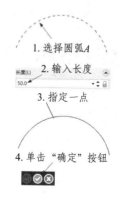

图 2-21 绘制垂直正交线操作示例

2.2.5 绘制平行线

"平行线"命令用于绘制与已有直线相平行的线段。

绘制平行线的具体操作步骤如下。

（1）单击"线框"选项卡"绘线"面板中的"平行线"按钮 ∥，系统弹出"平行线"对话框，如图 2-22 所示。

（2）选中对话框中的"相切"单选按钮 ⊙ 相切(T)。

（3）系统提示"选择直线"，选择图 2-23 中的直线 *A*。

（4）系统提示"选择与平行线相切的圆弧"，选择图 2-23 中的圆 *B*。

（5）由于与被选中直线相平行的直线且与圆相切的线有两条，系统会根据所选的圆的位置自动选择并生成一条直线。

绘制的平行线长度相等，以上绘制步骤如图 2-23 所示。

图 2-22 "平行线"对话框

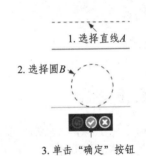

图 2-23 绘制平行线操作示例

2.2.6 绘制通过点相切线

"通过点相切线"命令用于绘制通过已有圆弧或圆上一点并和该圆弧或圆相切的线段。

绘制通过点相切线的具体操作步骤如下。

（1）单击"线框"选项卡"绘线"面板"近距线"下拉菜单中的"通过点相切线"按钮 ⤵，系统弹出"通过点相切"对话框，如图 2-24 所示。

（2）系统提示"选择圆弧或样条曲线"，选择图 2-25 中的圆。

图 2-24 "通过点相切"对话框

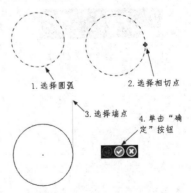

图 2-25 绘制通过点相切线操作示例

（3）系统提示"选择圆弧或者曲线上的相切点（第一个端点）"，选取圆上的一点。

（4）系统提示"选择切线的第二个端点或者输入长度"，在绘图区域单击一点，绘制切线。

（5）单击对话框中的"确定"按钮✅，完成操作。

以上绘制步骤如图 2-25 所示。

2.2.7　绘制法线

"法线"命令用于绘制通过已有圆弧或平面上一点并和该圆弧或平面垂直的线段。

绘制法线的具体操作步骤如下。

（1）单击"线框"选项卡"绘线"面板"近距线"下拉菜单中的"法线"按钮🖊，系统弹出"法线"对话框，如图 2-26 所示。

（2）系统提示"选择曲面或面"，然后选择图 2-27 中的曲面，此时出现一个箭头，箭头的方向为绘制法线的方向。

（3）系统提示"选择曲面、面、圆弧或边缘"，然后在上步选择的曲面上单击选取一点。

（4）在对话框中的"长度"组的文本框中输入"50"。

（5）单击对话框中的"确定"按钮✅，完成操作。

以上绘制步骤如图 2-27 所示。

图 2-26　"法线"对话框

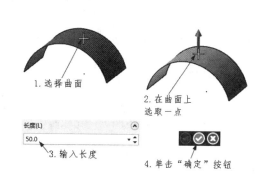

1. 选择曲面
2. 在曲面上选取一点
3. 输入长度
4. 单击"确定"按钮

图 2-27　绘制法线操作示例

2.3　圆弧的绘制

圆弧也是几何图形的基本图素，掌握绘制圆弧的技巧，对快速完成几何图形有关键性作用。Mastercam 软件拥有 7 种绘制圆和弧的方法，启动圆弧绘制功能，只需选择"线框"选项卡"圆弧"面板中的不同命令，如图 2-28所示。

2.3.1　已知边界点画圆

"已知边界点画圆"指的是通过不在同一条直线上的三点绘制一个圆，

图 2-28　圆弧绘制子菜单

包括两点、两点相切、三点及三点相切 4 种方式。单击"线框"选项卡"圆弧"面板中的"已知边界点画圆"按钮，系统弹出"已知边界点画圆"对话框，如图 2-29 所示。

该方法有如下 4 种途径可供选择。

（1）选中"两点"单选按钮 ◉ 两点(P)后，可在绘图区中选取两点绘制一个圆，圆的直径就等于所选两点之间的距离。

（2）选中"两点相切"单选按钮 ◉ 两点相切(T)后，可在绘图区中连续选取两个图素（直线、圆弧、曲线），接着在"半径"文本框 半径(U): 0.0 或者"直径"文本框 直径(D): 0.0 中输入所绘圆的半径或直径值，系统将会绘制出与所选图素相切且半径值或直径值等于所输入值的圆。

（3）选中"三点"单选按钮 ◉ 三点(O)后，可连续在绘图区中选取不在同一直线上的三点来绘制一个圆。此法经常用于正多边形外接圆的绘制。

图 2-29　"已知边界点画圆"对话框

（4）选中"三点相切"单选按钮 ◉ 三点相切(A)后，可在绘图区中连续选取三个图素（直线、圆弧、曲线），接着在"半径"文本框 半径(U): 0.0 或者"直径"文本框 直径(D): 0.0 中输入所绘圆的半径或直径值，系统将绘制出与所选图素相切且半径值或直径值等于所输入值的圆。

如果选中"创建曲面"复选框 ☑ 创建曲面(S)，在绘图区绘制的不是单一的圆形图素，而是一个圆形曲面。

最后，单击"确定"按钮，完成操作。

2.3.2　已知点画圆

"已知点画圆"命令是利用确定圆心和圆上一点的方法绘制圆。单击"线框"选项卡"圆弧"面板中的"已知点画圆"按钮，系统弹出"已知点画圆"对话框，如图 2-30 所示。

该方法有如下两种途径可供选择。

（1）在绘图区中，连续选取圆心和圆上一点，或者选取圆心后，在"半径"或"直径"文本框中输入数值，即可绘制出所要求的圆。

（2）选中"相切"单选按钮 ◉ 相切(T)后，系统提示"请输入圆心点"，在绘图区中选定一点，接着系统提示"选择圆弧或直线"，选择所需图素后，系统将绘制出一个圆。所绘制的圆与所选的圆弧或直线相切，且圆心位于所选点处。

最后，单击"确定"按钮，完成操作。

图 2-30　"已知点画圆"对话框

2.3.3　极坐标画弧

"极坐标画弧"命令是指通过确定圆心、半径、起始和终止角度来绘制一段弧。单击"线框"选项卡"圆弧"面板"已知边界点画圆"下拉菜单中的"极坐标画弧"按钮，系统弹出"极坐标画弧"对话框，如图 2-31 所示。

极坐标画弧的具体操作步骤如下。

（1）在绘图区中选择一点作为圆心。

（2）在"半径"文本框半径(U): 50.0 或"直径"文本框直径(D): 100.0 中输入所绘圆弧的半径或直径值。

（3）在"起始"文本框起始(S): 0.0 中输入所绘圆弧第一端点的极角。

（4）在"结束"文本框结束(E): 180.0 中输入所绘圆弧第二端点的极角。

（5）选中"方向"组中的"反转圆弧"单选按钮◎ 反转圆弧(V)，选择所绘圆弧的绘制方向。

最后，单击"确定"按钮，完成操作。

图 2-31 "极坐标画弧"对话框

💡提示：选中"方式"组中的"相切"单选按钮◎ 相切(T)，可绘制一条与选定图素相切的圆弧，圆弧的起点是两图素相切的切点，输入弧的结束角度后，即可绘制出圆弧。

2.3.4 极坐标点画弧

"极坐标点画弧"命令是指通过确定圆弧起点或终点，并给出圆弧半径或直径、开始和结束角度的方法来绘制一段弧。单击"线框"选项卡"圆弧"面板"已知边界点画圆"下拉菜单中的"极坐标点画弧"按钮，系统弹出"极坐标点画弧"对话框，如图 2-32 所示。

该方法有如下两种途径绘制圆弧。

（1）选中"方式"组中的"起始点"单选按钮◎ 起始点(S)，在绘图区中指定一点作为圆弧的起点，接着在"半径"文本框半径(U): 10.0 或"直径"文本框直径(D): 20.0 中输入所绘圆弧的半径或直径数值，在"角度"组中的"开始"文本框开始(A): 0.0 和"结束"文本框结束(E): 0.0 中分别输入圆弧的开始角度和结束角度。

（2）选中"方式"组中的"结束点"单选按钮◎ 结束点(E)，在绘图区中指定一点作为圆弧的终点，接着在"半径"文本框半径(U): 10.0 或"直径"文本框直径(D): 20.0 中输入所绘圆弧的半径或直径数值，在"角度"组中的"开始"文本框开始(A): 0.0 和"结束"文本框结束(E): 0.0 中分别输入圆弧的开始角度和结束角度。

最后，单击"确定"按钮，完成操作。

图 2-32 "极坐标点画弧"对话框

提示：极坐标点画弧，选择"起始点"和"结束点"方式所绘出的圆弧虽然几何图形相同，但弧的方向不同。

2.3.5 两点画弧

"两点画弧"命令是通过确定圆弧的两个端点和半径的方式绘制圆弧。单击"线框"选项卡"圆弧"面板"已知边界点画圆"下拉菜单中的"两点画弧"按钮，系统弹出"两点画弧"对话框，如图 2-33 所示。

该方法有如下两种途径绘制圆弧。

（1）选中"方式"组中的"手动"单选按钮，在绘图区中连续指定两点，指定的第一点作为圆弧的起点，第二点作为圆弧的终点，接着在对话框中的"半径"文本框 半径(U): 0.0 或"直径"文本框 直径(D): 0.0 文本框中输入圆弧的半径或直径数值。

（2）选中"方式"组中的"相切"单选按钮 相切(T)，在绘图区中连续指定两点，指定的第一点作为圆弧的起点，第二点作为圆弧的终点，接着在绘图区中指定与所绘圆弧相切的图素。

最后，单击"确定"按钮，完成操作。

图 2-33　"两点画弧"对话框

2.3.6 三点画弧

"三点画弧"命令是指通过指定圆弧上的任意 3 个点来绘制一段弧。单击"线框"选项卡"圆弧"面板中的"三点画弧"按钮，系统弹出"三点画弧"对话框，如图 2-34 所示。

该方法有如下两种途径绘制圆弧。

（1）选中"方式"组中的"点"单选按钮 点(P)，在绘图区中连续指定 3 个点，则系统绘制出一段圆弧。这 3 个点分别是圆弧的起点、圆弧上的任意一点和圆弧的终点。

（2）选中"方式"组中的"相切"单选按钮 相切(T)，连续选择绘图区中的 3 个图素（图素必须是直线或者圆弧），则系统绘制出与所选图素都相切的圆弧。

图 2-34　"三点画弧"对话框

最后，单击"确定"按钮，完成操作。

2.3.7 切弧绘制

"切弧"命令是指通过指定绘图区中已有的一个图素与所绘制弧相切的方法来绘制弧。单击"线框"选项卡"圆弧"面板中的"切弧"按钮，系统弹出"切弧"对话框，如图 2-35 所示。

该方法有如下 7 种途径绘制圆弧。

（1）在"方式"下拉列表框中选择"单一物体切弧"选项 单一物体切弧，在"半径"文本框 半径(U): 0.0 或"直径"文本框 直径(D): 0.0 中输入所绘圆弧的半径或直径数值，系统提示"选择一个圆弧将要与其相切的图素"，选择相切的图素，系统提示"指定相切点位置"，在图素上选择切点，选定后，系统绘制出多个

图 2-35　"切弧"对话框

符合要求的圆弧，系统提示"选择圆弧"，用鼠标选取所需圆弧。

（2）在"方式"下拉列表框中选择"通过切点弧"选项 通过点切弧▼，在"半径"文本框 半径(U): 0.0 ▼ ↕ 🔒 或"直径"文本框 直径(D): 0.0 ▼ ↕ 🔒 中输入所绘圆弧的半径或直径数值，系统提示"选择一个圆弧将要与其相切的图素"，选择相切的图素，系统提示"指定经过点"，在绘图区域选择一点，选定后，系统提示"选择圆弧"，用鼠标选取所需圆弧。

（3）在"方式"下拉列表框中选择"中心线"选项 中心线▼，在"半径"文本框 半径(U): 0.0 ▼ ↕ 🔒 或"直径"文本框 直径(D): 0.0 ▼ ↕ 🔒 中输入所绘圆弧的半径或直径数值，系统提示"选择一个直线将要与其相切的圆弧"，选择相切的直线图素，系统提示"请指定要让圆心经过的线"，在绘图区域选择另一条线，系统绘制出所有符合条件的圆，系统提示"选择圆弧"，用鼠标选取所需圆。

（4）在"方式"下拉列表框中选择"动态切弧"选项 动态切弧▼，系统提示"选择一个圆弧将要与其相切的图素"，选择相切的图素，系统提示"将箭头移动到相切位置—按<S>键使用自动捕捉功能"，将箭头移动到适当位置，接下来利用光标动态地在绘图区中选择圆弧的终点。

（5）在"方式"下拉列表框中选择"三物体切弧"选项 三物体切弧▼，系统提示"选择一个圆弧将要与其相切的图素"，一次选择与其相切的三个图素，则系统绘制出所需圆弧，圆弧的起点位于所选的第一个图素上，圆弧的终点位于所选的第三个图素上。

（6）在"方式"下拉列表框中选择"三物体切圆"选项 三物体切圆▼，系统提示"选择一个圆弧将要与其相切的图素"，一次选择与其相切的三个图素，则系统绘制出所需圆。

（7）在"方式"下拉列表框中选择"两物体切弧"选项 两物体切弧▼，在"半径"文本框 半径(U): 0.0 ▼ ↕ 🔒 或"直径"文本框 直径(D): 0.0 ▼ ↕ 🔒 中输入所绘圆弧的半径或直径数值，系统提示"选择一个圆弧将要与其相切的图素"，一次选择与其相切的两个图素，则系统绘制出所需圆弧，圆弧的起点位于所选的第一个图素上，圆弧的终点位于所选的第二个图素上。

2.4　矩形的绘制

本节将介绍矩形的绘制方法。单击"线框"选项卡"形状"面板中的"矩形"按钮 ▭，启动矩形绘制操作，系统弹出如图 2-36 所示的"矩形"对话框。

该方法有如下 3 种绘制矩形的途径。

（1）在绘图区中直接选取矩形的一对对角点，则系统在绘图区中绘制出所需矩形。

（2）在"尺寸"组中的"宽度"文本框 宽度(W): 50.0 ▼ ↕ 🔒 中输入矩形的宽度值，在"高度"文本框 高度(H): 25.0 ▼ ↕ 🔒 中输入矩形的长度值，然后在绘图区中选取矩形的一个角点，再按 Enter 键，则系统绘制出所需矩形。宽度值与高度值都可为负数，这样可以确定矩形其他点相对于第一点的位置。

（3）选中"设置"组中的"矩形中心点"复选框 ☑ 矩形中心点(A)，系统提示"选择基准点"，此基准点为矩形的中点，选定后，在"尺寸"组中的"宽度"文本框 宽度(W): 50.0 ▼ ↕ 🔒 中输入矩形的宽度值，在"高度"文本框 高度(H): 25.0 ▼ ↕ 🔒 中输入矩形的高度值，再按 Enter 键，则系统绘制出所需矩形。

图 2-36　"矩形"对话框

最后，单击"确定"按钮 ✅，完成操作。

提示：如果在绘制矩形时，选中了"设置"组中的"创建曲面"复选框☑**创建曲面(S)**，则系统将绘制出矩形平面。

2.5　圆角矩形的绘制

Mastercam 系统不但提供了矩形的绘制功能，而且还提供了 4 种变形矩形的绘制方法，提高了制图的效率。单击"线框"选项卡"形状"面板"矩形"下拉菜单中的"圆角矩形"按钮▭，启动圆角矩形绘制功能，系统弹出"矩形形状"对话框，对话框中各选项功能如图 2-37 所示。

由于变形矩形绘制功能在绘图中经常用到，而且十分方便，因此本节将详细介绍其中两种变形矩形的绘制方法，一种是倒圆角矩形的绘制，另一种是键槽矩形的绘制。

绘制倒圆角矩形的具体操作步骤如下。

（1）单击"线框"选项卡"形状"面板"矩形"下拉菜单中的"圆角矩形"按钮▭，系统弹出"矩形形状"对话框。

（2）在对话框中设置矩形的绘制方式，此例选择"基准点"绘制矩形方式。

（3）在"尺寸"组中的"宽度"文本框中输入"60"、"高度"文本框中输入"120"、"圆角半径"文本框中输入"5"、"旋转角度"文本框中输入"30"。

（4）选择矩形类型为"矩形"。

（5）系统提示"选择基准点"，在绘图区域选择一点，然后按 Enter 键。

（6）单击对话框中的"确定"按钮✔，完成图形的绘制。

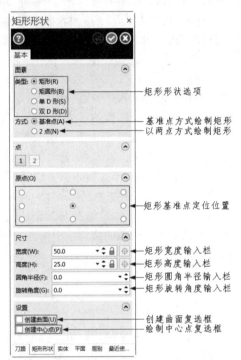

图 2-37　"矩形形状"对话框

绘制结果如图 2-38 所示。

绘制键槽矩形的具体操作步骤如下。

（1）单击"线框"选项卡"形状"面板"矩形"下拉菜单中的"圆角矩形"按钮▭，系统弹出"矩形形状"对话框。

（2）在对话框中设置矩形的绘制方式，此例选择"基准点"绘制矩形方式。

（3）在"尺寸"组中的"宽度"文本框中输入"60"、"高度"文本框中输入"120"、"倒圆角半径"文本框中输入"30"、"旋转角度"文本框中输入"90"。

（4）选择矩形类型为"矩圆形"。

（5）系统提示"选择基准点"，在绘图区域选择一点，然后按 Enter 键。

（6）单击对话框中的"确定"按钮✔，完成图形的绘制。

绘制结果如图 2-39 所示。

图 2-38　绘制倒圆角矩形

图 2-39　绘制键槽矩形

键槽圆角直径的确定为矩形宽度值和高度值中的较小值。

2.6　绘制多边形

单击"线框"选项卡"形状"面板"矩形"下拉菜单中的"多边形"按钮，启动多边形绘制功能，系统弹出"多边形"对话框，对话框中各选项功能如图 2-40 所示。

绘制五边形的具体操作步骤如下。

（1）单击"线框"选项卡"形状"面板"矩形"下拉菜单中的"多边形"按钮，弹出"多边形"对话框。

（2）在"边数"文本框中输入"5"，在"半径"文本框中输入"30"。

（3）选中"外圆"单选按钮 ⦿ **外圆(F)**。

（4）在"角落圆角"文本框中输入"5"。

（5）在"旋转角度"文本框中输入"45"。

（6）在绘图区中指定此基点的位置。

（7）按 Enter 键，完成图形的绘制。

（8）单击对话框中的"确定"按钮，绘制的图形如图 2-41 所示。

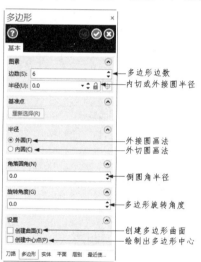

图 2-40　"多边形"对话框

图 2-41　绘制五边形

2.7　绘　制　椭　圆

单击"线框"选项卡"形状"面板"矩形"下拉菜单中的"椭圆"按钮，启动椭圆图形的绘制功能，系统弹出"椭圆"对话框，对话框中各选项功能如图 2-42 所示。

绘制椭圆的具体操作步骤如下。

（1）单击"线框"选项卡"形状"面板"矩形"下拉菜单中的"椭圆"按钮，弹出"椭圆"对话框。

Note

（2）选中类型组中的"NURBS"单选按钮⊙ NURBS。

（3）在绘图区中指定此基点的位置。

（4）在"半径"组中的 A 轴方向文本框中输入"60"，在 B 轴方向文本框中输入"40"。

（5）在"扫描角度"组中的"起始"文本框中输入角度为"45"，在"结束"文本框中输入角度为"360"。

（6）在"旋转角度"组中的文本框中输入旋转角度为"45"。

（7）按 Enter 键，完成中心坐标的输入。

（8）单击对话框中的"确定"按钮✓，完成椭圆的绘制，如图 2-43 所示。

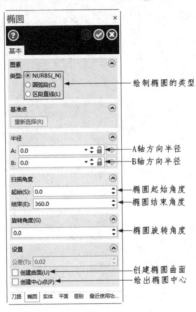

图 2-42 "椭圆"对话框

图 2-43 绘制椭圆

2.8 绘制曲线

在 Mastercam 中，曲线是采用离散点的方式来生成的。选择不同的绘制方法，对离散点的处理也不同。Mastercam 采用了两种类型的曲线——参数式曲线和 NURBS 曲线。参数曲线是由二维和三维空间曲线以一套系数定义的，NURBS 曲线是由二维和三维空间曲线以节点和控制点定义的，一般 NURBS 曲线比参数式曲线要光滑且易于编辑。

图 2-44 展示了这两种曲线的不同之处。通过同样的 5 个离散点（用十字表示）绘制曲线，参数式曲线将这些点都作为曲线的节点（用圆圈表示）；NURBS 曲线则多出了几个节点。

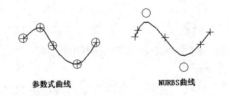

参数式曲线   NURBS曲线

图 2-44 曲线类型对比

Mastercam 系统提供了 5 种绘制曲线的方式，单击"线框"选项卡"曲线"面板中的下拉按钮，则弹出绘制曲线命令子菜单，如图 2-45 所示。

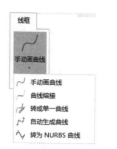

2.8.1 手动画曲线

单击"线框"选项卡"曲线"面板下拉菜单中的"手动画曲线"按钮，即进入手动绘制样条曲线状态。系统提示"选择一点。按<Enter>或<应用>键完成"，则在绘图区定义样条曲线经过的点（$P_0 \sim P_N$），按 Enter 键选点结束，完成样条曲线的绘制，如图 2-46 所示。

图 2-45 绘制曲线命令子菜单

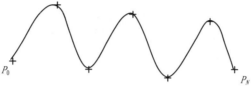

图 2-46 手动绘制样条曲线示例

2.8.2 自动生成曲线

单击"线框"选项卡"曲线"面板下拉菜单中的"自动生成曲线"按钮，即进入自动绘制样条曲线状态。

系统将顺序提示选取第一点 P_0，第二点 P_1 和最后一点 P_2，如图 2-47（a）所示，选取 3 点后，系统自动选取其他的点绘制出样条曲线，如图 2-47（b）所示。

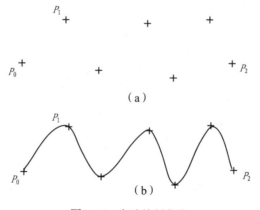

图 2-47 自动绘制曲线

2.8.3 转成单一曲线

单击"线框"选项卡"曲线"面板下拉菜单中的"转成单一曲线"按钮，即进入转成曲线状态。

具体操作步骤如下。

（1）单击"线框"选项卡"曲线"面板下拉菜单中的"转成单一曲线"按钮，系统弹出"线框串连"对话框，提示"选择串连 1"，在绘图区选择需要转换成曲线的连续线。

（2）单击"选择串连"对话框中的"确定"按钮 ，结束串连几何图形的选择。

（3）在"转面单一曲面"对话框"偏差"文本框中输入偏差值。

（4）在"原始曲线"组中选中"删除曲线"单选按钮 ⊙ 删除曲线(D)。此设置表明几何图素转换成曲线后，不再保留。

（5）单击对话框中的"确定"按钮 ✓，结束转成曲线操作。

原来的连续线被转成曲线后，外观无任何变化，但它的属性已发生了改变。

2.8.4 曲线熔接

"曲线熔接"命令可以在两个对象（直线、连续线、圆弧、曲线）上给定的正切点处绘制一条样条曲线。

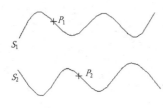

图 2-48　熔接曲线选择点示例

例如绘制如图 2-48 所示的熔接曲线，具体操作步骤如下。

（1）单击"线框"选项卡"曲线"面板下拉菜单中的"曲线熔接"按钮 ⌒，弹出"曲线熔接"对话框。

（2）提示区提示"选择曲线 1"，选取曲线 S_1，曲线 S_1 上显示出一个箭头。

（3）移动曲线 S_1 上箭头到曲线 S_1 上的熔接位置（此位置以箭头尾部为准），再单击。

（4）提示区提示"选择曲线 2"，选取曲线 S_2，曲线 S_2 上显示出一个箭头。

（5）移动曲线 S_2 上箭头到曲线 S_2 上的熔接位置（此位置以箭头尾部为准），再单击，此时系统显示出按默认设置要生成的样条曲线，如图 2-49 所示。

（6）"曲线熔接"对话框中有 5 个选项，各选项含义如下。

① 图素 1：用来重新设置第一个选取对象及其上的相切点。

② 图素 2：用来重新设置第二个选取对象及其上的相切点。

③ 类型、方式：该选项是指绘制熔接曲线后，对原几何对象如何处理。可选择修剪、打断、两者修剪、图形 1（1）、图形 2（2）。选择修剪，表示熔接后，对原几何图形做修剪处理；选择打断，表示熔接后，对原几何图形做打断处理；选择两者修剪，表示熔接后，对原来的两条曲线做修剪处理；选择图形 1（1），表示熔接后，仅修剪第一条曲线；选择图形 2（2），表示熔接后，仅修剪第二条曲线。本例选择两者修剪。

④ 幅值（M）文本框 大小(M) [1.0 ⬦]：设置第一个选取对象的熔接值。

⑤ 幅值（A）文本框 大小(A) [1.0 ⬦]：设置第二个选取对象的熔接值。

图 2-49 为两个几何对象的熔接值均设置为 1 的结果；图 2-50 为两个熔接值均设置为 2 的结果。

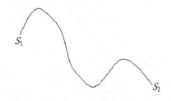

图 2-49　熔接值为 1 的熔接示例

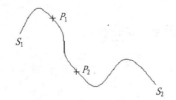

图 2-50　熔接值为 2 的熔接示例

（7）单击对话框中的"确定"按钮 ✓，退出曲线熔接操作。

2.9 绘制螺旋

在 Mastercam 系统中，螺旋的绘制常配合曲面绘制中的扫描面或实体中的扫描体命令来绘制螺旋。单击"线框"选项卡"形状"面板"矩形"下拉菜单中的"平面螺旋"按钮，启动螺旋的绘制，如图 2-51 所示。

选择"平面螺旋"命令后，系统弹出"螺旋形"对话框，对话框中各选项的含义如图 2-52 所示。

图 2-51 绘制螺旋

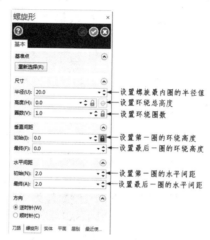

图 2-52 "螺旋形"对话框

提示：输入圈数后，系统会根据第一圈的旋绕高度和最后一圈的旋绕高度自动计算出盘旋线的总高度，反之亦然。

图 2-53 螺旋

例如绘制如图 2-53 所示的螺旋，具体操作步骤如下。

（1）单击"线框"选项卡"形状"面板"矩形"下拉菜单中的"平面螺旋"按钮。

（2）系统提示"选择基准点"，在绘图区中选择圆心点。

（3）在"螺旋形"对话框中，设置第一圈的环绕高度为"2.5"、最后一圈的环绕高度为"14"，设置第一圈的水平间距为"2"、最后一圈的水平间距为"5"，设置"半径"为"10"、旋转圈数为"6"，如图 2-54 所示。

（4）单击"螺旋形"对话框中的"确定"按钮，完成操作。

（5）单击"视图"选项卡"屏幕视图"面板中的"等视图"按钮，观察所绘制的盘绕线。

2.10 绘制螺旋线

在 Mastercam 系统中，螺旋线的绘制常配合曲面绘制中的扫描面或实体中

图 2-54 设置参数

的扫描实体命令来绘制螺纹和标准等距弹簧。单击"线框"选项卡"形状"面板"矩形"下拉菜单中的"螺旋线（锥度）"按钮 ，进入绘制螺旋线操作，如图2-55所示。

启动螺旋线绘制命令后，系统弹出"螺旋"对话框，各选项的含义如图2-56所示。

图2-55　绘制螺旋线

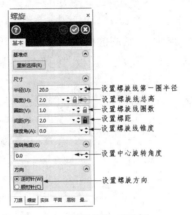

图2-56　"螺旋"对话框

例如绘制如图2-57所示的螺旋线，具体操作步骤如下。

（1）单击"线框"选项卡"形状"面板"矩形"下拉菜单中的"螺旋线（锥度）"按钮 。

（2）系统提示"选择基准点"，在绘图区中选择一点作为圆心点。

（3）在"螺旋"对话框中，设置"圈数"为"5"、"旋转角度"为"0"、"半径"为"15"、"间距"为"9"、"锥度角"为"0"，如图2-58所示。

（4）单击对话框中的"确定"按钮 ，完成操作。

（5）单击"检视"选项卡"视图"面板中的"等视图"按钮 ，观察所绘制的螺旋线。

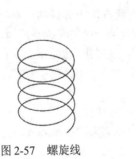

图2-57　螺旋线

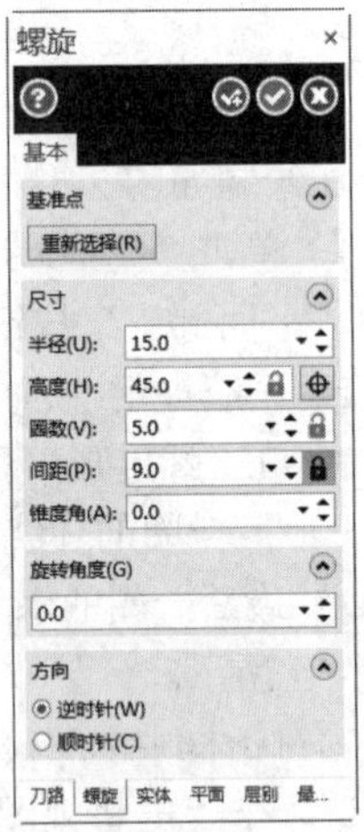

图2-58　设置螺旋线参数

2.11　其他图形的绘制

Mastercam还提供了一些特殊图形的绘制功能，分别是门形图形、楼梯状图形和退刀槽，下面将介绍具体操作方法。

2.11.1 门形图形的绘制

单击"线框"选项卡"形状"面板中的"门状图形"按钮，系统将弹出"画门状图形"对话框，该对话框用于指定门形的参数，各参数的意义如图 2-59 所示。

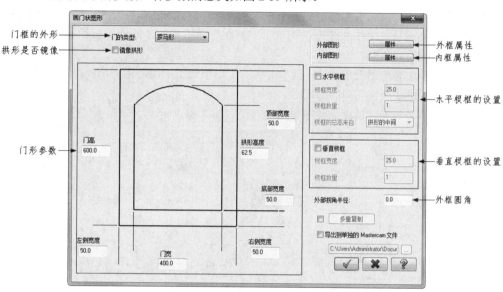

图 2-59 "画门状图形"对话框

2.11.2 楼梯状图形的绘制

单击"线框"选项卡"形状"面板中的"楼梯状图形"按钮，系统将弹出"画楼梯状图形"对话框，如图 2-60 所示。

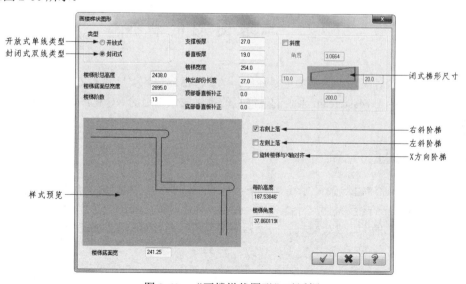

图 2-60 "画楼梯状图形"对话框

阶梯类型说明：

（1）开放阶梯：生成的阶梯为 Z 形的线串，只包含直线。

（2）封闭阶梯：生成的阶梯为中空的封闭线串，包含直线和弧。

2.11.3　退刀槽的绘制

退刀槽是在机械车削加工中经常用到的一种工艺设计，Mastercam 系统为此提供了方便的操作，令用户快速完成这类设计。单击"线框"选项卡"形状"面板中的"凹槽"按钮，系统将会弹出"标准环切凹槽参数"对话框。

系统提供了 4 种类型的退刀槽设计，基本上涵盖了车削加工中用的退刀槽类型，每种类型又根据具体尺寸的不同，提供了相应的退刀槽尺寸。

"标准环切凹槽参数"对话框中各项参数的含义如图 2-61 所示。

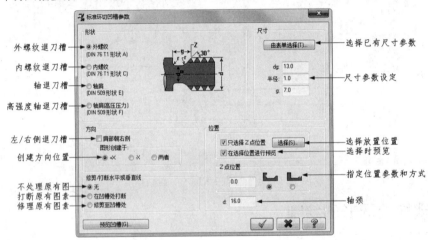

图 2-61　"标准环切凹槽参数"对话框

2.12　二维图形的标注

图形标注是绘图设计工作中的一项重要任务，主要包括标注各类尺寸、文字注释、符号说明和图案填充等 4 个方面。由于 Mastercam 系统的最终目的是生成加工用的 NC 程序，所以本书仅简单介绍这方面的功能。

2.12.1　尺寸标注

一个完整的尺寸标注由一条尺寸线、两条尺寸界线、标注文本和两个尺寸箭头 4 部分组成，如图 2-62 所示。Mastercam 系统把尺寸线分成两部分，标注时先选择的一边作为第一尺寸线，另一边作为第二尺寸线。它们的大小、位置、方向显示情况都可以通过菜单工具来设定。

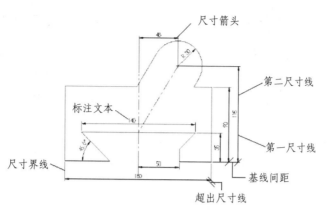

图 2-62　尺寸标注组成

下面对组成尺寸标注的各部分加以说明。

（1）尺寸线：用于标明标注的范围。Mastercam 通常将尺寸线放置在测量区域中，如果空间不足，则将尺寸线或文字移到测量区域的外部，这取决于标注尺寸样式的旋转规则。尺寸线一般分为两段，可以分别控制它们的显示。对于角度标注，尺寸线是一段圆弧。尺寸线应使用细线进行绘制。

（2）尺寸界线：从标注起点引出的标明标注范围的直线，可以从图形的轮廓线、轴线、对称中心线引出，同时，轮廓线、轴线及对称中心线也可以作为尺寸界线。尺寸界线也应使用细线进行绘制。

（3）标注文本：用于标明图形的真实测量值。标注文本可以只反映基本尺寸，也可以带尺寸公差。标注文本应按标准字体进行书写，同一个图形上的字高一致；在图中遇到图线时，须将图线断开；尺寸界线断开影响图形表达，则应调整尺寸标注的位置。

（4）尺寸箭头：箭头显示在尺寸线的末端，用于指出测量的开始和结束位置。

尺寸线、尺寸界线、标注文本和尺寸箭头的大小、位置、方向、属性都可以通过菜单工具来设定。单击"标注"选项卡"尺寸标注"面板右下角的"启动"按钮，系统弹出"自定义选项"对话框，如图 2-63 所示，用户可对其中的参数进行设定，每进行一项参数的设定，对话框中的预览都会根据设定而改变，因此本文不再赘述。

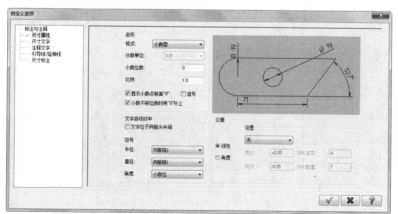

图 2-63　"自定义选项"对话框

对于已经完成的标注，用户可以通过单击"标注"选项卡"修剪"面板中的"多重编辑"按钮，再选择需要编辑的标注，进行属性编辑。

Mastercam 系统为用户提供了 11 种尺寸标注方法，如图 2-64 所示。

水平标注、垂直标注、角度标注、直径标注、平行标注的示例如图 2-65 所示，这几种标注操作比较简单，执行标注命令后，按照系统提示的步骤操作即可。

下面介绍其他的几种标注方法。

1．基准标注

基准标注命令是以已有的线性标注（水平、垂直或平行标注）为基准对一系列点进行线性标注，标注的特点是各尺寸为并联形式。

例如标注如图 2-66 所示的尺寸，具体操作步骤如下。

（1）单击"标注"选项卡"尺寸标注"面板中的"基线"按钮，系统提示"选取一线性尺寸"。

（2）选取已有的线性尺寸，本例选取尺寸"30"。

（3）系统提示"指定第二个端点"，则选取第二个尺寸标注端点 P_1，因为 P_1 与 A_1 的距离大于 P_1 与 A_2 的距离，点 A_1 即作为尺寸标注的基准。系统自动完成 A_1 与 P_1 间的水平标注。

（4）依次选取 P_2、P_3 可绘制出相应的水平标注，如图 2-66 所示。

（5）按 Esc 键返回。

2．点位标注

点位标注用来标注图素上某个位置的坐标值。

例如标注如图 2-67 所示的图形，具体操作步骤如下。

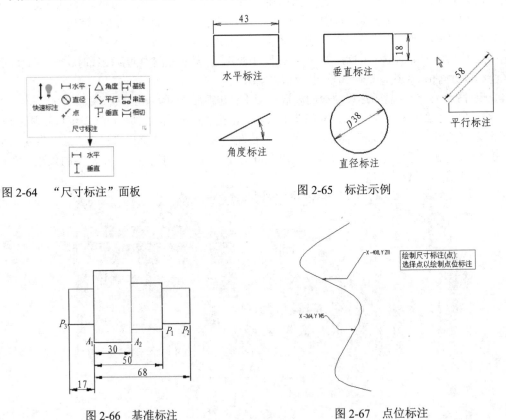

图 2-64　"尺寸标注"面板

图 2-65　标注示例

图 2-66　基准标注

图 2-67　点位标注

（1）单击"标注"选项卡"尺寸标注"面板中的"点"按钮，系统提示"绘制尺寸标注（点）：选择点以绘制点位标注"，选择需要标示坐标的点。

（2）选择图素上一点。

（3）移动光标，把注释文字放置于图中合适的位置。

（4）重复步骤（2）和（3），标注图素上的其他点。

（5）按 Esc 键返回。

3．相切标注

相切标注命令用来标注出圆弧与点、直线或圆弧等分点间水平或垂直方向的距离。

例如标注如图 2-68 所示的图形，具体操作步骤如下。

（1）单击"标注"选项卡"尺寸标注"面板中的"相切"按钮　。

（2）选取直线 L_1。

（3）选取圆 A_1。

（4）拖动标注至合适位置后单击，完成相切标注"20"。

（5）继续选取直线、圆弧或点，可完成如图 2-68 所示的相切标注"20"和"35"，标注完成后按 Esc 键返回。

在圆弧上的端点为圆弧所在圆的 4 个等分点之一（水平相切标注为 0°或 180°四等分点，垂直相切标注为 90°或 270°四等分点）。相切标注在直线上的端点为直线的一个端点。对于点，选取点即为相切标注的一个端点。

4．快速标注

Mastercam 系统提供了一种智能标注方法，称作快速标注。单击"标注"选项卡"尺寸标注"面板中的"快速标注"按钮　，则系统根据选取的图素，自动选择标注方法，当系统不能完全识别时，用户可利用"尺寸标注"对话框（见图 2-69）完成标注。

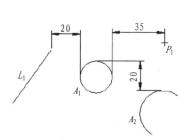

图 2-68　相切标注

图 2-69　"尺寸标注"对话框

Note

2.12.2　图形标注

1．图形注释

单击"标注"选项卡"注释"面板中的"注释"按钮，系统弹出"注释"对话框，如图 2-70 所示，用户可在此对话框中加入文字及设置参数。完成后，在图形指定位置加上注解。

2．延伸线

延伸线指的是在图素和相应注释文字之间的一条直线。单击"标注"选项卡"注释"面板中的"延伸线"按钮，系统提示"标注：绘制尺寸界线：指定第一个端点"，则在绘图区选择一点，接着系统提示"标注：绘制尺寸界线：指定第二个端点"，则在绘图区选择第二个点，引出线就绘制出来了，当然第一个点的选择要靠近说明的图素，第二个点靠近文本。图 2-71 为延伸线的示例。

3．引导线

引导线与延伸线相比而言，差别在于它带箭头，且是折线，它也是连接图素与相应注释文字之间的一种图形。单击"标注"选项卡"注释"面板中的"引导线"按钮，系统提示"绘制引导线：显示引导线箭头位置"，则在需要注释的图素上放置箭头，接着系统提示"显示引导线尾部位置"，指定后，系统再次提示"绘制引导线：显示引导线箭头位置"，则在绘图区中指定引导线尾部的第二个端点，系统会继续提示确定尾部的其他各点，完成后按 Esc 键退出引导线绘制操作。图 2-72 为引导线的示例。

图 2-70　"注释"对话框

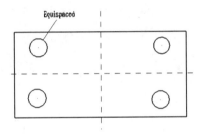

图 2-71　延伸线示例

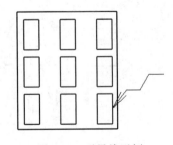

图 2-72　引导线示例

2.12.3　图案填充

在机械工程图中，图案填充用于表达一个剖切的区域，而且不同的图案填充表达不同的零部件或者材料。Mastercam 系统提供了图案填充的功能。

图案填充的具体操作步骤如下。

（1）单击"标注"选项卡"注解"面板中的"剖面线"按钮，打开"线框串连"对话框和如图 2-73 所示的"交叉剖面线"对话框，用户根据绘图要求选择所需的剖面线试样，如果在"交叉剖面线"对话框中未找到所需的剖面线，则可单击"高级"选项卡中的"定义"按钮 定义(D) ，弹出如图 2-74 所示的"自定义剖面线图案"对话框，在对话框中定制新的图案样式。选定剖面线样式，设定好剖面线参数后，单击对话框中的"确定"按钮。

（2）系统提示"相交填充：选取串连 1"，则选取剖面线的外边界。

（3）系统接着提示"剖面线：选取串连 2……"，则选取其他剖面线边界。

（4）选取完毕后，单击"串连选项"对话框中的"确定"按钮。

操作完以上步骤后，系统绘制出剖面线，如图 2-75 所示。

  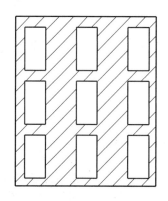

图 2-73　"交叉剖面线"对话框　　图 2-74　"自定义剖面线图案"对话框　　图 2-75　剖面线示例

2.13　实　例　操　作

本节用一个简单的实例详细介绍了二维绘图的流程，让读者对 Mastercam 二维绘图有一定认识。本例的绘制过程为：首先设置图层，然后绘制图形，最后标注尺寸，具体绘制流程如图 2-76 所示。

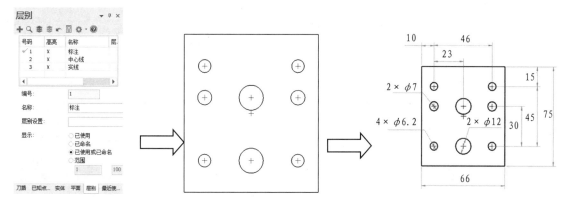

图 2-76　绘制流程

Note

操作步骤

2.13.1 图层设置

单击"层别"操作管理器"新建"按钮➕，新建"号码"分别为"2""3"的图层，输入层别 1 的名称为"标注"；输入层别 2 的名称为"中心线"；输入层别 3 的名称为"实线"，如图 2-77 所示。

2.13.2 绘制图形

（1）绘制中心点。

在绘制中心点之前，需要对图层及其属性进行设置。在"主页"选项卡"规划"面板中设置 Z 值为"0"，层别为"2"；在"属性"面板中设置线框颜色为"红色"，线型为"中心线"，线宽为 ————，如图 2-78 所示。

单击"线框"选项卡"绘点"面板中的"绘点"按钮➕，弹出"绘点"对话框，然后单击"选择工具栏"中的"输入坐标点"按钮 x,y,z，在弹出的文本框中输入相应的坐标点，分别创建如下的点：P_1（0,0），P_2（0,7.5），P_3（0,-22.5），P_4（23,7.5），P_5（23,22.5），P_6（23,-22.5），P_7（-23,7.5），P_8（-23,22.5），P_9（-23,-22.5），如图 2-79 所示。

图 2-77　创建图层

（2）绘制图形轮廓。

同绘制中心点一样，在绘制图形轮廓时，也要对图素要处的图层的相关属性进行设置。在"主页"选项卡"规划"面板中设置 Z 值为"0"，层别为"3"；在"属性"面板中设置线框颜色为"黑色"，线型为"实线"，线宽为 ————，如图 2-80 所示。

单击"线框"选项卡"形状"面板中的"矩形"按钮▭，弹出"矩形"对话框，在"尺寸"组中设置"宽度"为 66，"高度"为 75；选中"设置"组中的"矩形中心点"复选框，创建矩形中心在原点的矩形，结果如图 2-81 所示。

单击"线框"选项卡"圆弧"面板中的"已知点画圆"按钮⊕，然后以 P_2、P_3 为圆心，直径为 12 画两个圆；以 P_4、P_7 为圆心，直径为 7 画两个圆；以 P_5、P_6、P_8、P_9 为圆心，直径为 6.2 画 4 个圆，如图 2-82 所示。

图 2-78　中心点图层设置　　　　图 2-79　图形上的各点　　　　图 2-80　图形轮廓图层设置

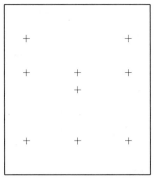

图 2-81　创建矩形

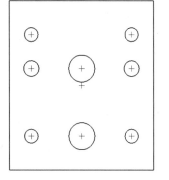

图 2-82　创建圆

2.13.3　尺寸标注

（1）设置尺寸选项。单击"标注"选项卡"尺寸标注"面板右下角的"启动"按钮 ，打开如图 2-83 所示的"自定义选项"对话框，设置其属性。

在标注尺寸之前，需要对图层及其属性进行设置，具体设置如下：在"主页"选项卡"规划"面板中设置 Z 值为"0"，层别为"1"；在"属性"面板中设置线框颜色为"绿色"，线型为"实线"，线宽为 □，如图 2-84 所示。

（2）水平尺寸标注。单击"标注"选项卡"尺寸标注"面板中的"水平"按钮，完成如图 2-85 所示的水平尺寸标注。

（3）垂直尺寸标注。单击"标注"选项卡"尺寸标注"面板中的"垂直"按钮，完成如图 2-86 所示的垂直尺寸标注。

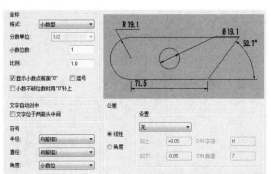

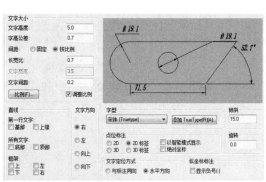

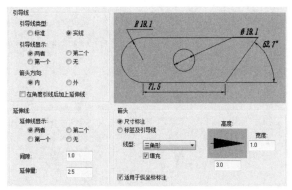

图 2-83　尺寸标注样式设置

Note

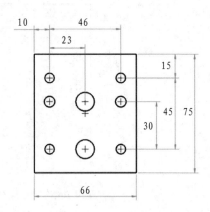

图 2-84　尺寸标注图层设置　　　图 2-85　水平尺寸标注　　　　图 2-86　垂直尺寸标注

（4）圆弧标注。单击"标注"选项卡"尺寸标注"面板中的"直径"按钮🚫，完成圆弧尺寸标注。在标注过程中可以单击"编辑文字"按钮，弹出"编辑尺寸文字"对话框，如图 2-87 所示，在默认值前面添加"2×"或"4×"就可以完成多个圆尺寸的标注，结果如图 2-88 所示。

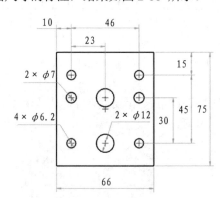

图 2-87　"编辑尺寸文字"对话框　　　　图 2-88　标注圆弧尺寸

第3章

二维图形的编辑

在工程设计中，对图形进行倒圆角、修剪、打断、平移、镜像等操作，不仅可以大大提高设计效率，而且有时也是必需的。

知识点

- ☑ 绘制倒圆角和倒角
- ☑ 绘制边界框和二维轮廓线
- ☑ 编辑二维图形
- ☑ 绘制文字

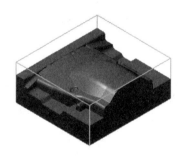

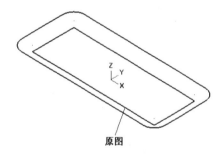

原图

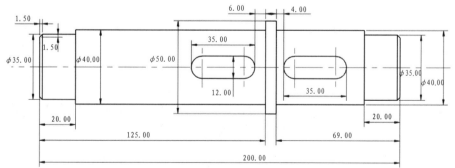

3.1 倒 圆 角

机械零件边、棱经常需要倒成圆角，因此倒圆角功能在绘图中是很重要的。系统提供了两个倒圆角选项，一个是用来绘制单个圆角的命令，一个是用来绘制串连圆角的命令。

3.1.1 绘制倒圆角

单击"线框"选项卡"修剪"面板中的"图素倒圆角"按钮 ，系统弹出"图素倒圆角"对话框，如图 3-1 所示。

"图素倒圆角"对话框各选项功能如下。

（1）"半径"文本框 5.0 ：圆角半径设置栏，在文本框中输入圆角的半径数值。

（2）"方式"组：该组有"圆角""内切""全圆""间隙""单切"5 种方式，每种方式的功能都有图标说明，图 3-2 所示是这 5 种倒圆角方式对应的结果。

图 3-1   "图素倒圆角"对话框

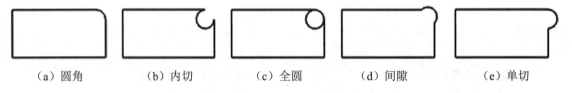

|（a）圆角|（b）内切|（c）全圆|（d）间隙|（e）单切|

图 3-2   5 种倒圆角方式的结果

（3）"修剪图素"复选框□ **修剪图素(T)**：取消选中该复选框，则在绘制圆角后仍保留原交线。

3.1.2 绘制串连圆角

绘制串连倒圆角命令能将选择的串连几何图形的所有锐角一次性倒圆角。单击"线框"选项卡"修剪"面板"图素倒圆角"下拉菜单中的"串连倒圆角"按钮 ，系统弹出"串连倒圆角"对话框，如图 3-3 所示，同时弹出"线框串连"对话框。

"串连倒圆角"对话框中的功能如下（与倒圆角功能相同的选项将不再阐述）。

（1） **重新选择(R)** ：重新选择串连图素。

（2）"圆角"组：此项功能相当于一个过滤器，它将根据串连图素的方向来判断是否执行倒圆角操作，选项说明如下。

① "全部"单选按钮◉ **全部(A)**：系统不论所选串连图素是正向还是反向，所有的锐角都会被绘制成倒角。

② "顺时针"单选按钮◉ **顺时针(K)**：仅在所选串连图素的方向是正向时，绘制所有的锐角倒角。

③ "逆时针"单选按钮◉ **逆时针(W)**：仅在所选串连图素的方向是反向时，绘制所有的锐角倒角。

图 3-4 更加详细地说明了此问题。

图 3-3　"串连倒圆角"对话框

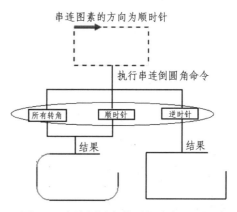

图 3-4　串连倒圆角的圆角过滤器设置说明

3.2　倒　　角

系统提供了两个倒角选项，一个是用来绘制单个倒角的命令，一个是用来绘制串连倒角的命令。

3.2.1　绘制倒角

单击"线框"选项卡"修剪"面板中的"倒角"按钮，系统弹出"倒角"对话框，如图 3-5 所示。对话框中各选项的功能如下。

（1）"方式"组：在此栏的下拉列表菜单中选择倒角的几何尺寸设定方法，这是绘制倒角的第一步，因为其他选项将根据倒角方式来决定是否激活，而且功能含义也有所变化。系统提供了 4 种倒角的方式，分别如下所示。

① ⊙ 距离 1(D)：根据一个尺寸进行倒角，此时只有距离 1(1) 尺寸输入文本框被激活，数值栏中的数值代表图 3-6 所示 D 的值。

② ⊙ 距离 2(S)：根据两个尺寸倒角，此时距离 1(1) 尺寸输入文本框数值代表图 3-7 所示 D_1 的值，距离 2(2) 尺寸输入文本框数值代表图 3-7 所示 D_2 的值。

③ ⊙ 距离和角度(G)：根据角度和尺寸倒角，此时距离 1(1) 尺寸输入文本框数值代表图 3-8 所示 D 的值，角度(A) 角度输入文本框数值代表图 3-8 所示 A 的角度值。

④ ⊙ 宽度(W)：根据宽度倒角，此时宽度(W) 尺寸输入文本框数值代表图 3-9 所示 W 的值。

（2）"修剪图素"复选框 ☐ 修剪图素(T)：取消选中该复选框，则在绘制倒角后仍保留原交线。

图 3-5　"倒角"对话框

图 3-6 一个尺寸倒角

图 3-7 两个尺寸倒角

图 3-8 角度和尺寸倒角

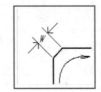

图 3-9 宽度倒角

3.2.2 绘制串连倒角

绘制串连倒角命令能将选择的串连几何图形的所有锐角一次性倒角。单击"线框"选项卡"修剪"面板"倒角"下拉菜单中的"串连倒角"按钮 串连倒角，系统弹出"串连倒角"对话框，如图 3-10 所示，同时弹出"线框串连"对话框。

图 3-10 "串连倒角"对话框

Mastercam 系统提供了两种绘制串连倒角的方法，其功能含义与绘制倒角的相同。

3.3 绘制边界框

边界框的绘制常用于加工操作，用户可以用边界框命令得到工件加工时所需材料的最小尺寸值，便于加工时的工件设定和装夹定位。由此命令创建的零件边界框，其大小由图形的尺寸加扩展距离的值决定。

单击"线框"选项卡"形状"面板中的"边界框"按钮，进入边界框绘制操作，系统弹出"边界框"对话框，该对话框内参数的设置分为 4 个部分，以下是各部分的分述。

第 1 部分为图素的选取，如图 3-11 所示，它含有以下两个选项。

：选取图素按钮，单击此按钮表明仅选择绘图区内的一个几何图形来创建其边界框（仅能选择某一个几何图形，不能选择几何体）。选定图形，再按 Enter 键，系统就会创建此几何图形的边界框。

○ **全部显示(A)**：选中此单选按钮，系统将以绘图区内的所有几何图形来创建边界框。

第 2 部分为边界框的构成图素，如图 3-12 所示，它含有以下 5 个选项。

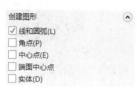

图 3-11　选取图素选项　　　　　图 3-12　边界框的构成图素

□ **线和圆弧(L)**：选中此复选框，绘制的边界框以线段或弧显示（根据边界框选项对话框中的边界框型式不同而不同），如图 3-13 所示。

□ **角点(P)**：选中此复选框，绘制出边界框的顶点，如图 3-14 所示。如果边界框型式选取的是圆柱形，则生成圆柱线框两个端面的圆心点。

图 3-13　以线或弧构建边界框　　　　　图 3-14　以点构建边界框

□ **中心点(E)**：选中此复选框，绘制出边界框的中心点，如图 3-15 所示。

□ **端面中心点**：选中此复选框，绘制出边界框各个面的中心点，如图 3-16 所示。

□ **实体(D)**：选中此复选框，绘制出边界框的实体，如图 3-17 所示。此选项与前 4 个选项配合使用。

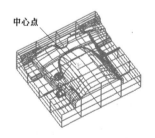

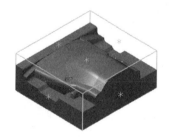

图 3-15　以中心点构建边界框　　　图 3-16　以面中心点构建边界框　　　图 3-17　以实体构建边界框

提示：如果几何形状是其他软件绘制的，导入 Mastercam 之后，绘制边框线，不能直接产生工件坯料。

第 3 部分为边界框的型式，如图 3-18 所示，它含有以下两个选项。

◉ **立方体(R)**：选中此单选按钮，绘制的边界框是矩形。

○ **圆柱体(C)**：选中此单选按钮，绘制的边界框是圆柱形，如图 3-19 所示，此时圆柱形轴线方向复选框被激活，用户可以选择圆柱形的轴线方向为 X、Y、Z。

第 4 部分为边界框的延伸量，它含有以下两个选项。

当用户选择边界框的型式为矩形时，边界框的延伸量是沿 X、Y、Z 方向，如图 3-20 所示。

当用户选择边界框的型式为圆柱形时，边界框的延伸量是沿轴线和径向方向，如图 3-21 所示。

图3-18 边界框型式选项

图3-19 圆柱形边界框

图3-20 矩形边界框延伸选项

图3-21 圆柱形边界框延伸选项

3.4 绘制文字

在 Mastercam 中，绘制文字命令创建的文字与图形标注创建的文字不同，前者创建的文字是由直线、圆弧等组合而成的组合对象，可直接应用于生成刀具路径；而后者创建的文字是单一的几何对象，不能直接应用于生成刀具路径，只有经转换处理后才能应用于生成刀具路径。绘制文字功能主要用于工件表面文字雕刻。

单击"线框"选项卡"形状"面板中的"文字"按钮 **A**，弹出"创建文字"对话框，如图 3-22 所示，处理文字绘制任务。

创建文字的步骤如下。

（1）单击"线框"选项卡"形状"面板中的"文字"按钮 **A**，系统弹出"创建文字"对话框。

（2）单击对话框中"字体"组"样式"选项后的"True Type Font（真实字型）"按钮，弹出"字体"对话框，如图 3-23 所示，在该对话框中可以设置更多参数。

图3-22 "创建文字"对话框

图3-23 "字体"对话框

（3）在"字母"空白栏中输入要绘制的文字。

（4）在"尺寸"组中的"高度"文本框高度(T): 10.0 ▾ ↕中输入参数，可设置绘制文字的大小。

（5）在"尺寸"组中的"间距"文本框间距(S): 2.0 ▾ ↕中输入参数，可设置绘制文字的间距。

（6）在"对齐"组中可以设置文字的对齐方式，包括"水平"对齐、"垂直"对齐、"圆弧"对齐等对齐方式。

（7）单击对话框中的"高级"选项卡，在该选项卡中单击"注释文本"按钮 注释文本(N)，弹出"注释文字"对话框，在该对话框中可继续设置文字的参数。

3.5　二维图形的编辑

使用编辑工具可以对所绘制的二维图形做进一步加工，并且提高绘图效率，确保设计结果准确完整。Mastercam 系统的二维图形编辑命令集中在"主页""线框""转换"3 个选项卡中。

3.5.1　"主页"选项卡中的编辑命令

"主页"选项卡中的编辑命令主要在"删除"面板中，如图 3-24 所示。

"删除"面板中各命令功能说明如下。

（1）✕：单击此按钮，选择绘图区中要删除的图素，再按 Enter 键，即可删除选中的几何体。

（2）✕ 重复图形：用于删除坐标值重复的图素，例如有两条重合的直线，单击此按钮后，系统会自动删除重复图素的后者。

（3）✕ 高级：单击此按钮，系统提示选择图素，选定图素后，按 Enter 键，系统弹出如图 3-25 所示的"删除重复图形"对话框，用户可以设定重复几何体的属性作为删除判定条件。

（4）✕ 恢复图形：单击此按钮，可以按照被删除的次序，重新生成已删除的对象。

图 3-24　"删除"面板

图 3-25　"删除重复图形"对话框

3.5.2　"线框"选项卡中的编辑命令

"线框"选项卡中的编辑命令主要在"修剪"面板中，如图 3-26 所示。

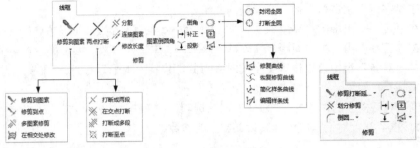

图 3-26 "修剪"面板

"修剪"面板中各项命令的说明如下。

1. 修剪到图素

修剪到图素：单击此按钮，弹出"修剪到图素"对话框，如图 3-27 右侧所示，同时系统提示"选取图素去修剪或延伸"，则选取需要修剪或延伸的对象，光标选择对象时的位置为保留端，接着系统提示"选择要修剪/延伸的图素"，则选取修剪或延伸边界。

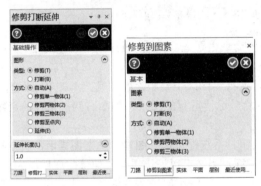

图 3-27 "修剪到图素"对话框

修剪操作步骤如图 3-28 所示。

系统根据选取的修剪或延伸对象是否超过所选的边界来判断是剪切还是延伸。

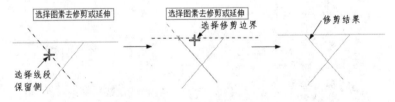

图 3-28 修剪操作过程

"修剪打断延伸"对话框中的功能按钮说明如下。

（1）修剪(T)：选中该单选按钮，被剪切的部分将被删除。

（2）打断(B)：选中该单选按钮，断开的图形分为两个几何体。

（3）自动(A)：系统根据用户选择判断是修剪单一物体还是修剪两物体，此命令为默认设置。

（4）修剪单一物体(1)：选中该单选按钮，表示对单个几何对象进行修剪或延伸。

（5）修剪两物体(2)：选中该单选按钮，表示同时修剪或延伸两个相交的几何对象。图 3-29 是操作示例。

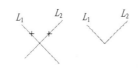

图 3-29 同时修剪两个几何对象

提示：要修剪的两个对象必须要有交点，要延伸的两个对象必须有延伸交点，否则系统会提示错误。光标选择的一端为保留端。

（6）**◎ 修剪三物体(3)**：选中该单选按钮，表示同时修剪或延伸 3 个依次相交的几何对象。如图 3-30 所示为操作示例。

操作此功能时，注意在选取要修改的图素时，先选择线 L_1 和 L_2，再选择 R_1，因为 Mastercam 系统规定第 3 个对象必须和前两个对象有交点或延长交点。

2. 修剪到点

✎ 修剪到点：此选项用来在选定的点处修剪或打断图形，选取点后，光标移动到该点的左侧，表示修剪图形的左侧。同理，若光标移动到该点的右侧，表示修剪图形的右侧。图 3-31 是此功能操作示例。

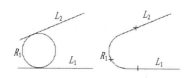

图 3-30 同时修剪 3 个几何对象 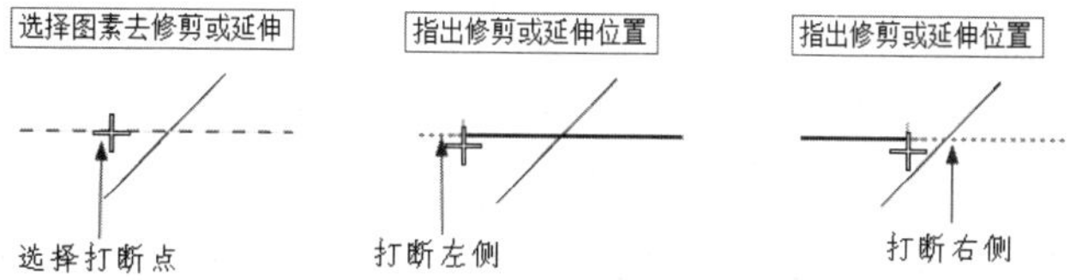　　　　图 3-31 修剪到点

3. 多图素修剪

⟋ 多图素修剪：此选项用来一次剪切/延伸具有公共剪切/延伸边界的多个图素。图 3-32 是此功能的操作示例。

图 3-32 多图素修剪

4. 在相交处修改

∞ 在相交处修改：该选项可以在线形图素与实体面或曲面相交处打断、修剪或创建点。图 3-33 是此功能的操作示例。

5. 打断成两段

✕ 打断成两段：该选项可以在指定点处打断图案。

6. 在交点打断

※ 在交点打断：该选项可以将两个对象（线、圆弧、样条曲线）在其交点处同时打断，从而产生以交点为界的多个图素。

选择一个或多个直线、圆弧或样条曲线。　选择曲面、面或实体主体。

选择直线　　　　选择曲面　　　　完成修剪

图 3-33　在相交处修改

7. 打断成多段

打断成多段：该选项将几何对象分割打断成若干线段或弧段。

将对象（包括圆弧）分段成若干段直线，可根据距离、分段数、弦高等参数来设定。分段后，所选的原图形可保留或删除。

8. 打断至点

打断至点：此选项将选定的图形在图形上的点处打断，执行此命令，选择的图形上必须包含用于打断的点。

9. 连接图素

连接图素：此选项可以将两个几何对象连接为一个几何对象。运用此功能必须注意它只能进行线与线、弧与弧、样条曲线与样条曲线之间的操作；所选取的两个对象必须是相容的，即两直线必须共线，两圆弧必须同心同半径，两样条曲线必须来自同一原始样条曲线；当两个对象属性不相同时，以第一个选取的对象属性为连接后的对象属性。

10. 修改长度

修改长度：此选项将按指定距离修剪、打断或延伸所选的图素。

11. 打断全圆

打断全圆：该选项用于将一个选定的圆均匀分解成若干段，待用户选定要分段的圆后，会弹出分段询问框，询问用户将此圆分成几段，在对话框中输入分段数，接着按 Enter 键，则所选圆被分成指定的若干段。

12. 封闭全圆

封闭全圆：该选项将任意圆弧修复为一个完整的圆。图 3-34 是此功能的操作示例。

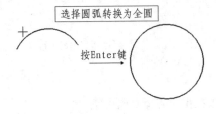

选择圆弧转换为全圆

按Enter键

图 3-34　封闭全圆

13. 修复曲线

修复曲线：该选项用于重做定义的曲线，比如太多节点或尖角形成平滑的曲线节点较小，节点间隔不一致。

Note

14. 恢复修剪曲线

~~恢复修剪曲线~~：该选项用于将所有选择的样条曲线和 NURBS 曲线取消修剪至其原始范围，反转之前修剪操作的效果。

15. 简化样条曲线

~~简化样条曲线~~：此选项与将圆弧转成样条曲线命令相对应，将直线或圆弧状的样条曲线简化为直线或圆弧。

16. 编辑样条线

~~编辑样条线~~：利用此选项可以显示并且用鼠标改变样条曲线的控制点。图 3-35 是此功能的操作示例。

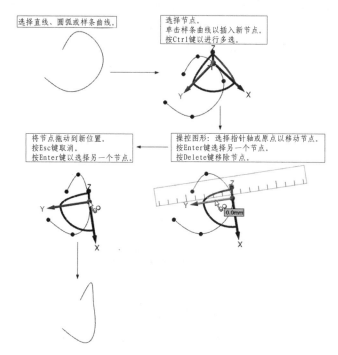

图 3-35　编辑样条线

3.5.3　"转换"选项卡中的编辑命令

"转换"选项卡中的命令主要对图形进行平移、镜像、旋转、缩放、阵列、投影等操作，以改变几何对象的位置、方向和尺寸等，这些命令对三维操作同样有效。

"转换"选项卡如图 3-36 所示。

图 3-36　"转换"选项卡

"转换"选项卡中各命令的功能说明如下。

1. 平移

平移：该命令用于将选中的图素沿某一方向进行平行移动的操作，平移的方向可以通过相对直角坐标、极坐标或者通过两点来指定。通过平移，可以得到一个或多个与所选中图素相同的图形。

平移的具体操作步骤如下。

（1）单击"转换"选项卡"位置"面板中的"平移"按钮□，系统提示"平移/阵列：选择要平移/阵列的图素"，则选取平移的几何图形。

（2）按 Enter 键，系统弹出"平移"对话框，选中"复制"单选按钮，在"实例"组中的"编号"文本框中输入"1"，在"增量"组中的"X"文本框中输入"20"，在"极坐标"组中的"长度"文本框中输入"20"，如图 3-37 所示。

（3）预览结果，如果移动的方向反了，或者需要两端平移，则通过选中"方向"组中的单选按钮来调节，结果对比如图 3-38 所示。

（4）单击"确定"按钮✔，完成操作。

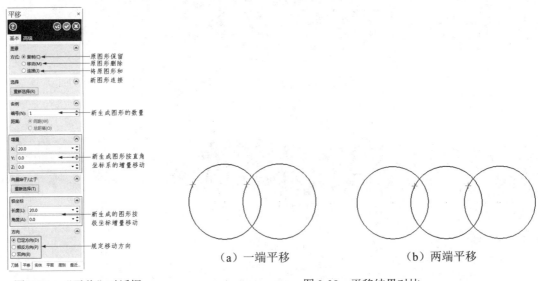

图 3-37　"平移"对话框　　　　　　　　　　图 3-38　平移结果对比

（a）一端平移　　　　　　　（b）两端平移

2. 转换到平面

转换到平面是指将选中的图素在不同的视图之间进行平移操作。

单击"转换"选项卡"位置"面板"平移"下拉菜单中的"转换到平面"按钮 **转换到平面**，系统提示"平移/阵列：选择要平移/阵列的图形"，选择需要平移操作的图素，接着按 Enter 键，系统弹出"转换到平面"对话框，对话框中各项参数的意义如图 3-39 所示。其中，源视图参考点指在源图形所在视图上取的一点，这一点将和目标视图的参考点对应；目标视图参考点则用来确定平移图形的位置。

3. 镜像

镜像是指将选中的图素沿某一直线进行对称复制操作。该直线可以是通过参照点的水平线、竖直线或倾斜线，也可以是已绘制好的直线或通过两点来指定。

单击"转换"选项卡"位置"面板中的"镜像"按钮，系统提示"选取图形"，则选取需要镜像操作的图形，接着按 Enter 键，系统弹出"镜像"对话框，对话框中各项参数的意义如图 3-40 所示。

图 3-39　"转换到平面"对话框

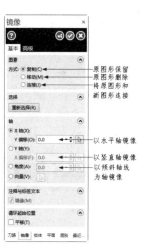

图 3-40　"镜像"对话框

镜像的结果有移动、复制、连接 3 种方式。在选用水平线、竖直线或倾斜线作为对称轴时，用户可以在对应的文本框中输入该线的 Y 坐标、X 坐标或角度值，也可以单击对应的按钮，在图形区单击或捕捉一点作为参照点。

4．旋转

旋转功能是将选择的对象绕任意选取点进行旋转。单击"转换"选项卡"位置"面板中的"旋转"按钮 ，系统提示"选择图形"，则选取需要旋转操作的图素，接着按 Enter 键，系统弹出"旋转"对话框，对话框中各项参数的意义如图 3-41 所示。

其中新图形随旋转中心旋转是与新图形转换相对应，新图形旋转是图形绕自身中心旋转一个角度。图 3-42 为不同旋转方式对比。

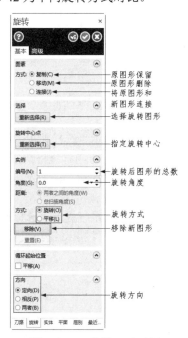

图 3-41　"旋转"对话框

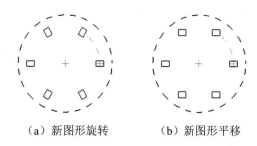

（a）新图形旋转　　（b）新图形平移

图 3-42　不同旋转方式对比

在旋转产生的多个新图形中,可以直接删除其中的某个或几个新图形,利用移除新图形功能即可,单击"移除"按钮,接着选择要删除的新图形,再按 Enter 键。单击"重置"按钮即可还原删除的图形。

5. 比例

比例功能可将选取对象按指定的比例系数缩小或放大。单击"转换"选项卡"比例"面板中的"比例"按钮，系统提示"选择图素",则选取需要按比例缩放的图形,接着按 Enter 键,系统弹出"比例"对话框,对话框中各项参数的意义如图 3-43 所示。

不等比例缩放需要指定沿 X、Y、Z 轴各方向缩放的比例因子或缩放百分比。

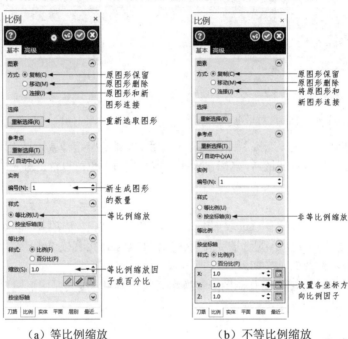

（a）等比例缩放　　　　（b）不等比例缩放

图 3-43　"比例"对话框

6. 单体补正

单体补正也称为偏置,是指以一定的距离来等距离偏移所选择的图素。偏移命令只适用于直线、圆弧、SP 样条曲线和曲面等图素。

单击"转换"选项卡"补正"面板中的"单体补正"按钮，系统提示"选择补正、线、圆弧、曲线或曲面曲线",则选取需要补正操作的图形,然后系统提示"指定补正方向",则利用光标在绘图区中选择补正方向,接着在弹出的"偏移图素"对话框中设置各项参数,如图 3-44（a）所示。图 3-44（b）是单体补正操作的示例。

在命令执行过程中每次仅能选择一个几何图形去补正,补正完毕后,系统提示"选择补正、线、圆弧、曲线或曲面曲线",则接着选择下一个要补正的对象。操作完毕后,按 Esc 键结束补正操作。

7. 串连补正

串连补正是对串连图素进行偏置。

如图 3-45 所示将图形向外偏移。

具体操作过程如下。

（1）单击"转换"选项卡"补正"面板中的"串连补正"按钮，系统提示"补正:选择串连1",并且弹出"线框串连"对话框。

（2）选择串连图素，单击"线框串连"对话框中的"确定"按钮 。

（3）系统提示"指定补正方向"，则利用光标在绘图区中选择补正方向。

（4）系统弹出"偏移串连"对话框，选中"方式"组中的"复制"单选按钮，在"实例"组中的"距离"文本框中输入"100"，其他参数采用默认值，如图3-45所示，系统显示预览图形。

（5）单击"偏移串连"对话框中的"确定"按钮⊘。

在"偏移串连"对话框中，偏置深度是指新图形相对于原图形沿 Z 轴方向（构图深度）的变化；偏置角度由偏置深度决定。如果选中绝对坐标，则偏置深度为新图形的 Z 坐标值，若选中增量坐标，则偏置深度为新图形相对于原图形沿 Z 轴方向的变化大小。在图3-45中，设定了增量坐标，则原图与新生成的图在 Z 轴方向相差 10mm。

由于在串连对话框中设置了偏置后，新图形的拐角处用圆弧代替，所以原来的矩形尖角经过偏置后变成了圆角。

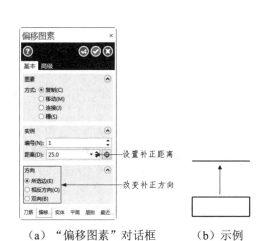

（a）"偏移图素"对话框　　（b）示例

图 3-44　单体补正

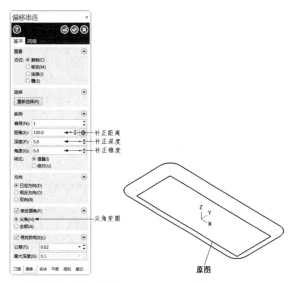

（a）"偏移串连"对话框　　（b）示例

图 3-45　串连补正

8．投影

投影功能将选定的对象投影到一个指定的平面上。单击"转换"选项卡"位置"面板中的"投影"按钮↓，系统提示"选择图素去投影"，则选取需要投影操作的图形，接着按 Enter 键，弹出"投影"对话框，对话框中各项参数的意义如图3-46所示。

投影命令具有 3 种投影方式可供选择，分别是投影到构图面、投影到平面、投影到曲面。选择投影到构图面需要设定投影深度；选择投影到平面需要选择及设定平面选项；选择投影到曲面需要选定目标面。

其中投影到曲面又分为沿构图面方向投影和沿曲面法向投影。当相连图素投影到曲面时，不再相连，此时就需要通过设定连接公差使其相连。

曲面投影选项中的"点/直线"按钮请参考 Mastercam 帮助文件。

9．阵列

阵列功能在绘图中经常用到，它可以将选中的图形沿两个方向进行平移并复制。

单击"转换"选项卡"布局"面板中的"直角阵列"按钮 **直角阵列**，系统提示"选择图素"，则选取需要阵列操作的图素，接着按 Enter 键，系统弹出"直角阵列"对话框，对话框中各项参数的意义如图 3-47 所示。

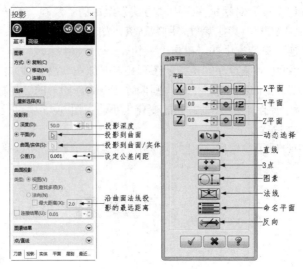

图 3-46　"投影"相关对话框

10．缠绕

缠绕功能是将选中的直线、圆弧、曲线盘绕于一圆柱面上，该命令还可以把一缠绕的图形展开成线，但与原图形有区别。

单击"转换"选项卡"位置"面板中的"缠绕"按钮 ，系统提示"缠绕：选择串连 1"，则选取需要缠绕操作的图形，接着单击"线框串连"对话框中的"确定"按钮 ，系统弹出"缠绕"对话框，对话框中各项参数的意义如图 3-48（a）所示，设置相应参数后，系统显示虚拟缠绕圆柱面，并且显示缠绕结果，如图 3-48（b）所示。

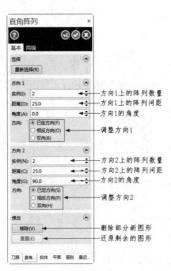

图 3-47　"直角阵列"对话框

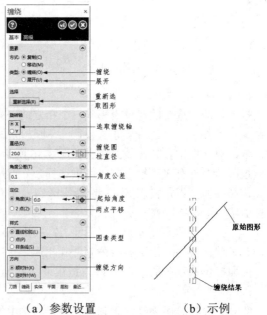

（a）参数设置　　　（b）示例

图 3-48　缠绕选项与缠绕结果示例

缠绕时的虚拟圆柱由定义的缠绕半径、构图平面内的轴线（本例为 Y 轴）决定。旋转方向可以是顺时针，也可以是逆时针。

11．拉伸

拉伸功能将选择的对象进行平移、旋转操作。单击"转换"选项卡"比例"面板中的"拉伸"按钮 ，系统提示"拉伸：窗选相交的图素拉伸"，则选取需要拖曳操作的图形，接着按 Enter 键，系统弹出"拉伸"对话框，如图 3-49 所示，在"阵列"组中的"数量"文本框中设置拉伸数量，在"直角坐标"组中的"X"文本框中设置 X 轴的拉伸距离，在"极坐标"组中的"长度"文本框中设置拉伸长度，在"角度"文本框中设置拉伸角度，单击"确定"按钮，完成拉伸。

图 3-49　"拉伸"对话框

拖曳功能与平移、旋转功能相比，操作随意，但在绘图区中随光标的位置来定位，因此图形的定位不如平移、旋转功能准确。

3.6　综合实例——绘制传动轴

本例所绘制的传动轴如图 3-50 所示。

视频讲解

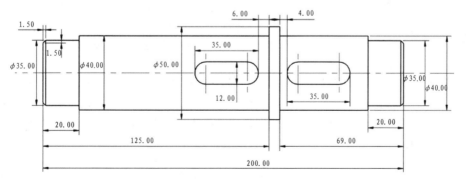

图 3-50　传动轴

Note

本实例的基本思路是设置图层、绘制图形、标注尺寸，如图 3-51 所示。

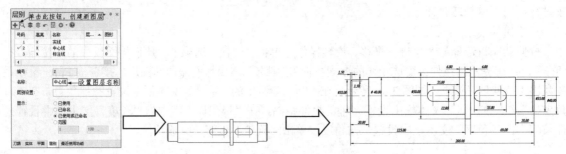

图 3-51　绘制传动轴流程

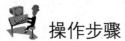

操作步骤

（1）在"层别"操作管理器中创建 3 个图层，分别为第 1 层、第 2 层、第 3 层，并分别命名为"实线""中心线""标注线"。接着将图层 2 设置为编辑层，并在"主页"选项卡"属性"面板中设置图层 2 的线型、线宽、颜色等属性。以上设置如图 3-52 所示。

图 3-52　图层设置及属性设置

（2）绘制第一条中心线。单击"线框"选项卡"绘线"面板中的"连续线"按钮，系统提示"指定第一个端点"，单击"选择"工具栏中的"输入坐标点"按钮，输入坐标（0,0,0），每输入一个坐标值都要按 Enter 键，确定第一点后，系统提示"指定第二个端点"，在"任意线"对话框中的"类型"组中选中"水平线"单选按钮，在"尺寸"组的"长度"文本框中输入"250"，系统显示第一条中心线。

（3）绘制第二条中心线。接着第二步操作，系统提示"指定第一个端点"，单击"选择"工具栏中的"输入坐标点"按钮，输入坐标（0,0,0），系统提示"指定第二个端点"，在"任意线"对话框中的"类型"组中选中"垂直线"单选按钮，在"尺寸"组的"长度"文本框中输入"28"，系统显示第二条中心线，单击"确定"按钮，退出直线绘制操作。

（4）延长两中心线。单击"线框"选项卡"修剪"面板中的"修改长度"按钮，在"修剪到图案"对话框中的"类型"组中选中"加长"单选按钮，在"距离"文本框中输入"30"，此时系统提示"选择要加长或缩短的图素",选择第一条中心线左侧部分,则水平中心线向左延长 30,接着系统提示"选择要加长或缩短的图素",在"延伸长度"文本框中输入"28",选择第二条中心线下端部分,则垂直中心线向下延长 28。完成此步后,单击对话框中的"确定"按钮 ,退出编辑操作。两条中心线如图 3-53 所示。

(5)使用平移功能,建立其他的辅助线。将垂直中心线依次向右偏移 90、23、28 和 23。单击"转换"选项卡"位置"面板中的"平移"按钮 ,系统提示"平移/阵列:选择要平移/阵列的图素",选取垂直线,接着按 Enter 键,系统弹出"平移"对话框,选中"方式"组中的"复制"单选按钮,在"实例"组中的"编号"文本框中输入"1",在"增量"组中的"X"文本框中输入"90",如图 3-54 所示,系统显示辅助线,接着单击对话框中的"确定"按钮 。同理,按照以上步骤平移出其他辅助线,平移距离依次为 23、28、23,结果如图 3-55 所示。

图 3-53 两条中心线　　图 3-54 平移参数设置　　图 3-55 第 5 步操作的结果

(6)绘制传动轴的轮廓线。设置编辑图层为图层 1,并设置线型为实线,线宽栏中选择线宽为第二种宽度,颜色设为黑色。接下来单击"线框"选项卡"绘线"面板中的"连续线"按钮,在弹出的"任意线"对话框中的"方式"组中选中"连续线"单选按钮,单击"输入坐标点"按钮 ,依次输入坐标(0, 0, 0)、(0, 17.5, 0)、(20, 17.5, 0)、(20, 20, 0)、(125, 20, 0)、(125, 25, 0)、(131, 25, 0)、(131, 20, 0)、(180, 20, 0)、(180, 17.5, 0)、(200, 17.5, 0)、(200, 0, 0),完成后的结果如图 3-56 所示。

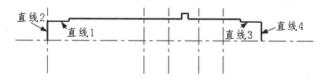

图 3-56 第 6 步操作的结果

(7)对曲线 1、2 和 3、4 构成的角进行倒角。单击"线框"选项卡"修剪"面板中的"倒角"按钮 ,在弹出的"倒角"对话框中选中"方式"组中的"距离 1(D)"复选框,设置倒角距离为"1.5",如图 3-57 所示,此时系统提示"选择直线或圆弧",则选取直线 1,接着系统提示"选择直线或圆弧",

再选取直线 2，此时直线 1 与直线 2 的倒角已显示出来。接着再将直线 3、4 进行倒角，最后在对话框中单击"确定"按钮✔。完成后如图 3-58 所示。

图 3-57　"倒角"对话框

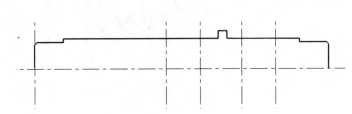

图 3-58　倒角完成后的图形

（8）添加其他直线，在操作前设置光标自动捕捉点，单击"选择工具栏"中的"选择设置"按钮，系统弹出"选择"对话框，选中相应选项，例如"交点""端点""水平/垂直"等，最后单击"确定"按钮。此步绘制的结果如图 3-59 所示。

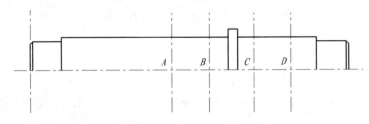

图 3-59　添加其他直线后的结果

（9）绘制圆。分别以图 3-59 所示的 A、B、C、D 点为中心，以 6 为半径绘制圆。具体操作为：单击"线框"选项卡"圆弧"面板中的"已知点画圆"按钮，在"已知点画圆"对话框"尺寸"组中的"半径"文本框中输入"6"，再单击后面的"锁定"按钮，系统提示"请输入圆心点"，则把光标中心放置于 A 点，待系统提示捕捉后单击，确定圆心，则圆被绘出。以同样的方法绘制出其他的圆，单击"确定"按钮✔，结果如图 3-60 所示。

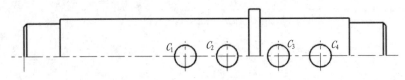

图 3-60　绘制圆

（10）绘制圆 C_1、C_2 和 C_3、C_4 的水平切线。具体操作为：单击"线框"选项卡"绘线"面板中的"连续线"按钮，弹出"任意线"对话框，接着在对话框中选中"相切"复选框，再在 C_1 圆上，靠近与中心线相交的上交点处选择一点，接下来在 C_2 圆上相应的部位选择一点，则上切线被绘出，接着按同样的方法绘制出 C_3、C_4 的切线，结果如图 3-61 所示。

（11）编辑键槽。单击"线框"选项卡"修剪"面板中的"修剪到图素"按钮，打开"修剪到图素"对话框，选中"修剪三物体"复选框，接着选取其中一个键槽的两个切边，再选择与这两个切边相交的圆，选择时光标在圆的外侧，否则留下的是内凹的半个圆。重复操作三物体修剪，直到修剪出图 3-62 所示的图形，最后单击"确定"按钮。

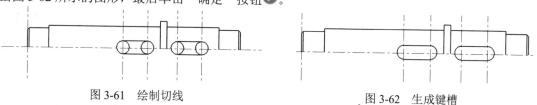

图 3-61　绘制切线　　　　　　　　　　　　　图 3-62　生成键槽

（12）镜像图形。单击"转换"选项卡"位置"面板中的"镜像"按钮，系统弹出"镜像"对话框，选中"镜像"对话框"轴心"组"X 偏移"复选框，系统提示"选择图素"，则利用框选选中除键槽之外的所有实线图素，接着按 Enter 键，此时系统已绘出镜像后的图形，单击"镜像"对话框中的"确定"按钮。

（13）在绘图空白处右击，在弹出的快捷菜单中选择"清除颜色"命令，得到如图 3-63 所示的传动轴。

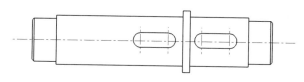

图 3-63　传动轴

（14）尺寸标注。将图层 3 设定为编辑层。将线型设定为实线，并将线宽设定为第一线宽，颜色设置为深蓝色。接下来的尺寸标注都比较简单，由读者自己完成。选择"保存"命令，保存设计结果。

第4章

三维实体的创建与编辑

　　实体造型是目前比较成熟的造型技术，因其思想简单、过程直观、效果逼真，被广泛应用。
　　Mastercam 提供了强大的三维实体造型功能，它不仅可以创建最基本的三维实体，还可以通过挤出、扫描、旋转等操作创建复杂的三维实体。同时，它还提供了强大的实体编辑功能。本章着重讲述了实体的创建与编辑方法。

知识点

☑　三维实体的创建　　　　☑　创建实体

☑　实体的编辑　　　　　　☑　编辑实体

4.1　实体绘图概述

4.1.1　三维形体的表示

在计算机中，形体常用的表示方法有：线框模型、边框着色模型和图形着色模型。

1. 线框模型

线框模型是计算机图形学和 CAD/CAM 领域中最早用来表达形体的模型，并且至今仍在广泛应用。20 世纪 60 年代初期的线框模型仅仅是二维的，用户需要逐点、逐线地构建模型，目的是用计算机代替手工绘图。由于图形几何变换理论的发展，认识到加上第三维信息再投影变换成平面视图是很容易的事，因此三维绘图系统迅速发展起来，但它同样仅限于点、线和曲线的组成。如图 4-1 所示为线框模型在计算机中存储的数据结构原理。图中共有两个表，一个为顶点表，它记录各顶点的坐标值；另一个为棱线表，记录每条棱线所连接的两顶点。由此可见三维物体是用它的全部顶点及边的集合来描述，线框模型由此而得名。

棱线号	顶点号	
1	1	2
2	2	3
3	3	4
4	4	1
5	5	6
6	6	7
7	7	8
8	8	5
9	1	5
10	2	6
11	3	7
12	4	8

顶点号	坐标值		
	x	y	z
1	1	0	0
2	1	1	0
3	0	1	0
4	0	0	0
5	1	0	1
6	1	1	1
7	0	1	1
8	0	0	1

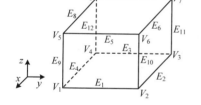

图 4-1　线框模型在计算机中存储的数据结构原理

线框模型的优点如下。

（1）由于有了物体的三维数据，可以产生任意视图，视图间能保持正确的投影关系，这为生成多视图的工程图带来了很大方便。还能生成任意视点或视向的透视图及轴测图，这在二维绘图系统中是做不到的。

（2）构造模型时操作简便，CPU 响应时间短，存储成本低。

（3）用户几乎无须培训，使用系统就好像是人工绘图的自然延伸。

线框模型的缺点如下。

（1）线框模型的解释不唯一。因为所有棱线全都显示出来，物体的真实形状需由人脑的解释才能理解，因此会出现二义性理解。此外，当形状复杂时，棱线过多，也会引起模糊理解。

（2）缺少曲面轮廓线。

（3）由于在数据结构中缺少边与面、面与体之间关系的信息，即所谓的拓扑信息，因此不能构成实体，无法识别面与体，更谈不上区别体内与体外。因此从原理上讲，此种模型不能消除隐藏线，不能做任意剖切，不能计算物性，不能进行两个面的求交，无法生成 NC 加工刀具轨迹，不能自动划分有限元网格，不能检查物体间的碰撞、干涉等。但目前有些系统从内部建立了边与面的拓扑关系，因此具有消隐功能。

尽管这种模型有许多缺点，但由于它仍能满足许多设计与制造的要求，加上前面所说的优点，因此在实际工作中使用很广泛，而且在许多 CAD/CAM 系统中仍将此种模型作为表面模型与实体模型的基础。线框模型系统一般具有丰富的交互功能，用于构图的图素是大家所熟知的点、线、圆、圆弧、二次曲线、Bezier 曲线等。

2．边框着色模型

与线框模型相比，边框着色模型多了一个面表，它记录了边与面的拓扑关系，图 4-2 为以立方体为例的边框着色模型的数据结构原理，但它仍旧缺乏面与体之间的拓扑关系，无法区别面的一侧是体内还是体外。

顶点号	坐标值		
	x	y	z
1	1	0	0
2	1	1	0
3	0	1	0
4	0	0	0
5	1	0	1
6	1	1	1
7	0	1	1
8	0	0	1

棱线号	顶点号	
1	1	2
2	2	3
3	3	4
4	4	1
5	5	6
6	6	7
7	7	8
8	8	5
9	1	5
10	2	6
11	3	7
12	4	8

表面	棱线号			
1	1	2	3	4
2	5	6	7	8
3	2	3	7	6
4	3	7	8	4
5	8	5	1	4
6	1	2	6	5

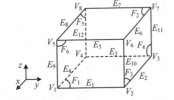

图 4-2　以立方体为例的表面模型的数据结构原理

由于增加了有关面的信息，在提供三维实体信息的完整性、严密性方面，边框着色模型比线框模型进了一步，它克服了线框模型的许多缺点，能够比较完整地定义三维实体的表面，所能描述的零件范围广，特别是像汽车车身、飞机机翼等难于用简单的数学模型表达的物体，均可以采用边框着色建模的方法构造其模型，而且利用边框着色建模能在图形终端上生成逼真的彩色图像，以便用户直观地从事产品的外形设计，从而避免表面形状设计的缺陷。另外，边框着色建模可以为 CAD/CAM 中的其他场合提供数据，例如有限元分析中的网格的划分，就可以直接利用边框着色建模构造的模型。

边框着色模型的缺点是只能表示物体的表面及其边界，它还不是实体模型。因此，不能实行剖切，不能计算物性，不能检查物体间的碰撞和干涉。

3．图形着色模型

边框着色模型存在的不足本质在于无法确定面的哪一侧是实体，哪一侧不存在实体（即空的），因此实体模型要解决的根本问题在于标识出一个面的哪一侧是实体，哪一侧是空的。为此，对实体建模中采用的法向矢量进行约定,即面的法向矢量指向物体之外。对于一个面,法向矢量指向的一侧为空,矢量指向的反方向为实体,对构成物体的每个表面进行判断,最终即可标识出各个表面包围的空间为实体。为了使计算机能识别出表面的矢量方向,将组成表面的封闭边定义为有向边,每条边的方向由顶点编号的大小确定,即以编号小的顶点(边的起点)指向编号大的顶点(边的终点)为正,然后用有向边的右手法则确定所在面的外法线的方向,如图4-3所示。

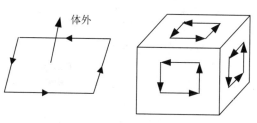

图 4-3 有向棱边决定外法线方向

图形着色模型的数据结构不仅记录了全部的几何信息,而且记录了全部点、线、面、体的拓扑信息,这是图形着色模型与边框着色模型的根本区别。正因为此,图形着色模型成了设计与制造自动化及集成的基础。依靠计算机内完整的几何和拓扑信息,所有前面提到的工作,从消隐、剖切、有限元网格划分到数控刀具轨迹生成都能顺利实现,而且由于着色、光照及纹理处理等技术的运用,使得物体有出色的可视性。图形着色模型在 CAD/CAM 领域外也有广泛应用,如计算机艺术、广告、动画等。

图形着色模型目前的缺点是尚不能与线框模型及表面模型间进行双向转化,因此还没能与系统中线框模型的功能及表面模型的功能融合在一起,图形着色造型模块还时常作为系统的一个单独的模块。但近年来情况有了很大改善,真正以图形着色模型为基础的、融 3 种模型于一体的 CAD 系统已经得到了应用。

4.1.2 Mastercam 的实体造型

三维实体造型是目前大多数 CAD/CAM 集成软件具有的一种基本功能,自 Mastercam 7.0 版本增加实体设计功能以来,目前已经发展成为一套完整、成熟的造型技术。它采用 Parasolid 为几何造型核心,可以在熟悉的环境下非常方便直观地快速创建实体模型。它具有以下几个主要特点:

(1)通过参数快捷地创建各种基本实体。

(2)利用拉伸、旋转、扫描、举升等命令创建形状比较复杂的实体。

(3)强大的倒圆、倒角、修剪、抽壳、布尔运算等实体编辑功能。

(4)可以计算表面积、体积及重量等几何属性。

(5)实体管理器使得实体创建、编辑等更加高效。

(6)提供了与当前其他流行的造型软件的无缝接口。

4.1.3 实体管理器

实体管理器供用户观察并编辑实体的操作记录。它以阶层结构方式依产生顺序列出每个实体的操作记录,在实体管理器中,一个实体由一个或一个以上的操作组成,且每个操作分别有自己的参数和图形记录。

1. 图素关联的概念

图素关联是指不同图素之间的关系。当第二个图素是利用第一图素来产生时，那么这两个图素之间就产生了关联的关系，也就是所谓的父子关系。由于第一个元素是产生者，因此称为父，第二个元素是被产生者，因此称为子。子元素是依存父元素而存在的，因此当父元素被删除或被编辑时，子元素也会跟着被删除或被编辑。实体的图素关联会发生以下情形：

（1）实体（子）和用于产生这个实体的串连外形（父）之间有图素关联关系。

（2）以旋转操作产生的实体（子）和其旋转轴（父）之间有图素关联关系。

（3）扫描实体（子）和其扫描路径（父）之间有图素关联关系。

如果对父图素做编辑，则实体成为待计算实体（系统会在实体和操作上用一红色"×"做标记）。如果试图删除一父图素，屏幕上会出现警告提示，选择"是"删除父图素时，系统会让实体成为无效实体，选择"否"则取消删除指令。

对于待计算实体，要看到编辑后的实体结果，必须要让系统重新计算。在实体管理器中单击"重新生成"按钮 ，让系统重新计算以生成编辑后的实体。

无效实体是指因对实体做了某些改变，经过重新计算后仍然无法产生的实体。当让系统重新计算实体出现问题时，系统会回到重新计算之前的状态，并于实体管理器在有问题的实体和操作上以一红色的"？"号做标记，以便让用户对它进行修正。

2. 右键快捷菜单

在操作管理器中右击，弹出右键快捷菜单，但依鼠标指针所指位置不同，右键菜单的内容也有所不同。图4-4分别为实体、实体的某一操作和空白区域的右键快捷菜单。菜单的内容大同小异，下面对主要选项进行说明。

图4-4 右键快捷菜单

（1）删除实体或操作。

在列表中选取实体或实体操作，选择快捷菜单中的"删除"命令或直接按Delete键可将选取的实体或操作删除。

值得注意的是，不能删除基本实体操作和工具实体。当删除了布尔操作时，其工具实体将不再与目标实体关联而成为一个单独的实体。

（2）抑制操作。

在列表中选取一个或多个操作，选择快捷菜单中的"禁用"命令后，系统将该操作隐藏起来，并在绘图区显示出隐藏了操作的实体。再次选择"禁用"命令可以重新恢复该操作。

（3）改变结束标志的位置。

在实体管理器的所有实体操作列表中，都有一个结束标志。用户可以将结束标志拖动到该实体操作列表中允许的位置来隐藏后面的操作。

　　值得注意的是，实体的结束标志只能拖动到该实体的某个操作后，即至少前面有该实体的基本操作，同时也不能拖动到其他的实体操作列表中。

　　（4）改变实体操作的次序。

　　在实体管理器中可以用拖曳的方式移动一个操作到某个新的位置以改变实体操作的顺序，从而产生不同的结果。当移动一个被选择的操作（按住鼠标左键不放）越过其他操作时，如果这项移动系统允许，鼠标指针会变成向下箭头，移动到合适位置放开鼠标左键就可以将这项操作插入该位置。如果系统不允许，则鼠标指针会变成 。

　　（5）编辑实体操作的参数。

　　在实体的操作列表中，图标　表示包含有可编辑的参数，双击该图标，系统将自动返回到设置该操作参数的对话框或子菜单中。这时用户可以重新设置该操作的参数，设置完成后单击　按钮即可返回实体管理器中。

　　（6）编辑实体操作的图素。

　　在实体的操作列表中，图标　表示包含有可编辑的图素，双击该图标后，对于不同的操作，系统返回的位置不同。这时用户可以重新设置该操作的参数，设置完成后单击　按钮即可返回实体管理器中。

4.2　三维实体的创建

　　在 Mastercam 7.0 版本中增加了实体绘图功能，它以 Parasolid 为几何造型核心。Mastercam 既可以利用参数创建一些具有规则的、固定形状的三维基本实体，包括圆柱体、圆锥体、立方体、圆球和圆环体等，如图 4-5（a）所示，也可以利用拉伸、旋转、扫描、举升等创建功能再结合倒圆、倒角、抽壳、修剪、布尔运算等编辑功能创建复杂的实体，如图 4-5（b）所示。由于基本实体的创建与三维基本曲面的创建大同小异，所以本节不再介绍，读者可以参考三维基本曲面创建的相关内容。

（a）基本实体菜单项

（b）实体菜单项

图 4-5　实体创建菜单项

4.2.1　拉伸实体

　　拉伸实体功能可以将空间中共平面的 2D 串连外形截面沿着一个直线方向拉伸为一个或多个实体，或对已经存在的实体做切割（除料）或增加（填料）操作。

　　下面以绘制如图 4-6 所示的实体为例介绍拉伸实体的创建。

　　拉伸实体的操作步骤如下。

　　（1）单击"实体"选项卡"创建"面板中的"拉伸"按钮　，开始创建拉伸实体。

图 4-6　拉伸实体

（2）系统弹出"线框串连"对话框，设置相应的串连方式，并在绘图区域内选择要拉伸实体的图素对象，如图 4-7 所示，单击该对话框中的 按钮。

（3）系统弹出"实体拉伸"对话框，如图 4-8 所示，在"距离"组中的"距离"文本框中输入"50"，选择对话框中的"高级"选项卡，选中"拔模"复选框，在"角度"文本框中输入"2"，然后选中"壁厚"复选框，在"方向"组中选中"方向 1（D）"，在"方向 1（1）"文本框中输入"5"，最后单击"实体拉伸"对话框中的 按钮，结果如图 4-6 所示。

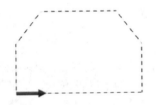

图 4-7　选择拉伸实体图素

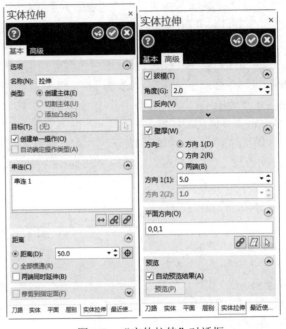

图 4-8　"实体拉伸"对话框

"实体拉伸"对话框包含"基本"和"高级"两个选项卡，分别用于设置拉伸基础操作及拔模和壁厚的相关参数，具体含义如下。

1. 基本操作设置

"基本"选项卡主要用于设置拉伸的基础参数，其主要选项的含义如下。

（1）名称：设置拉伸实体的名称，该名称可以方便在后续操作中识别。

（2）类型：设置拉伸操作的类型，包括创建主体，即创建一个新的实体；切割主体，即将创建的实体去切割原有的实体；添加凸台，即将创建的实体添加到原有的实体上。

（3）串连：用于选择创建拉伸实体的图形。

（4）距离：设置拉伸操作的距离。

① "距离"文本框：按照给定的距离与方向生成拉伸实体，其中拉伸的距离值为"距离"文本框中值。

② 全部贯通：拉伸并修剪至目标体。

③ 两端同时延伸：以设置的拉伸方向及反方向同时来拉伸实体。

④ 修剪到指定面：将创建或切割所建立的实体修整到目标实体的面上，这样可以避免增加或切割实体时贯穿到目标实体的内部。只有选择建立实体或切割实体时才可以选择该参数。

2. 高级选项设置

"高级"选项卡用于设置拔模和壁厚的相关参数，且所有的参数只有在选中"拔模"复选框和"壁厚"复选框时，系统才会允许设置。下面对该选项卡中主要选项的含义进行介绍。

（1）拔模：选中该复选框，用于对拉伸的实体进行拔模设置。

① 角度：在该文本框中输入数值用以设置拔模角度。

② 反向：选中该复选框，用以调整拔模反向。

（2）壁厚：选中该复选框，用于设置拉伸实体的壁厚。

① 方向 1（D）：以封闭式串连外形来创建薄壁实体时，厚度从串连选择的外形向内生成，可在"方向 1（1）"文本框中输入厚度值。

② 方向 2（R）：以封闭式串连外形来创建薄壁实体时，厚度从串连选择的外形向外生成，可在"方向 2（2）"文本框中输入厚度值。

③ 两端：以封闭式串连外形来创建薄壁实体时，厚度从串连选择的外形向内和向外两个方向生成，可在"方向 1（1）"文本框和"方向 2（2）"文本框中分别输入厚度值。

值得注意的是，在进行拉伸实体操作时，可以选择多个串连图素，但这些图素必须在同一个平面内，而且还必须是首尾相连的封闭图素，否则无法完成拉伸操作。但在拉伸薄壁时，则允许选择开式串连。

4.2.2　旋转实体

实体旋转功能可以将串连外形截面绕某一旋转轴并依照输入的起始角度和终止角度旋转成一个或多个新实体，或者对已经存在的实体做切割（除料）或增加（填料）操作。

下面以绘制如图 4-9 所示的实体为例介绍旋转实体的创建，操作步骤如下。

（1）单击"实体"选项卡"创建"面板中的"旋转"按钮，开始创建旋转实体。

（2）系统弹出"线框串连"对话框，设置相应的串连方式，并在绘图区域内选择要旋转实体的图形对象，如图 4-10 所示，单击该对话框中的"确定"按钮。

（3）在绘图区域选择旋转轴，并可利用系统弹出的"方向"对话框修改或确认刚选择的旋转轴。

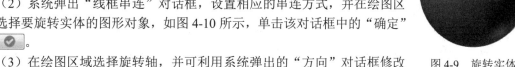

图 4-9　旋转实体

（4）系统弹出"旋转实体"对话框，如图 4-11 所示。在"角度"组中的"起始"文本框中输入"0"，"结束"为"360"，最后单击该对话框中的"确定"按钮，结果如图 4-9 所示。

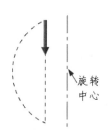

图 4-10　选择旋转实体的图素

图 4-11　"旋转实体"对话框

"旋转实体"对话框"基本"选项卡中的"角度"组选项用于设置旋转操作的"起始"和"结束";"高级"选项卡中的"壁厚"复选框与"实体拉伸"对话框中的类似,这里不再赘述,读者可以自行领会。

4.2.3　扫描实体

扫描实体功能可以将封闭且共平面的串连外形沿着某一路径扫描以创建一个或一个以上的新实体,或者对已经存在的实体做切割(除料)或增加(填料)操作,断面和路径之间的角度从头到尾会被保持着。

下面以绘制如图4-12所示的实体为例介绍扫描实体的创建,操作步骤如下。

(1)单击"实体"选项卡"创建"面板中的"扫描"按钮,开始创建扫描实体。

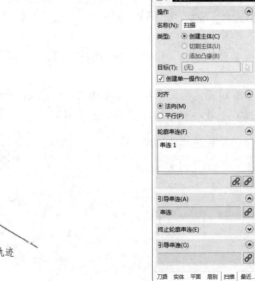

图4-12　扫描实体

(2)系统弹出"线框串连"对话框,设置相应的串连方式,并在绘图区域内选择圆为图形对象,如图4-13所示,单击该对话框中的"确定"按钮。

(3)在绘图区域选择如图4-13所示的扫描轨迹为扫描路径。

(4)系统弹出"扫描"对话框,如图4-14所示。选中"类型"组中的"创建主体"单选按钮,最后单击该对话框中的"确定"按钮,结果如图4-12所示。

由于"扫描"对话框中选项的含义在上面都已经介绍过,这里不再赘述。

扫描轨迹

图4-13　选择要扫描实体的图形对象　　　　图4-14　"扫描"对话框

4.2.4　举升实体

举升实体功能可以以几个作为断面的封闭外形来创建一个新的实体,或对已经存在的实体做增加或切割操作。系统依选择串连外形的顺序以平滑或是线性(直纹)方式将外形之间熔接而创建实体,要成功创建一个举升实体，选择串连外形必须符合以下原则：

（1）每一串连外形中的图素必须共平面，串连外形之间不必共平面。

（2）每一串连外形必须形成一封闭式边界。

（3）所有串连外形的串连方向必须相同。

（4）在举升实体操作中，一串连外形不能被选择两次或两次以上。

（5）串连外形不能自我相交。

（6）串连外形如有不平顺的转角，必须设定（图形对应），以使每一串连外形的转角能相对应，后续处理倒角等编辑操作才能顺利执行。

图 4-15   举升实体

下面以绘制如图 4-15 所示的实体为例介绍举升实体的创建，操作的步骤如下。

（1）单击"实体"选项卡"创建"面板中的"举升"按钮，开始创建举升实体。

（2）系统弹出"线框串连"对话框，设置相应的串连方式，并在绘图区域内选择要举升实体的图形对象（此时应注意方向的一致性），如图 4-16 所示，单击该对话框中的"确定"按钮。

（3）系统弹出"举升"对话框（见图 4-17），选中"类型"组中的"创建主体"单选按钮，然后选中"创建直纹实体"复选框，最后单击该对话框中的"确定"按钮，结果如图 4-15 所示。

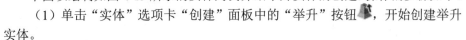

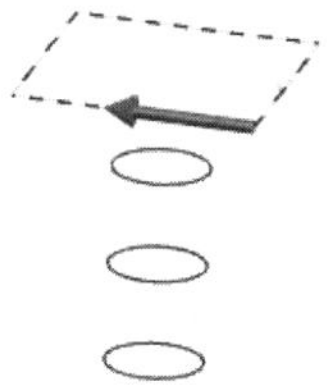

图 4-16   选择要举升实体的图形对象 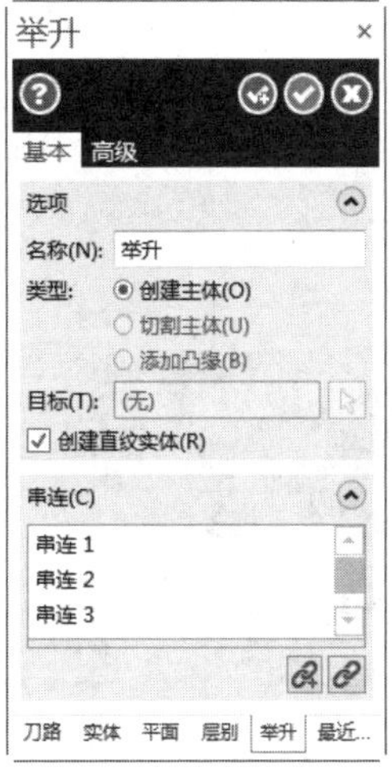　　　　图 4-17   "举升"对话框

4.3   实体的编辑

实体的编辑是指在创建实体的基础上，修改三维实体模型，包括"实体倒圆角""实体倒角""实体修剪"及实体间的"布尔运算"等操作，如图 4-18 所示。

图 4-18   实体编辑菜单

4.3.1 实体倒圆角

实体倒圆角是在实体的两个相邻的边界之间生成圆滑的过渡。Mastercam 可以用固定半径倒圆角、面与面倒圆角和变化倒圆角 3 种形式对实体边界进行倒圆角。

1. 固定半径倒圆角

倒圆角方式如图 4-19 所示。

（1）单击"实体"选项卡"修剪"面板中的"固定半径倒圆角"按钮 。

（2）系统弹出"实体选择"对话框，如图 4-20 所示，该对话框中有 4 种选择方式，分别为"边界""面""主体""背面"，根据系统的提示在绘图区域选择创建倒圆角特征的对象（边界、面、主体、背面），并单击对话框中的"确定"按钮 ，结束倒圆对象的选择。

（3）系统弹出"固定圆角半径"对话框，如图 4-21 所示，设置相应的倒圆角参数，并单击该对话框中的"确定"按钮 。

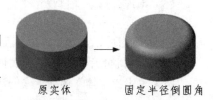

图 4-19　固定半径倒圆角示意图

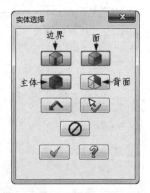

图 4-20　"实体选择"对话框

图 4-21　"固定圆角半径"对话框

下面对"固定圆角半径"对话框中的主要选项进行介绍。

（1）名称：实体倒圆角操作的名称。

（2）沿切线边界延伸：选中该复选框，倒圆角自动延长至棱边的相切处。

（3）角落斜接：用于处理 3 个或 3 个以上棱边相交的顶点。选中该复选框，顶点平滑处理；否则，顶点不平滑处理。

（4）半径：在该组中的文本框中输入数值，确定倒圆角的半径。

2. 面与面倒圆角

面与面倒圆角是在两组面集之间生成圆滑的过渡，面与面倒圆角的操作步骤如下。

（1）单击"实体"选项卡"修剪"面板"固定半径倒圆角"中的"面与面倒圆角"按钮 。

（2）系统弹出"实体选择"对话框，根据系统的提示在绘图区域选择创建倒圆角特征的第一组面对象（面、背面），单击对话框中的"确定"按钮 ，然后根据系统的提示在绘图区域选择创建倒圆角特征的第二组面对象（面、背面），单击对话框中的"确定"按钮 ，结束倒圆对象的选择。

（3）系统弹出"面与面倒圆角"对话框，如图4-22所示，设置相应的倒圆角参数，并单击该对话框中的"确定"按钮 。

"面与面倒圆角"对话框的选项和"固定半径倒圆角"对话框大同小异，所不同的是面倒角方式选项不同。对于面倒圆角有3种方式：半径方式、宽度方式和控制线方式。

3. 变化倒圆角

倒圆角方式如图4-23所示。

（1）单击"实体"选项卡"修剪"面板"固定半径倒圆角"中的"变化倒圆角"按钮 。

（2）系统弹出"实体选择"对话框，根据系统的提示在绘图区域选择创建倒圆角特征的边界对象，然后单击对话框中的"确定"按钮 ，结束倒圆对象的选择。

（3）系统弹出"变化圆角半径"对话框，如图4-24所示，设置相应的倒圆角参数，并单击该对话框中的"确定"按钮 。

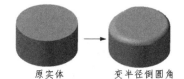

图4-22 "面与面倒圆角"对话框　　图4-23 变化倒圆角示意图　　图4-24 "变化圆角半径"对话框

下面对"变化圆角半径"对话框中的主要选项进行介绍。

（1）名称：实体倒圆角操作的名称。

（2）沿切线边界延伸：选中该复选框，倒圆角自动延长至棱边的相切处。

（3）线性：圆角半径采用线性变化。

（4）平滑：圆角半径采用平滑变化。

（5）中点：在选取边的中点，插入半径点，并提示输入该点的半径值。

（6）动态：在选取要倒角的边上，移动光标来改变插入的位置。

（7）位置：改变选取边上半径的位置，但不能改变端点和交点的位置。

（8）移除顶点：移除端点间的半径点，但不能移除端点。

（9）单一：在图形视窗中变更实体边界上单一半径值。

（10）循环：循环显示各半径点，并可输入新的半径值改变各半径点的半径。

4.3.2　实体倒角

实体倒角也是在实体的两个相邻的边界之间产生过渡，所不同的是，倒角过渡形式是直线过渡而不是圆滑过渡，如图 4-25 所示。Mastercam 提供了 3 种倒角的方法：

（1）单一距离倒角，以单一距离的方式创建实体倒角，如图 4-26（a）所示。

（2）不同距离倒角，即以两种不同的距离的方式创建实体倒角，如图 4-26（b）所示。单一距离倒角可以看作不同距离倒角方式两个距离值相同的特例。

（3）距离与角度倒角，即根据一个距离和一个角度创建一个倒角，如图 4-26（c）所示。单一距离倒角可以看作距离/角度倒角方式角度为 45°时的特例。

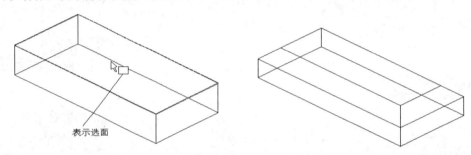

图 4-25　实体倒圆与实体倒角对比

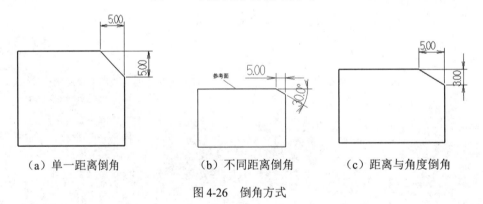

（a）单一距离倒角　　　　（b）不同距离倒角　　　　（c）距离与角度倒角

图 4-26　倒角方式

创建倒角的操作流程如下。

（1）根据需要，选择"实体"选项卡"修剪"面板"单一距离倒角"下拉菜单中的一种倒角类型。

（2）系统弹出"实体选择"对话框，根据系统的提示在绘图区域选择倒角的边缘（可以为边界、面、主体和背面），并单击"实体选择"对话框中的"确定"按钮 。

（3）系统弹出"单一距离倒角"对话框，如图 4-27 所示，设置相应的倒角参数，并单击该对话框中的"确定"按钮 。

图 4-27 "单一距离倒角"对话框

4.3.3 实体抽壳

实体抽壳可以将实体内部挖空。如果选择实体上的一个或多个面,则将选择的面作为实体造型的开口,而没有被选择为开口的其他面则以指定值产生厚度;如果选择整个实体,则系统中实体内部被挖空,不会产生开口。

下面以绘制如图 4-28 所示的实体为例介绍实体抽壳特征的创建,操作步骤如下。

(1)单击"实体"选项卡"修剪"面板中的"抽壳"按钮。

(2)弹出"实体选择"对话框,根据系统提示在绘图区选择实体的上表面为要开口的面,如图 4-29 所示,单击"实体选择"对话框中的"确定"按钮。

图 4-28 实体抽壳

(3)在系统弹出的"抽壳"对话框中,选中"方向"组中的"两端"单选按钮,在"方向 1(1)"和"方向 2(2)"文本框中输入"2",如图 4-30 所示,然后单击该对话框中的"确定"按钮,结果如图 4-28 所示。

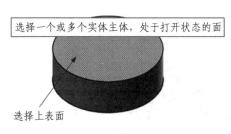

选择一个或多个实体主体,处于打开状态的面

选择上表面

图 4-29 选择要开口的面

图 4-30 "抽壳"对话框

抽壳命令的选取对象可以是面或体。当选取面时,系统将面所在的实体做抽壳处理,并在选取面

的地方有开口；当选取体时，系统将实体挖空，且没有开口。选取面进行实体抽壳操作时，可以选取多个开口面，但抽壳厚度是相同的，不能单独定义不同的面具有不同的抽壳厚度。

4.3.4 修剪到曲面/薄片

修建到曲面/薄片就是使用平面、曲面或薄壁实体对实体进行切割，从而将实体一分为二。既可以保留切割实体的一部分，也可以两部分都保留。

下面以绘制如图 4-31 所示的实体为例介绍修剪到曲面/薄片，创建步骤如下。

（1）单击"实体"选项卡"修剪"面板"依照平面修剪"下拉菜单中的"修建到曲面/薄片"按钮。

（2）系统弹出"实体选择"对话框，根据系统的提示在绘图区域选择圆柱体为要修剪的主体（如果绘图区只有一个实体则不用选择）。

（3）在绘图区选择曲面为修剪平面（曲面或薄壁实体），如图 4-32 所示。

（4）系统弹出"修剪到曲面/薄片"对话框，如图 4-33 所示，单击该对话框中的"确定"按钮，结果如图 4-31 所示。

图 4-31　修剪实体

图 4-32　选择修剪曲面

图 4-33　"修剪到曲面/薄片"对话框

4.3.5 薄片加厚

薄片是没有厚度的实体，薄片加厚功能可以将薄片赋予一定的厚度。

下面以绘制如图 4-34 所示的实体为例介绍薄片加厚，创建步骤如下。

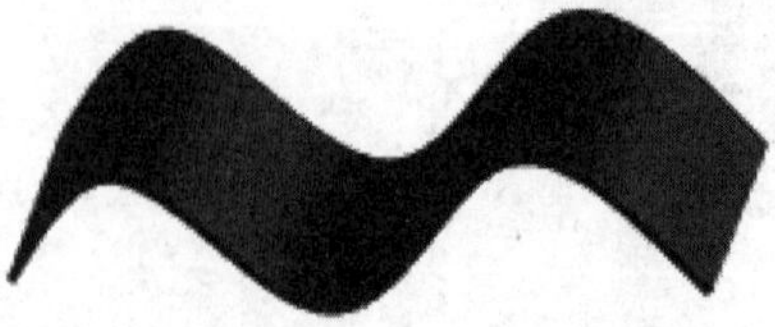

图 4-34　加厚薄片

（1）单击"实体"选项卡"修剪"面板中的"薄片加厚"按钮 。

（2）系统弹出"加厚"对话框，同时系统自动选择图中的薄片，如图 4-35 所示。在"基本"选项卡"方向"组中选中"方向 1（D）"单选按钮，在"加厚"组中的"方向 1（1）"文本框中输入"2"，如图 4-36 所示。

（3）单击"加厚"对话框中的"确定"按钮 ，结果如图 4-34 所示。

图 4-35　选择薄片

图 4-36　"加厚"对话框

4.3.6　移除实体面

移除实体面功能可以将实体或薄片上的其中一个面删除。被删除实体面的实体会转换为薄片，该功能常用于将有问题或需要设计变更的面删除。

下面以绘制如图 4-37 所示的实体为例介绍移除实体面，操作步骤如下。

（1）单击"建模"选项卡"修剪"面板中的"移除实体面"按钮 。

（2）系统弹出"实体选择"对话框，根据系统提示在绘图区选择实体上表面为需要移除的面，如图 4-38 所示，然后单击"实体选择"对话框中的"确定"按钮 。

（3）系统弹出"发现实体纪录记录"对话框，单击对话框中的"移除纪录记录"按钮 移除纪录记录 ，如图 4-39 所示，系统弹出"移除实体面"对话框，选中"原始实体"组中的"删除"单选按钮，如图 4-40 所示，单击对话框中的"确定"按钮 ，结果如图 4-37 所示。

图 4-37　移除实体面

图 4-38　选择移除面

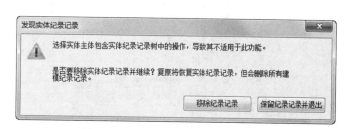

图 4-39　"发现实体纪录记录"对话框

图 4-40 "移除实体面"对话框

4.3.7 移动实体面

移动实体面功能与拔模操作类似，即将实体的某个面绕旋转轴旋转指定的角度，如图 4-41 所示。旋转轴可能是牵引面与表面（或平面）的交线，也可能是制定的边界。实体表面倾斜后，有利于实体脱模。

下面以绘制如图 4-41 所示的实体为例介绍移动实体面，操作步骤如下。

（1）单击"建模"选项卡"建模编辑"面板中的"移动"按钮 。

（2）在视图区选择实体的前侧面为要移动的实体表面，如图 4-42 所示，并按 Enter 键。

图 4-41 牵引实体面

（3）在弹出的操控坐标上选择 ZX 面上的旋转圆环，拖动-10°。

（4）系统弹出"移动"对话框，如图 4-43 所示，选中"类型"组中的"移动"单选按钮，单击"确定"按钮 ✅，完成移动操作，结果如图 4-41 所示。

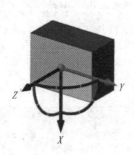

图 4-42 选择要拔模的实体表面

图 4-43 "移动"对话框

4.3.8 布尔运算

布尔运算是利用两个或多个已有实体通过求和、求差和求交运算组合成新的实体并删除原有实体。

单击"实体"选项卡"创建"面板中的"布尔运算"按钮，系统弹出"布尔运算"对话框，如图 4-44 所示。

相关布尔操作主要包括 3 项：结合（求和运算）、切割（求差运算）、交集（求交运算）。布尔和运算是将工具实体的材料加入目标实体中构建一个新实体，如图 4-45（a）所示；布尔差运算是在目标实体中减去与各工具实体公共部分的材料后构建一个新实体，如图 4-45（b）所示；布尔交运算是将目标实体与各工具实体的公共部分组合成新实体，如图 4-45（c）所示。

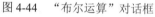

图 4-44　"布尔运算"对话框

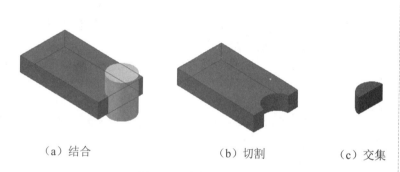

（a）结合　　　　　　　（b）切割　　　　（c）交集

图 4-45　布尔操作示意图

4.4　综合实例——轴承盖

通过以上的学习，相信读者已经掌握了三维设计的基本方法，本节将通过轴承盖的三维建模操作来融会所学知识。

本例创建如图 4-46 所示的轴承盖。

图 4-46　轴承盖

视频讲解

本例的绘制过程为：先利用拉伸和基本实体命令绘制实体，然后利用布尔运算或修剪命令修剪实体，最后绘制螺纹，具体绘制流程如图 4-47 所示。

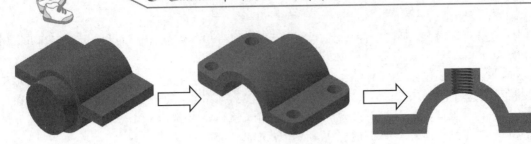

图 4-47　绘制流程

操作步骤

（1）创建矩形。单击"视图"选项卡"屏幕视图"面板中的"俯视图"按钮，设置视图面为俯视图；然后在状态栏中设置"绘图平面"为"俯视图"，并以此面为绘图平面绘制矩形，矩形的宽度为"200"，高度为"120"，绘图中心点坐标为（0,0,0）。

（2）拉伸实体。单击"实体"选项卡"创建"面板中的"拉伸"按钮，将绘制的矩形拉伸"20"，绘制好的矩形将生成长方体。

（3）着色面。单击"视图"选项卡"屏幕视图"面板中的"等视图"按钮，然后框选拉伸的长方体，单击"主页"选项卡"属性"面板中的"实体颜色"下拉按钮，在弹出的调色板中选择合适的颜色，着色后的矩形实体如图 4-48 所示。

（4）设置第 2 层为编辑层。单击"层别"操作管理器中的"新建层"按钮，创建层别 2，并将其设为当前层。

（5）创建圆柱体。单击"实体"选项卡"基本实体"面板中的"圆柱"按钮，将圆柱体的中心基点设定在长方体底面后方的中点（即矩形后侧长边的中点），设置"轴向"方向为"Y"，绘制圆柱形的高度为"120"，半径为"55"。绘制后的大圆柱体如图 4-49 所示。

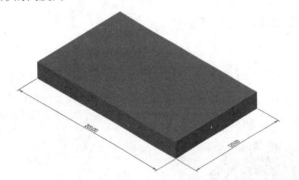

图 4-48　挤出矩形实体

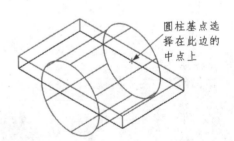

圆柱基点选择在此边的中点上

图 4-49　创建大圆柱体

（6）创建另一个小圆柱体。单击"实体"选项卡"基本实体"面板中的"圆柱"按钮，小圆柱体的中心基点与上一圆柱的中心基点相同，圆柱体的高度为"150"，半径为"45"，绘制出的图形如图 4-50 所示。创建小圆柱体的目的是通过实体布尔移除运算，来创建轴承孔。

（7）合并实体。单击"实体"选项卡"创建"面板中的"布尔运算"按钮，系统提示"选择目标主体"，然后在视图中选择大圆柱体为目标主体，系统弹出"布尔运算"对话框，在"类型"组中选中"结合"单选按钮，然后单击"工具主体"组中的"选择"按钮，选择长方体为工件主体，将二者结合。必须先选择圆柱体，再选择长方体，因为实体要在图层 2 上。

（8）切割实体。同理，对大圆柱体和小圆柱体执行"布尔运算"→"切割"命令，创建出轴承孔，执行命令后的结果如图 4-51 所示。

（9）修剪实体，利用平面修剪下半边圆柱。单击"实体"选项卡"修剪"面板中的"依照平面修剪"按钮，系统提示"选择要修剪的主体"，根据系统提示选择模型为要修建的主体，系统弹出"依照平面修剪"对话框，同时系统提示"选择绘图平面上的直线"，在绘图区选择绘制的长方形的一条直线，此时系统提示"在修剪对话框中修改设置"，然后选中"方式"组中的"指定平面"复选框，再单击"指定平面"后面的按钮，弹出"选择平面"对话框，在对话框中选择"俯视图"选项，如图 4-52 所示，并且在视图中出现坐标轴，如图 4-53 所示，注意箭头向上，单击"选择平面"对话框中的"确定"按钮，然后单击"依照平面修剪"对话框中的"确定"按钮，完成修剪，如图 4-54 所示。

图 4-50　创建小圆柱体

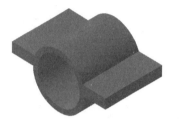

图 4-51　创建轴承孔

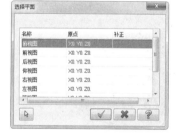

图 4-52　"选择平面"对话框

图 4-53　修剪坐标轴

图 4-54　修剪轴承盖

（10）重新计算实体。由于轴承座壁厚显得略为单薄，所以打开实体管理器，对小圆柱体的半径进行修改，修改后的半径为"40"，接下来单击实体管理器中的"重建"按钮，生成实体，操作过程如图 4-55 所示。

（11）绘制螺栓孔。螺栓孔是通过布尔移除得到的，因此先在轴承盖原矩形底面绘制圆形，圆形的中心点坐标为（-80，-40，0），半径为"10"，如图 4-56 所示。然后单击"转换"选项卡"位置"面板中的"平移"按钮，将绘制的圆平移，平移方向为"Y"向，距离为"80"，创建完后如图 4-57 所示。接下来单击"转换"选项卡"位置"面板中的"镜像"按钮，复制出另外两个圆形（镜像轴为 Y 轴），创建完后如图 4-58 所示。接着单击"实体"选项卡"创建"面板中的"拉伸"按钮，选择刚建立的 4 个圆形，拉伸高度为"50"，方向为"Z"向，如图 4-59 所示。

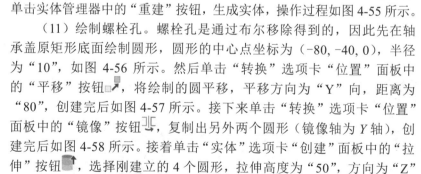

图 4-55　修改内壁厚度

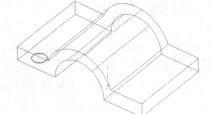
图 4-56　绘制圆形

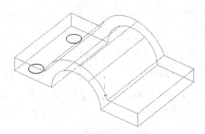
图 4-57　平移复制圆形

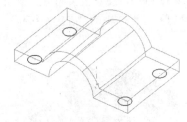
图 4-58　镜像圆形

图 4-59　拉伸出 4 个小圆柱

（12）移除实体。将轴承盖整体与 4 个小圆柱体进行布尔移除运算，得到的结果如图 4-60 所示。

（13）倒圆角。单击"实体"选项卡"修剪"面板中的"固定半径倒圆角"按钮，对轴承盖的 4 个棱边倒圆角，圆角的半径为"20"，得到的图形如图 4-61 所示。

图 4-60　得到 4 个螺栓孔

图 4-61　棱边倒圆角

（14）倒角。单击"实体"选项卡"修剪"面板中的"单一距离倒角"按钮，对轴承孔两边缘倒 2×2 的斜角，得到的图形如图 4-62 所示。

（15）制作顶部的凸台。顶部凸台为一圆柱体，单击"实体"选项卡"基本实体"面板中的"圆柱"按钮，绘制凸台，圆柱体中心基点坐标为（0，0，0），半径为"20"，高度为"65"，轴向为"Z"向，绘制出的图形如图 4-63 所示。

两端此处倒角
图 4-62　轴承孔内孔倒角

图 4-63　建立凸台

80

（16）修剪在轴承孔内部的凸台。单击"曲面"选项卡"创建"面板中的"由实体生成曲面"按钮 ，将轴承孔内表面生成曲面。接着单击"实体"选项卡"修剪"面板"依照平面修剪"下拉菜单中的"修剪到曲面/薄片"按钮 ，以轴承内表面曲面为边界剪掉凸台伸入轴承孔中的部分，如图 4-64 所示。

（17）合并实体。将凸台与轴承盖主体进行布尔结合运算。

（18）创建凸台圆孔。单击"实体"选项卡"基本实体"面板中的"圆柱"按钮 ，设置圆柱体中心基点坐标为（0，0，0），半径为"10"，高度为"80"，轴向为"Z"向，如图 4-65 所示，接着利用布尔切割运算创建出凸台上的圆孔，如图 4-66 所示。

图 4-64　修剪凸台

图 4-65　创建一圆柱体

图 4-66　创建凸台上的孔

（19）创建凸台螺纹孔。轴承盖上的凸台是用来注油润滑的，因此凸台内孔要与螺塞或油杯的螺纹配合，所以内孔要绘制螺纹。螺纹用扫描的方法绘制，螺纹参数为：普通粗牙螺纹、公称直径为"24"、螺距为"3"、牙形角为"60°"。

① 单击"视图"选项卡"屏幕视图"面板中的"前视图"按钮 ，设置视图面为前视图；然后在状态栏中设置"绘图平面"为"前视图"，并以此面为绘图平面绘制图形，绘制边长为 3 的等边三角形，如图 4-67 所示。

② 将"绘图平面"改为"俯视图"，将视角平面改为等角视图，创建螺旋线，螺旋线的半径为"10"，螺距为"3"，圈数为"23"，中心位置坐标为（0，0，0），如图 4-68 所示。

图 4-67　绘制等边三角形

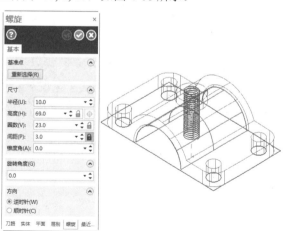

图 4-68　绘制螺旋线

③ 将等边三角形竖直边的中点移至上螺旋线起点，如图 4-69 所示。

④ 单击"实体"选项卡"创建"面板中的"扫描"按钮 ，绘制出螺纹，如图 4-70 所示。

Note

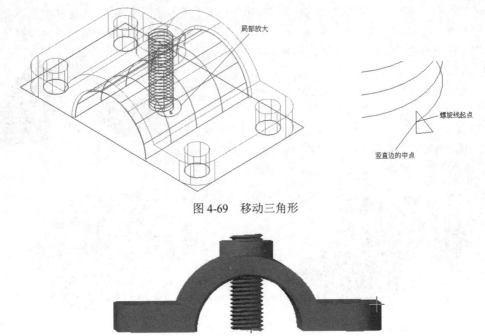

图 4-69　移动三角形

图 4-70　扫描绘制出螺纹实体

⑤ 对轴承盖主体与螺纹进行布尔移除运算，选中"布尔运算"对话框中的"非关联实体"复选框，然后取消选中"保留原始工件实体"复选框，表示不保留原实体，进行布尔运算，经剖切后，得到的图形如图 4-71 所示。

图 4-71　绘制出的内螺纹

💡提示：本例绘制的螺纹是简化螺纹，例如牙尖、牙根都未经过修整。不过，这主要是为了图形表达而已，在 Mastercam 加工中，仅选取刀具和刀具轨迹就可加工出实际的螺纹。

第5章

曲面、曲线的创建与编辑

曲面、曲线是构成模型的重要结构。Mastercam 软件的曲面、曲线功能灵活多样，不仅可以生成基本的曲面、曲线，还能创建复杂的曲面、曲线。本章重点讲解基本三维曲面的创建，通过对二维图形进行拉伸、旋转、扫描等操作来创建曲面，曲面的编辑及空间曲线的创建。

知识点

☑ 基本曲面的创建 ☑ 曲面与实体的转换

☑ 高级曲面的创建 ☑ 空间曲线的创建

☑ 曲面的编辑

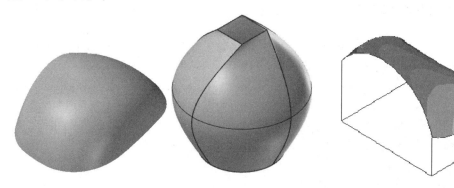

5.1 基本曲面的创建

所谓曲面，是指以数学方程式来表达物体的形状，通常一个曲面包含许多的断面（sections）和缀面（patches），将它们熔接在一起即可形成完整曲面。因为现代计算机计算能力的迅速提升及新曲面模型技术的应用开发，现在已经能够精确完整地描述复杂工件的外形。另外，也可以看到较复杂的工件是由多个曲面相互结合而构成，这样的曲面模型一般称为"复合曲面"。

目前，可以用数学方程式计算得到以下常用曲面。

1. 网格曲面

网格曲面也常被称为网格缀面，单一网格缀面是以 4 个高阶曲线为边界所熔接而成的曲面缀面。至于多个缀面所构成的网格曲面则是由数个独立的缀面很平顺地熔接在一起而得到的。其优点是穿过线结构曲线或数字化的点数据而能够形成精确的平滑化曲面，也就是说，曲面必须穿过全部的控制点。缺点则是当要修改曲面的外形时，就需要修改控制的高阶边界曲线。

2. Bezier 曲面

Bezier 曲面是通过熔接全部相连的直线和网状的控制点所形成的缀面而创建出来的。多个缀面的 Bezier 曲面的成型方式与昆氏曲面类似，它可以把个别独立的 Bezier 曲面很平滑地熔接在一起。

使用 Bezier 曲面的优点是可以操控调整曲面上的控制点来改变曲面的形状，缺点是整个曲面会因为使用者拉动某一个控制点而发生改变，在这种情况下，将会使用户依照断面外形去产生近似的曲面变得相当困难。

3. B-spline 曲面

B-spline 曲面具有昆氏曲面和 Bezier 曲面的重要特性，它类似于昆氏曲面。B-spline 曲面可以由一组断面曲线形成，它有点儿像 Bezier 曲面，也具有控制点，并可以操控控制点来改变曲面的形状。B-spline 曲面可以拥有多个缀面，并且可以保证相邻缀面的连续性（没有控制点被移动）。

使用 B-spline 曲面的缺点是：原始的基本曲面，如圆柱、球面体、圆锥等，都不能很精确地呈现，这些曲面仅能以近似的方式来显示，因此当这些曲面被加工时，将会产生尺寸上的误差。

4. NURBS 曲面

NURBS 曲面是 Non-Uniform Rational B-Spline 的缩写。所谓有理化（Rational）曲面是指曲面上的每一个点都有权重的考虑。NURBS 曲面属于 Rational 曲面，并且具有 B-spline 曲面所具有的全部特性，同时具有控制点权重的特性。当权重为一个常数时，NURBS 曲面就是 B-spline 曲面。

NURBS 曲面克服了 B-spline 曲面在基本曲面模型上所碰到的问题，如圆柱、球面体、圆锥等实体都能很精确地以 NURBS 曲面来显示，可以说 NURBS 曲面技术是现在最新的曲面数学化方程式。截至目前，NURBS 曲面是 CAD/CAM 软件公认的最理想造型工具，许多软件都使用它来构造曲面模型。

基本曲面是指形状规则的曲面，如圆柱曲面、锥体曲面、立方体曲面、圆球面等。在 Mastercam 中，基本曲面的创建是非常简单灵活的。用户只要在"曲面"选项卡"基本曲面"面板中选择待创建的曲面类型，如图 5-1 所示，然后设置不同的参数就可以得到相应的曲面。本节将对这些曲面的创建进行详细介绍。

图 5-1 "基本曲面"面板

5.1.1　圆柱曲面的创建

单击"曲面"选项卡"基本曲面"面板中的"圆柱"按钮，系统会弹出"基本 圆柱体"对话框，如图 5-2 所示，设置相应的参数后，单击该对话框中的"确定"按钮，即可在绘图区创建圆柱曲面。"基本 圆柱体"对话框各选项的含义如下。

（1）"类型"组：选中该组中的"实体"单选按钮则创建的是三维圆柱实体，而选中"曲面"单选按钮则创建的是三维圆柱曲面。

（2）"基准点"组：用于设置圆柱的基准点，基准点是指圆柱底部的圆心。

（3）"尺寸"组：用于设置圆柱的半径和高度，在"半径"文本框中输入数值，设置半径；在"高度"文本框中输入数值，设置高度。

（4）"扫描角度"组：设置圆柱的开始和结束角度，在"起始"文本框中输入数值，设置开始角度；在"结束"文本框中输入数值，设置结束角度，该选项可以创建不完整的圆柱，如图 5-3 所示。

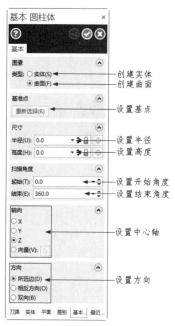

图 5-2　"基本 圆柱体"对话框

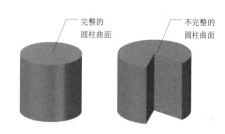

图 5-3　圆柱曲面

（5）"轴向"组：用于设置圆柱的中心轴。既可以设置 X、Y 或 Z 轴为中心轴，也可以使用指定两点来创建中心轴。系统默认的是以 Z 轴方向为中心轴。

（6）"方向"组：用于设置曲面的方向。

在默认情况下，屏幕视角为"俯视图"，因此用户在屏幕上看到的只是一个圆，而不是圆柱，为了显示圆柱，可以将屏幕视角设置为"等视图"。

5.1.2　锥体曲面的创建

单击"曲面"选项卡"基本曲面"面板中的"锥体"按钮，系统弹出"基本 圆锥体"对话框，如图 5-4 所示，设置相应的参数后，单击该对话框中的"确定"按钮，即可在绘图区创建圆锥曲面。"基本 圆锥体"对话框各选项的含义如下。

（1）"类型"组：选中该组中的"实体"单选按钮则创建的是三维圆锥实体，而选中"曲面"单选按钮则创建的是三维圆锥曲面。

（2）"基准点"组：用于设置圆锥体的基准点，基准点是指圆锥体底部的圆心。

（3）"基本半径"组：用于设置圆锥体底部半径。

（4）"高度"组：用于设置圆锥曲面的高度。

（5）"顶部"组：用于设置圆锥顶面的大小。既可以指定锥角，也可以指定顶面半径。锥角可以取正值、负值或零，对应的效果如图 5-5 所示，图中的底面半径、高度均相同。要得到顶尖的圆锥，可以将顶面半径设置为 0。

（6）"扫描角度"：可以设置圆锥的起始和终止角度，在"开始角度"文本框中输入数值，设置开始角度；在"结束角度"文本框中输入数值，设置"结束角度"，该选项可以创建不完整的圆锥。

（7）"轴向"组：用于设置圆锥的中心轴。既可以设置 X、Y 或 Z 轴为中心轴，也可以指定两点来创建中心轴。系统默认的是以 Z 轴方向为中心轴。

（8）"方向"组：用于设置曲面的方向。

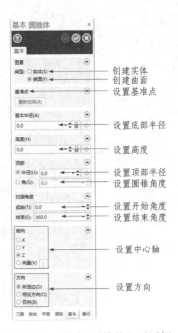

图 5-4　"基本 圆锥体"对话框

（a）锥角为15°　（b）锥角为-15°　（c）锥角为0°

图 5-5　圆锥曲面

5.1.3　立方体曲面的创建

单击"曲面"选项卡"基本曲面"面板中的"立方体"按钮，系统会弹出"基本 立方体"对

话框，如图 5-6 所示。设置相应的参数后，单击该对话框中"确定"按钮，即可在绘图区创建长方体曲面。"基本 立方体"对话框主要选项的含义如下。

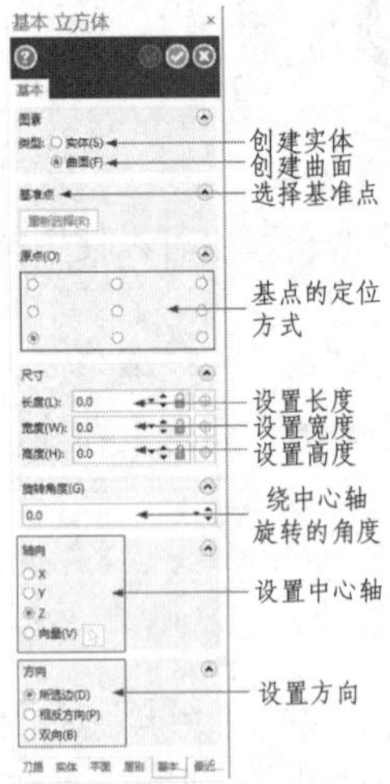

（1）"类型"组：选中该组中的"实体"单选按钮则创建的是三维实体，而选中"曲面"单选按钮则创建的是三维曲面。

（2）"尺寸"组：该组用于设置长方体的长度、宽度和高度，在"长度"文本框中输入数值，用于设置长方体的长度；在"宽度"文本框中输入数值，用于设置长方体的宽度；在"高度"文本框中输入数值，用于设置长方体的高度。

（3）"旋转角度"组：利用该组中的文本框可以设置长方体绕中心轴旋转的角度。

（4）"轴向"组：用于设置长方体的中心轴。既可以设置 X、Y 或 Z 轴为中心轴，也可以指定两点来创建中心轴。系统默认的是以 Z 轴为中心轴。

图 5-6　"基本 立方体"对话框

5.1.4 圆球曲面的创建

单击"曲面"选项卡"基本曲面"面板中的"球体"按钮 ，系统会弹出"基本 球体"对话框，如图 5-7 所示，设置相应的参数后，单击该对话框中的"确定"按钮 ，即可在绘图区创建球面。

"基本 球体"对话框中的"基准点"组和"半径"组用于设置球面的基准点、半径，其中球面的基准点是指球面的球心，如图 5-8（a）所示。用户既可以单击"重新选择"按钮 重新选择(R) 或 按钮在绘图区手工设置球面的基准点、半径，也可以通过文本框直接输入半径的数值。

同圆柱曲面、锥体曲面类似，可以通过"扫描角度"组选项创建不完整的球面，如图 5-8（b）所示。

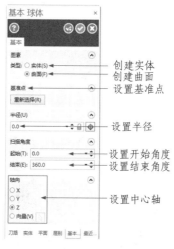

图 5-7 "基本 球体"对话框

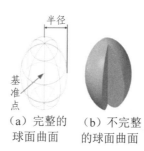

图 5-8 球面

5.1.5 圆环面的创建

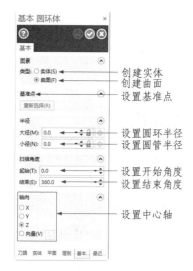

图 5-9 "基本 圆环体"对话框

单击"曲面"选项卡"基本曲面"面板中的"圆环体"按钮 ，系统弹出"基本 圆环体"对话框，如图 5-9 所示，设置相应的参数后，单击该对话框中的"确定"按钮 ，即可在绘图区创建圆环曲面。

"基本 圆环体"对话框中的"基准点"组和"半径"组分别用于设置圆环曲面的基准点、圆环半径、圆管半径，其中圆柱的基准点是指圆柱底部的圆心。

同样，通过"扫描角度"组选项可以设置圆环的开始和结束角度，从而创建不完整的圆环曲面，如图 5-10 所示。

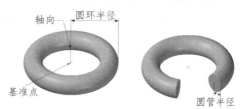

图 5-10 圆环曲面

5.2 高级曲面的创建

Mastercam 不仅提供了创建基本曲面的功能，还允许由基本图素构成的一个封闭或开放的二维实体通过拉伸、旋转、举升等命令创建复杂曲面。如图 5-11 所示为复杂曲面的创建菜单项栏。

图 5-11 "创建"面板

5.2.1 创建举升曲面

用户可以将多个截面按照一定的算法顺序连接起来形成曲面。若每个截形之间用曲线相连，则称为举升曲面，如图 5-12（b）所示；若每个截形之间用直线相连，则称为直纹曲面，如图 5-12（c）所示。

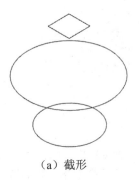

（a）截形　　　　　　　　　（b）举升曲面　　　　　　　　　（c）直纹曲面

图 5-12 直纹/举升曲面

在 Mastercam 中，创建直纹曲面和举升曲面由同一命令来执行，其操作流程如下。

（1）单击"曲面"选项卡"创建"面板中的"举升"按钮 ▦。

（2）弹出"线框串连"对话框，在绘图区选择作为截形的数个串连。

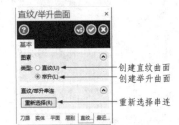

（3）系统弹出"直纹/举升曲面"对话框，如图 5-13 所示，在对话框中设置相应的参数后，单击"确定"按钮 ✔。

值得注意的是，无论是直纹曲面还是举升曲面，在创建时必须注意图素的外形起始点应相对，否则会产生扭曲的曲面，同时全部外形的串连方向必须朝向一致，否则容易产生错误的曲面。

图 5-13 "直纹/举升曲面"对话框

5.2.2 创建旋转曲面

创建旋转曲面是将外形曲线沿着一条旋转轴旋转而产生的曲面，外形曲线的构成图素可以是直线、圆弧等图素串连而成的。在创建该类曲面时，必须保证在生成曲面之前首先分别绘制出母线和轴线。

下面以创建如图 5-14 所示的旋转曲面为例，介绍旋转曲面命令的应用，操作步骤如下。

（1）单击"曲面"选项卡"创建"面板中的"旋转"按钮。

（2）系统弹出"线框串连"对话框，同时系统提示"选择轮廓曲线 1"，在绘图区域选择轮廓曲线，单击对话框中的"确定"按钮 ，系统提示"选择旋转轴"，在绘图区选择旋转轴，如图 5-15 所示。

（3）系统弹出"旋转曲面"对话框，如图 5-16 所示，设置"起始"为"0"，"结束"为"360"，单击"确定"按钮 ，结果如图 5-14 所示。

如果不需要旋转一周，那么可以设置一定的开始角度和结束角度，并在旋转时指定旋转方向。

图 5-14　旋转曲面

图 5-15　选择旋转轮廓和旋转轴

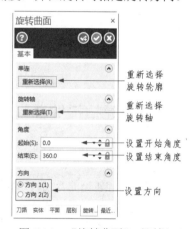

图 5-16　"旋转曲面"对话框

5.2.3　创建补正曲面

补正曲面是指将选定的曲面沿着其法线方向移动一定的距离。与平面图形的偏置一样，补正曲面命令在移动曲面的同时，也可以复制曲面。

下面创建如图 5-17 所示的补正曲面，创建步骤如下。

（1）单击"曲面"选项卡"创建"面板中的"补正"按钮，系统提示"选择要补正的曲面"。

（2）在绘图区选择曲面为要补正的曲面，如图 5-18 所示。

（3）系统弹出"曲面补正"对话框，如图 5-19 所示，设置补正曲面的距离为"40"，单击"确定"按钮，结果如图 5-17 所示。

图 5-17　补正曲面

图 5-18　选择要补正的曲面

Note

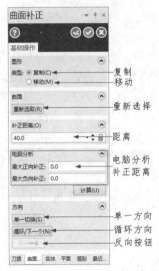

图 5-19 "曲面补正"对话框

5.2.4 创建扫描曲面

扫描曲面是指用一条截面线沿着轨迹移动所产生的曲面。截面和线框既可以是封闭的，也可以是开放的。

按照截形和轨迹的数量，扫描操作可以分为两种情形，一种是轨迹线为一条，而截形为一条或多条，系统会自动进行平滑的过渡处理；另一种是截形为一条，而轨迹线为一条或两条。

下面创建如图 5-20 所示的扫描曲面，操作步骤如下。

（1）单击"曲面"选项卡"创建"面板中的"扫描"按钮，系统弹出"线框串连"对话框，同时系统提示"扫描曲面：定义 截断方向外形"。

（2）在绘图区选择圆弧为扫描轮廓线，单击"确定"按钮，系统提示"扫描曲面：定义 引导方向外形，选择图素以开始新串连。按住 Shift 键的同时单击以选择相切图素"。选择两直线为扫描轨迹线，如图 5-21 所示，然后单击对话框中的"确定"按钮。

图 5-20 扫描曲面

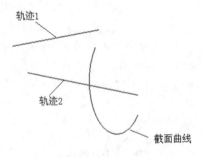

轨迹1

轨迹2

截面曲线

图 5-21 选择扫描轮廓和扫描轨迹线

（3）系统弹出"扫描曲面"对话框，如图 5-22 所示，在对话框中选中"两条导轨线"单选按钮，单击"确定"按钮，结果如图 5-20 所示。

选择扫描方式

重新选择扫描轨迹

图 5-22 "扫描曲面"对话框

5.2.5 创建网格曲面

网格曲面是指直接利用封闭的图形生成的曲面。如图 5-23（a）所示，可以将 *AD* 曲线看作起始图素，*BC* 曲线看作终止图素，*AB*、*DC* 曲线看作轨迹图素，即可得到如图 5-23（b）所示的网格曲面。

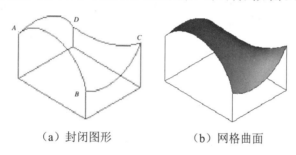

（a）封闭图形　　　　　　（b）网格曲面

图 5-23 创建网格曲面

构成网格曲面的图形可以是点、线、曲线或者是截面外形。由多个单位网格曲面按行列式排列可以组成多单位的高级网格曲面。构建网格曲面有两种方式，它们是根据选取串连的方式划分的：自动串连方式和手动串连方式。对于大多数情况，需要使用手动方式来构建网格曲面。

在自动创建网格曲面的状态下，系统允许选择 3 个串连图形来定义网格曲面。首先在网格曲面的起点附近选择两条曲线，然后在这两条曲线的对角位置选择第 3 条曲线，即可自动得到网格曲面，结果如图 5-24 所示。

值得注意的是，自动选取串连可能因为分支点太多以致不能顺利地创建网格曲面，技巧是单击串连设置对话框中的"单体"按钮 ____，接着依次选择 4 个边界串连图素。

下面手动创建如图 5-25 所示的网格曲面。

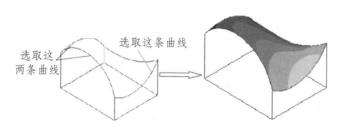

选取这条曲线

选取这两条曲线

图 5-24 自动创建网格曲面

图 5-25 手动创建的网格曲面

（1）单击"曲面"选项卡"创建"面板中的"网格"按钮，系统弹出"线框串连"对话框，此时"平面修剪"中的选择项为"引导方向"，也称为走刀方向，这表示曲面的深度由引导线来确定，也就是说曲面通过所有的引导线，也可以由截断方向或平均值来确定曲线的深度。

（2）单击"线框串连"对话框中的"单点"按钮　＋　，接着选择网格曲面的基准点，如图 5-26 所示，这些点在曲面加工时会用到。

（3）单击"线框串连"对话框中的"单体"按钮　／　，再依次选取引导方向的曲线，引导线如图 5-26 所示。

（4）依次选取如图 5-26 所示的截断线。

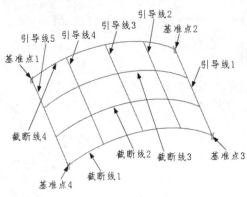

图 5-26　手动创建网格曲面要素

（5）单击"线框串连"对话框中的"确定"按钮，系统显示网格曲面。

（6）单击"平面修剪"面板中的"确定"按钮，完成操作。

5.2.6　创建围篱曲面

围篱曲面是通过曲面上的某一条曲线，生成与原曲面垂直或成一定角度的直纹面，创建步骤如下。

（1）单击"曲面"选项卡"创建"面板中的"围篱"按钮，系统提示"选择曲面"，在绘图区域选择曲面。

（2）系统弹出"线框串连"对话框，在绘图区依次选择基面中的曲线，然后单击"线框串连"对话框中的"确定"按钮。

（3）系统弹出"围篱曲面"对话框，如图 5-27 所示，设置相应的参数后，单击"确定"按钮，完成操作。

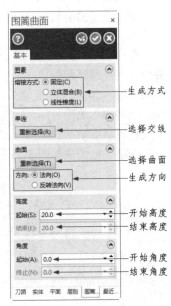

图 5-27　"围篱曲面"对话框

"围篱曲面"对话框中各选项的含义如下。

（1）"熔接方式"组：设置围篱曲面的熔接方式，包括以下 3 种方式。

① 固定：所有扫描线的高度和角度均一致，以起点数据为准。

② 立体混合：根据一种立方体的混合方式生成。

③ 线性锥度：扫描线的高度和角度方向呈线性变化。

（2）"串连"组：选择交线。

（3）"曲面"组：选择曲面。

（4）"高度"组：分别设置曲面在开始和结束的高度。

（5）"角度"组：分别设置曲面在开始和结束的角度。

5.2.7　创建拔模曲面

拔模曲面是指将一串连的图形沿着指定方向拉出拔模曲面。该命令常用于构建截面形状一致或带拔模斜角的模型。

下面创建如图 5-28 所示的拔模曲面，操作步骤如下。

（1）单击"曲面"选项卡"创建"面板中的"拔模"按钮 。

（2）弹出"线框串连"对话框，在绘图区选取如图 5-29 所示的曲线为要牵引的曲线，单击对话框中的"确定"按钮 ✅ 。

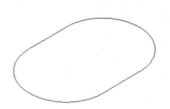

图 5-28　拔模曲面　　　　　　图 5-29　选取要牵引的曲线

（3）系统弹出"牵引曲面"对话框，如图 5-30 所示，在"尺寸"组中的"长度"文本框中设置长度为"20"，在"角度"文本框中设置角度为"20"，然后单击"确定"按钮 ✅，结束牵引曲面的创建，结果如图 5-28 所示。

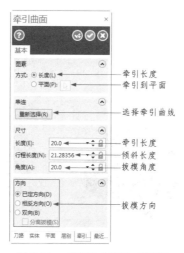

图 5-30　"牵引曲面"对话框

"牵引曲面"对话框中主要选项的含义如下。

（1）"方式"组：选中"长度"单选按钮则牵引的距离由牵引长度给出，此时长度、倾斜长度和拔模角度选项被激活；选中"平面"单选按钮表示生成延伸至指定平面的牵引平面，此时锥角和选择平面选项被激活。

（2）"尺寸"组：设置牵引曲面的参数，包括以下 3 种方式。

① 长度：设置牵引曲面的牵引长度。

② 行程长度：设置倾斜长度。

③ 角度：设置拔模角度。

5.2.8　创建拉伸曲面

拉伸曲面与牵引曲面类似，它也是将一个截形沿着指定方向移动而形成曲面，不同的是拉伸曲面增加了上下两个封闭平面，如图 5-31 所示为拉伸曲面。

拉伸曲面的创建流程和牵引曲面大同小异，下面对"拉伸曲面"对话框中主要选项的含义进行介绍，如图 5-32 所示。

（1）"串连"组：设置串连图素，重新定义拉伸曲面的曲线。

（2）"基准点"组：确定基准点。

（3）"尺寸"组：设置拉伸曲面的参数，包括以下 5 个参数。

① 高度：设置曲面高度。

② 比例：按照给定的条件对拉伸曲面整体进行缩放。

③ 旋转角度：对生成的拉伸面进行旋转。

④ 偏移距离：将拉伸曲面沿挤压垂直的方向进行偏置。

⑤ 拔模角度：曲面锥度，改变锥度方向。

图 5-31　拉伸曲面

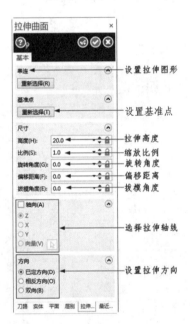

图 5-32　"拉伸曲面"对话框

5.3　曲面的编辑

Mastercam 提供了强大的曲面创建功能，同时提供了灵活多样的曲面编辑功能，用户可以利用这些功能非常方便地完成曲面的编辑工作。如图 5-33 所示为曲面的编辑菜单项栏。

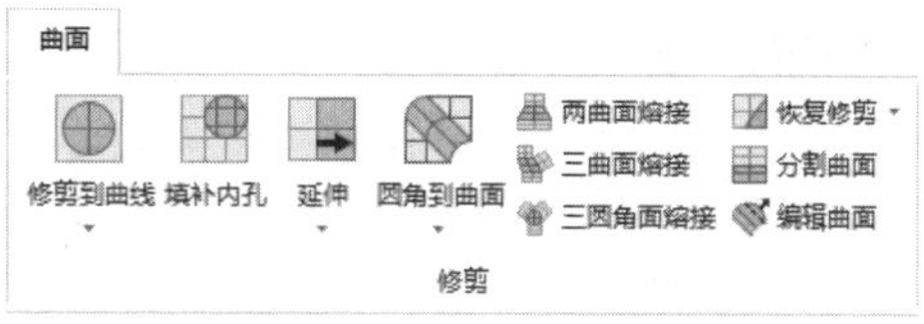

图 5-33　"修剪"面板

5.3.1　曲面倒圆

曲面倒圆就是在两组曲面之间产生平滑的圆弧过渡结构，从而将比较尖锐的交线变得圆滑平顺。曲面倒圆包括 3 种操作，分别为在曲面与曲面、曲面与平面及曲线与曲面之间绘制倒圆角。

1．圆角到曲面

圆角到曲面是指在两个曲面之间创建一个光滑过渡的曲面。

下面创建如图 5-34 所示的曲面与曲面倒圆角。

（1）单击"曲面"选项卡"修剪"面板中的"圆角到曲面"按钮 。

（2）根据系统的提示，依次选取第一个曲面、第二个曲面，如图 5-35 所示。

图 5-34　曲面与曲面倒圆角

（3）系统弹出"曲面圆角到曲面"对话框，如图 5-36 所示，在对话框中设置倒圆半径为"10"，系统显示曲面之间的倒圆曲面，最后单击"确定"按钮 ，结束倒圆角操作，结果如图 5-34 所示。

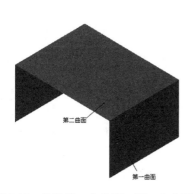

图 5-35　选取第一个曲面、第二个曲面

图 5-36　"曲面圆角到曲面"对话框

2．圆角到平面

圆角到平面是指在曲面与平面之间创建一个光滑过渡的曲面。

下面创建如图 5-37 所示的曲面与平面倒圆角，操作步骤如下。

（1）单击"曲面"选项卡"修剪"面板"圆角到曲面"下拉菜单中的"圆角到平面"按钮。

（2）根据系统的提示，选取曲面，按 Enter 键，弹出"选择平面"对话框，利用"选择平面"对话框选择相应的平面（此处选择生成该圆柱曲面的圆所在的平面），如图 5-38 所示。

选择曲面，或按Esc键继续

选择此曲面

选择该圆环

图 5-37　曲面/平面倒圆角 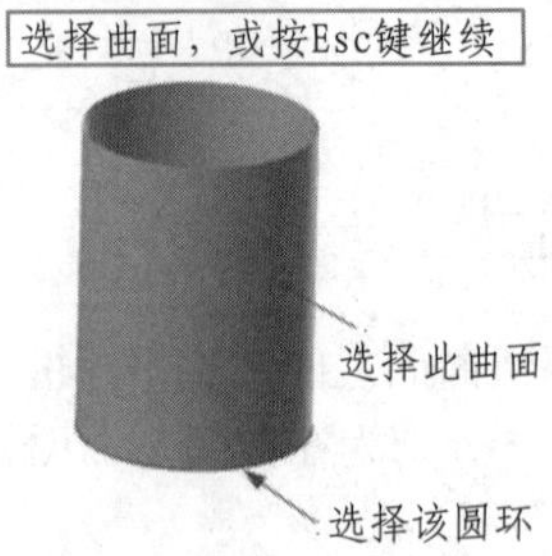　　　　图 5-38　选取曲面

（3）系统弹出"曲面圆角到平面"对话框，设置相应的倒圆角参数，系统显示过渡曲面，最后单击"确定"按钮，结束倒圆角操作，结果如图 5-37 所示。

3. 圆角到曲线

圆角到曲线是指在一条曲线与曲面之间创建一个光滑过渡的曲面。

下面创建如图 5-39 所示的曲线与曲面倒圆角，操作步骤如下。

（1）单击"曲面"选项卡"修剪"面板"圆角到曲面"下拉菜单中的"圆角到曲线"按钮。

（2）根据系统的提示，依次选取曲面、曲线，如图 5-40 所示。

（3）系统弹出"曲面圆角到曲线"对话框，设置相应的倒圆角参数，系统显示过渡曲面，最后单击"确定"按钮，结束倒圆角操作，结果如图 5-39 所示。

选择曲面　　　选择曲线

图 5-39　曲线/曲面倒圆角　　　　图 5-40　选取曲面、曲线

对曲面进行倒圆时，需要注意各曲面法线的方向，只有法线方向正确才可能得到正确的圆角。一般而言，曲面的法线方向是指向各曲面完成倒圆后的圆心方向。

5.3.2　修剪曲面

修剪曲面可以将所指定的曲面沿着选定边界进行修剪操作，从而生成新的曲面，这个边界可以是曲面、曲线或平面。

通常原始曲面被修整成两个部分，用户可以选择其中一个，作为修剪后的新曲面。用户还可以保留、隐藏或删除原始曲面。

修剪曲面包括 3 种操作，分别为修剪到曲面、修剪到曲线及修剪到平面。

1. 修剪到曲面

下面创建如图 5-41 所示的曲面，操作步骤如下。

（1）单击"曲面"选项卡"修剪"面板"修剪到曲线"下拉菜单中的"修剪到曲面"按钮。

（2）根据系统提示依次选取第一个曲面为球面，第二个曲面为半圆柱面，如图 5-42 所示。

（3）根据系统提示指定保留的曲面，单击球的下表面，此时系统显示一带箭头的光标，滑动箭头到剪后需要保留的位置上，再单击确定，然后选择圆柱面的外侧为第二个曲面要保留的曲面。

（4）系统显示球面被修整后的图形，用户还可以利用"修剪到曲面"对话框来设置参数，如图 5-43 所示，从而改变修整效果，最后单击"确定"按钮，结束曲面修整操作，结果如图 5-41 所示。

图 5-41 修剪到曲面

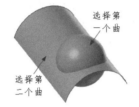

图 5-42 选取曲面

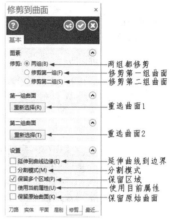

图 5-43 "修剪到曲面"对话框

2. 修剪到曲线

修剪到曲线，实际上就是从曲面上剪去封闭曲线在曲面上的投影部分，如图 5-44 所示，因此需要通过对话框选择投影方向。

利用曲线修剪曲面时，曲线可以在曲面上，也可以在曲面外。当曲线在曲面外时，系统自动将曲线投影到曲面上，并利用投影曲线修剪曲面。曲线投影在曲面上有两种方式：一种是对绘图平面正交投影，另一种是对曲面法向正交投影。

"修剪到曲线"对话框如图 5-45 所示。

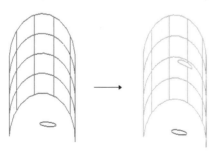

图 5-44 修剪到曲线

图 5-45 "修剪到曲线"对话框

3. 修剪到平面

修剪到平面，实际上就是以平面为界，去除或分割部分曲面。其操作过程和曲面与平面倒圆角类似，本文就不再赘述，由读者独立完成。

5.3.3　曲面延伸

曲面延伸就是将选定的曲面延伸指定的长度，或延伸到指定的曲面。

下面创建如图 5-46 所示的曲面，操作步骤如下。

（1）单击"曲面"选项卡"修剪"面板中的"延伸"按钮 。

（2）根据系统的提示选取要延伸的曲面。

（3）系统显示带箭头的移动光标，根据系统的提示选择要延伸的边界，如图 5-47 所示。

（4）系统显示默认延伸曲面，利用"曲面延伸"对话框设定延伸长度为"2"，如图 5-48 所示，最后单击"确定"按钮 ，结束曲面延伸操作，结果如图 5-46 所示。

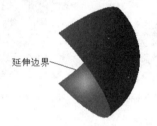

延伸边界

图 5-46　曲面延伸　　　　图 5-47　选择要延伸的边界

"曲面延伸"对话框中选项的说明如下。

（1）"类型"组：设置曲面延伸的类型。

① 线性：沿当前构图面的法线按指定距离进行线性延伸，或以线性方式延伸到指定平面。

② 到非线：按原曲面的曲率变化进行指定距离非线性延伸，或以非线性方式延伸到指定平面。

（2）"到平面"单选按钮：选中该单选按钮，弹出"选择平面"对话框，在对话框中设定或选取所需的平面。

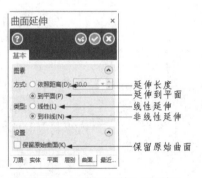

延伸长度
延伸到平面
线性延伸
非线性延伸

保留原始曲面

图 5-48　"曲面延伸"对话框

5.3.4　填补内孔

填补内孔命令可以在曲面的孔洞处创建一个新的曲面。

下面填补如图 5-49 所示的内孔，操作步骤如下。

（1）单击"曲面"选项卡"修剪"面板中的"填补内孔"按钮 。

（2）选择需要填补洞孔的修剪曲面，曲面表面有一个临时的箭头，如图 5-50 所示。

（3）移动箭头的尾部到需要填补的洞孔的边缘，单击，此时洞孔被填补。

（4）在系统弹出的"填补内孔"对话框中设置相应的转换参数后，单击"确定"按钮 ✅，完成填补内孔操作。

值得注意的是，如果选择的曲面上有多个孔，则选中孔洞的同时，系统还会弹出"警告"对话框，利用该对话框可以选择是填补曲面内所有内孔，还是只填补选择的内孔。

图 5-49　填补内孔

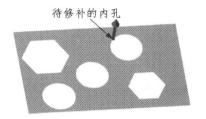

待修补的内孔

图 5-50　选择需要填补的洞孔

5.3.5　恢复到修剪边界

恢复到修剪边界是指将曲面的边界曲线移除，它和填补内孔类似，只是填补内孔是以选取的边缘为边界新建曲面，修剪曲面仍存在洞孔的边界；而恢复到修剪边界则没有产生新的曲面。

下面移除如图 5-51 所示的孔边界，操作步骤如下。

（1）单击"曲面"选项卡"修剪"面板"恢复修剪"下拉菜单中的"恢复到修剪边界"按钮 ▣。

（2）选择需要移除边界的修剪曲面，曲面表面有一个临时的箭头，如图 5-52 所示。

（3）移动箭头的尾部到需要移除的边界边缘，单击，系统弹出"警告"对话框，如图 5-53 所示，单击"是"按钮，选择移除所有的边界，如图 5-51（a）所示，单击"否"按钮，选择移除所选的边界，如图 5-51（b）所示。

（a）移除所有边界

（b）移除所选边界

图 5-51　移除边界

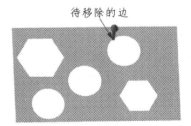

待移除的边

图 5-52　选择移除边界

图 5-53　"警告"对话框

Note

5.3.6 分割曲面

分割曲面是指将曲面在指定的位置分割开，从而将曲面一分为二。

下面创建如图 5-54 所示的分割曲面，操作步骤如下。

（1）单击"曲面"选项卡"修剪"面板中的"分割曲面"按钮▥。

（2）系统提示"选择曲面"，根据系统提示在绘图区选择待分割处理的曲面，曲面表面有一临时的箭头，如图 5-55 所示。

（3）系统提示"请将箭头移至要拆分的位置"，根据系统的提示在待分割的曲面上选择分割点，利用"拆分曲面"对话框中"方向"组的"U""V"单选按钮，设置拆分方向，最后单击"确定"按钮▣，完成曲面分割操作，结果如图 5-54 所示。

图 5-54　分割曲面　　　　图 5-55　选择分割点

5.3.7 曲面熔接

曲面熔接是指将两个或三个曲面通过一定的方式连接起来。Mastercam 提供了 3 种熔接方式：两曲面熔接、三曲面熔接、三圆角面熔接。

1. 两曲面熔接

两曲面熔接是指在两个曲面之间产生与两曲面相切的平滑曲面。

下面创建如图 5-56 所示的两曲面熔接，操作步骤如下。

图 5-56　两曲面熔接

（1）单击"曲面"选项卡"修剪"面板中的"两曲面熔接"按钮▥。

（2）根据系统的提示在绘图区依次选择第 1 个曲面及其熔接位置、第 2 个曲面及其熔接位置，如图 5-57 所示。

（3）弹出"两曲面熔接"对话框，如图 5-58 所示，设置"曲面 1"组和"曲面 2"组中的"起始幅值"和"终止幅值"为"1"，单击"确定"按钮▣，结束两曲面的熔接操作，结果如图 5-56 所示。

图 5-58　"两曲面熔接"对话框

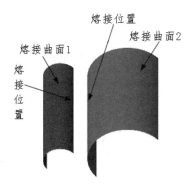

图 5-57　选择两曲面及其熔接位置

对话框中各选项的含义如下。

（1）[1]：用于重新选取第 1 个曲面。

（2）[2]：用于重新选取第 2 个曲面。

（3）"起始幅值"和"终止幅值"：用于设置第 1 个曲面和第 2 个曲面的起始和终止熔接值，默认为 1。

（4）"方向"：调整曲面熔接的方向。

（5）"修改"：修改曲线熔接位置。

（6）"扭曲"：扭转熔接曲面。

（7）"设置"组：用于设置第一个曲面和第二个曲面是否要修剪，它提供了如下 3 个选项。两组，即修剪或保留两组；第一组，即只修剪或保留第一个曲面；第二组，即只修剪或保留第二个曲面。

2．三曲面熔接

三曲面熔接是指在 3 个曲面之间产生与 3 个曲面相切的平滑曲面。三曲面熔接与两曲面熔接的区别在于曲面个数不同。三曲面熔接的结果是得到一个与三曲面都相切的新曲面。其操作与两曲面熔接类似。

3．三圆角面熔接

圆角曲面熔接是生成一个或者多个与被选的 3 个相交倒角曲面相切的新曲面。该项命令类似于三曲面熔接操作，不过圆角曲面熔接能够自动计算出熔接曲面与倒角曲面的相切位置，这一点与三曲面熔接不同，图 5-59 是三曲面熔接和圆角三曲面熔接的对比。

（a）原始三曲面　　　　　　　　　　（b）三曲面熔接

（c）六边圆角三曲面熔接　　　（d）三边圆角三曲面熔接

图 5-59　三曲面熔接对比

5.4　曲面与实体的转换

Mastercam 系统提供了曲面与实体造型相互转换的功能，使用实体造型方法创建的实体模型可以转换为曲面，同时，也可以将编辑好的曲面转换为实体模型。由实体生成曲面，实际上就是提取实体的表面。

下面创建如图 5-60 所示的曲面，操作步骤如下。

（1）单击"曲面"选项卡"创建"面板中的"由实体生成曲面"按钮。根据系统提示选择曲面。

（2）选择实体则实体所有的表面都生成曲面，选择实体的指定面则仅被选择的面生成曲面，图 5-61 是选择了锥体的表面。

（3）按 Enter 键，弹出"由实体生成曲面"对话框，在对话框中取消选中"保留原始实体"复选框，单击"确定"按钮，生成曲面，如图 5-60 所示。

为了验证选定实体的表面已生成曲面，可在实体管理器中删除实体，系统会在绘图区显示出曲面。

 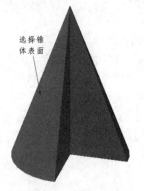

选择锥体表面

图 5-60　由实体生成曲面　　　　图 5-61　选择锥体表面

5.5　空间曲线的创建

　　创建曲线功能是在曲面或实体上创建曲线，绝大部分曲线是曲面上的曲线。比如，创建曲面上的单一边界或所有边界，创建剖切等。如图 5-62 所示，"线框"选项卡"曲线"面板中包括 9 种创建空间曲线的方法：单一边界线、所有曲线边界、剖切线、曲面交线、流线曲线、绘制指定位置曲面曲线、分模线、曲面曲线、动态曲线。

图 5-62　创建空间曲线选项

5.5.1　单一边界线

　　单一边界线命令是指沿被选曲面的边缘生成边界曲线。

　　下面创建如图 5-63 所示的单一边界线。

　　（1）单击"线框"选项卡"曲线"面板中的"单一边界线"按钮，系统提示"选择曲面或实体边缘，按住 Shift 选择相切的实体边缘"。

　　（2）在视图区选择要创建单一边界线的曲面，接着系统显示带箭头的光标，并且提示"移动箭头到所需的曲面边界处"。

　　（3）移动光标到所需的曲面边界处，如图 5-64 所示，单击确定，系统弹出提示："设置选项，选择一个新的曲面，按<ENTER>键或|确定|键"，如果需要指定其他曲面的边界，则再选择其他曲面。

　　（4）系统弹出"单一边界线"对话框，采用默认设置，单击对话框中的"确定"按钮✅，完成操作，如图 5-63 所示。

图 5-63　创建曲面指定边界

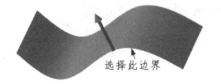

图 5-64　选择曲面边界

5.5.2　所有曲线边界

　　所有曲线边界命令是指沿被选实体表面、曲面的所有边缘生成边界曲线。

　　下面创建如图 5-65 所示曲面的所有边界。

（1）单击"线框"选项卡"曲线"面板中的"所有曲线边界"按钮，系统提示"选择实体面、曲面或网格"。

（2）选取曲面，按 Enter 键，如图 5-66 所示。

（3）系统提示"设置选项，按<ENTER>键或|确定|键"。

（4）系统弹出"创建所有曲面边界"对话框，在"公差"文本框中输入公差为"0.075"，将生成的曲面边界按设定的公差打断。

（5）单击对话框中的"确定"按钮，边界生成，如图 5-65 所示。

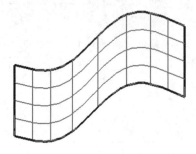
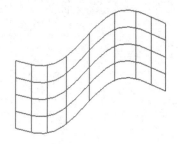

图 5-65　创建曲面所有边界　　　　　图 5-66　选取曲面

5.5.3　剖切线

剖切线是指曲面和平面的交线，使用一个平面剖切一个曲面后，二者的交线即为剖切线。

下面创建如图 5-67 所示的剖切线，操作步骤如下。

（1）单击"线框"选项卡"曲线"面板中的"剖切线"按钮，弹出"剖切线"对话框，同时系统提示"选择曲面或曲线，按|应用|键完成"。

（2）由于直接选择被剖切的曲面，系统会默认当前构图面为剖切平面，而常常遇到的问题是指定平面剖切曲面，因此必须在"剖切线"对话框中设置剖切平面。单击"剖切线"对话框"平面"组中的"重新选取"按钮，弹出"选择平面"对话框，在该对话框中单击"动态"按钮，系统弹出"新建平面"按钮，在绘图区选择平面，然后单击"确定"按钮，完成剖切平面的设置。

（3）在绘图区域选择平面和曲面，如图 5-68 所示，按 Enter 键。

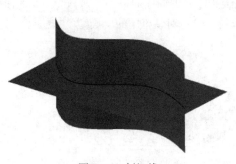
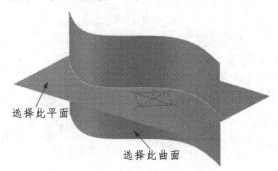

选择此平面

选择此曲面

图 5-67　剖切线　　　　　　　　　图 5-68　选择曲面和平面

（4）设置平面偏移距离为"0"，曲面补正距离为"0"，如图 5-69 所示。

（5）单击"确定"按钮，退出操作。

Note

图 5-69 "剖切线"对话框

5.5.4 曲面交线

曲面交线命令是创建曲面之间相交处的曲线。

下面创建如图 5-70 所示的相交曲线，操作步骤如下。

（1）单击"线框"选项卡"曲线"面板"剖切线"下拉菜单中的"曲面交线"按钮。

（2）根据提示选取第一个曲面，接着按 Enter 键，如图 5-71 所示。

（3）接着选取第二个曲面，再按 Enter 键。

（4）在"曲面交线"对话框中设置"弦高公差"为"0.02"，第一组曲面和第二组曲面的补正距离都为"0"，如图 5-72 所示。

（5）单击对话框中的"确定"按钮，退出操作，结果如图 5-70 所示。

图 5-70 相交曲线

图 5-71 选择曲面

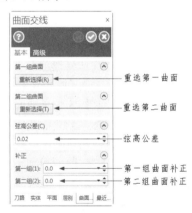

图 5-72 "曲面交线"对话框

5.5.5 流线曲线

流线曲线命令用于沿一个完整曲面在常数参数方向上构建多条曲线。如果把曲面看作一块布料，则曲面流线就是纵横交织构成布料的纤维。

下面创建如图 5-73 所示的流线曲线，操作步骤如下。

（1）单击"线框"选项卡"曲线"面板"剖切线"下拉菜单中的"流线曲线"按钮，系统提示"选择曲面"。

（2）在弹出的"流线曲线"对话框中设置"弦高公差"为"0.02"，曲线的间距为"3"，如图 5-74 所示。

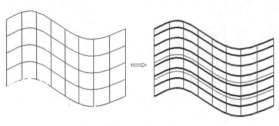

图 5-73　流线曲线

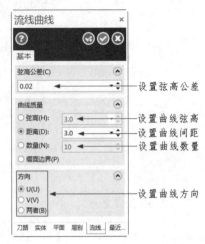

图 5-74　"流线曲线"对话框

（3）选取曲面，系统显示流线曲线，如图 5-73 所示，如果不是所绘制方向，则通过选中"方向"组中的"U"或"V"单选按钮改变方向。

（4）单击"确定"按钮❤，退出操作。

5.5.6　绘制指定位置曲面曲线

绘制指定位置曲面曲线，是指在曲面上沿着曲面的一个或两个常数参数方向的指定位置构建一条曲线。

下面创建如图 5-75 所示的两个方向的缀面边线，操作步骤如下。

（1）单击"线框"选项卡"曲线"面板"剖切线"下拉菜单中的"绘制指定位置曲面曲线"按钮，系统提示"选择曲面"。

（2）选取绘制指定位置曲面曲线的曲面，系统显示带箭头的光标，如图 5-76 所示。

（3）移动光标到创建曲线所需的位置，单击，确定生成空间曲线，如图 5-75 所示。

（4）在"流线曲线"对话框中，通过选中"方向"组中的"U"或"V"单选按钮改变方向，并设置弦高误差。弦高误差决定曲线从曲面的任意点可分离的最大距离。一个较小的弦高误差可生成与曲面实体曲面配合精密的曲线，缺点是生成数据多，生成时间长。

（5）单击对话框中的"确定"按钮❤，退出操作。

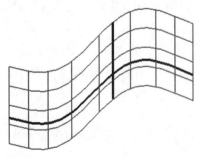

图 5-75　创建两个方向的缀面边线

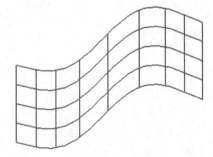

图 5-76　选取曲面

5.5.7 分模线

分模线命令用于制作分型模具的分模线，在曲面的分模线上构建一条曲线。分模线将曲面（零件）分成两部分，上模和下模的型腔分别按零件分模线两侧的形状进行设计。简单地说，分模线就是指定构图面上最大的投影线。

创建如图 5-77 所示的分模线，操作步骤如下。

（1）单击"线框"选项卡"曲线"面板"剖切线"下拉菜单中的"分模线"按钮。

（2）根据系统的提示，选择创建分模线的曲面并按 Enter 键，如图 5-78 所示。

（3）在"分模线"对话框中设置弦高为"0.02"，分模线的倾斜角为"0"，图 5-79 是对话框各项参数的说明图，其中"角度"是指创建分模线的倾斜角度，它是曲面的法向矢量与构图平面间的夹角。

（4）单击"确定"按钮 ✅ 结束分模线的创建，结果如图 5-77 所示。

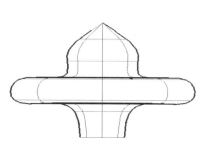
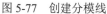

图 5-77 创建分模线

图 5-78 创建分模线的曲面

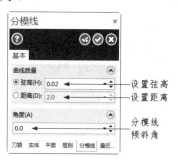

图 5-79 "分模线"对话框

5.5.8 曲面曲线

使用曲线构建曲面时，可以使用命令将曲线转换成为曲面上的曲线。使用分析功能可以查看这条曲线是 Spline 曲线，还是曲面曲线。

曲线转换成曲面上的曲线的操作流程如下。

（1）单击"线框"选项卡"曲线"面板"剖切线"下拉菜单中的"曲面曲线"按钮。

（2）选择一条曲线，则该曲线转换成曲面曲线。

5.5.9 动态曲线

动态曲线命令用于在曲面上绘制曲线，用户可以在曲面的任意位置单击，系统根据这些单击的位置依次顺序连接构成一条曲线。

下面创建如图 5-80 所示的动态曲线，操作步骤如下。

（1）单击"线框"选项卡"曲线"面板"剖切线"下拉菜单中的"动态曲线"按钮，系统提示"选取曲面"。

（2）选取要绘制动态曲线的曲面，接着系统显示带箭头的光标。

（3）在曲面上依次单击曲线要经过的位置，每单击一次，系统显示一个十字星，如图 5-81 所示。

（4）单击曲线需经过的最后一个位置后按 Enter 键，系统绘制出动态曲线，如图 5-80 所示。

（5）单击"确定"按钮 ✅，退出操作。

Note

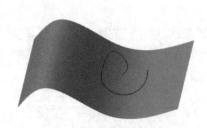

图 5-80　绘制动态曲线

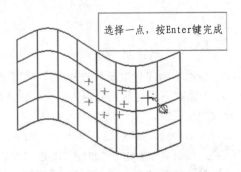

选择一点，按Enter键完成

图 5-81　单击曲线要经过的位置

5.6　综合实例——鼠标

视频讲解

本例以绘制如图 5-82 所示的鼠标外形为例介绍曲面的创建过程，在模型制作过程中，使用了扫描曲面、曲面修剪等功能。通过本例的介绍，希望读者能更好地掌握曲面的创建功能。本例的绘制流程如图 5-83 所示。

图 5-82　鼠标外形

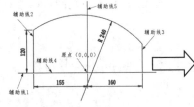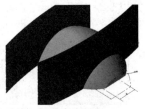

图 5-83　绘制流程

 操作步骤

（1）创建图层。单击"层别"操作管理器，在该操作管理器的"编号"文本框中输入"1"，在"名称"文本框中输入"线"；用同样的方法创建"实体"和"曲面"层，如图 5-84 所示。

（2）设置绘图面及属性。具体操作如下：单击"视图"选项卡"屏幕视图"面板中的"俯视图"按钮，设置"屏幕视角"为"俯视图"；在状态栏中设置"绘图平面"为"俯视图"；选择"主页"选项卡，在"规划"组中的"Z"文本框中输入"0"，设置构图深度为 0，选择"层别"为"1"；单击"主页"选项卡"属性"面板"线框颜色"下拉按钮，设置颜色为"13"。

（3）绘制辅助线。单击"线框"选项卡"绘线"面板中的"连续线"按钮，然后单击"选择工具栏"中的"输入坐标点"按钮，在弹出的文本框中依次输入直线的起点、终点坐标为（-200,0,

0）（200，0，0），单击"确定并创建新操作"按钮，创建水平辅助线 1。用同样的方法分别创建以（-155,0,0）、（-155,120,0），（160,0,0）、（160,80,0）和（-155,0,0）、（160，0，0）为端点的 3 条辅助线2、3、4。

图 5-84　绘图图层的创建

　　然后继续在输入坐标点文本框中依次输入直线的起点、终点坐标为（0,0,0）（0,200,0）；最后单击"任意线"对话框中的"确定"按钮，创建垂直辅助线 5。

　　（4）绘制圆弧。单击"线框"选项卡"圆弧"面板"已知边界点画圆"下拉菜单中的"两点画弧"按钮，然后单击"选择工具栏"中的"输入坐标点"按钮，在弹出的文本框中依次输入两点的坐标值，分别为（-155，120，0）、（160，80，0），在弹出的"两点画弧"对话框中的"直径"文本框中输入圆弧的直径为"480"，接着选中如图 5-85 所示的圆弧。最后单击"确定"按钮，结束圆弧的创建操作。

　　（5）设置绘图面及属性。具体操作如下：单击"视图"选项卡"屏幕视图"面板中的"等视图"按钮；选择"主页"选项卡，在"规划"面板中的"层别"选项框中选择"层别"为"2"；设置"属性"面板中的"实体颜色"为"10"。

　　（6）旋转实体。单击"实体"选项卡"创建"面板中的"旋转"按钮，系统弹出"线框串连"对话框，单击该对话框中的"串连"按钮，并选择如图 5-86 所示的串连图素及旋转轴。

　　在系统弹出的"旋转实体"对话框中，设置"起始"和"结束"角度分别为"0""180"，如图 5-87 所示，最后单击"确定"按钮，结束旋转实体的创建，如图 5-88 所示为旋转曲面效果。

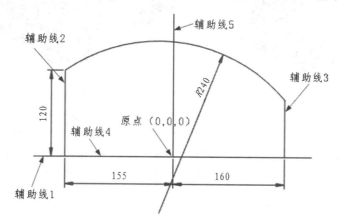

图 5-85　创建的辅助线、点及圆弧

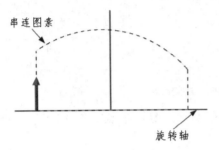

图 5-86 选择串连图素和旋转轴

图 5-87 "旋转实体"对话框

（7）设置绘图面及属性。单击"视图"选项卡"屏幕视图"面板中的"俯视图"按钮；选择"主页"选项卡，在"规划"组中的"Z"文本框中输入"60"，设置构图深度为 60，选择"层别"为"3"；单击"主页"选项卡"属性"面板"曲面颜色"下拉按钮，设置颜色为"13"。

（8）绘制矩形。单击"线框"选项卡"形状"面板中的"矩形"按钮，然后单击"选择工具栏"中的"输入坐标点"按钮，在弹出的文本框中依次输入矩形的两个角点的坐标值为（-230,190,60）、（230,-190,60），选中"创建曲面"复选框，最后单击"确定"按钮，结束矩形曲面的创建，如图 5-89 所示。

图 5-88 旋转曲面效果

图 5-89 创建矩形曲面

（9）修剪实体。单击"实体"选项卡"修剪"面板"依照平面修剪"下拉菜单中的"修剪到曲面/薄片"按钮，系统弹出"实体选择"对话框，选择半圆实体为要修剪的主体，系统提示"选择要修剪到的曲面或薄片"，在绘图区中选择刚创建的矩形，如图 5-90 所示，系统弹出"修剪到曲面/薄片"对话框，如图 5-91 所示，采用默认设置，单击对话框中的"确定"按钮，结束实体修剪操作。

选择修剪曲面

图 5-90 选择修剪面   图 5-91 "修剪到曲面/薄片"对话框

（10）设置绘图面及属性。单击"视图"选项卡"屏幕视图"面板中的"俯视图"按钮；选择"主页"选项卡，在"规划"组中的"Z"文本框中输入"60"，设置构图深度为 60，选择层别为"1"。

（11）绘制圆弧。单击"线框"选项卡"圆弧"面板"已知边界点画圆"下拉菜单中的"两点画弧"按钮，然后单击"选择工具栏"中的"输入坐标点"按钮，在弹出的文本框中依次输入两点的坐标值，分别为（−110, 140, 60）、（−82, −330, 60），然后在弹出的"两点圆弧"对话框"大小"组的"直径"文本框中输入直径值"2600"，接着选中如图 5-92 所示的第 1 个扫描路径，然后单击对话框中的"确定并创建新操作"按钮。

单击"选择工具栏"中的"输入坐标点"按钮，在弹出的文本框中依次输入两点的坐标值，分别为（75, 210, 60）、（75, −320, 60），然后在弹出的"两点圆弧"对话框"大小"组的"直径"文本框中输入直径值"2400"，接着选中如图 5-92 所示的第 2 个扫描路径，最后单击对话框中的"确定"按钮，结束圆弧扫描路径创建。

（12）设置绘图面及属性。单击"视图"选项卡"屏幕视图"面板中的"等视图"按钮，设置视角为等视角；然后在状态栏中设置"绘图平面"为"前视图"。

（13）绘制直线。单击"线框"选项卡"绘线"面板中的"连续线"按钮，选中如图 5-92 所示的第 1 个端点，然后在"任意线"对话框"尺寸"组中的"长度"文本框中输入"200"，并选中"垂直"单选按钮，然后单击"确定并创建新操作"按钮，绘制第 1 个扫描截线；然后选中如图 5-92 所示的第 2 个端点，在"尺寸"组中的"长度"文本框中输入"200"，并选中"垂直"单选按钮；最后单击"确定"按钮，结束两个截面截线的创建。

（14）设置绘图面及属性。选择"主页"选项卡，在"规划"组中选择层别为"3"。

（15）扫描曲面。单击"曲面"选项卡"创建"面板中的"扫描"按钮，在"线框串连"对话框中单击"单体"按钮，然后选择刚创建的直线为截面外形；再在"线框串连"对话框中单击按钮，选择刚创建的圆弧为扫描路径，最后单击"确定并创建新操作"按钮。以同样的方法以第 2 个扫描截线和扫描路径创建曲面，最后单击"确定"按钮，结束两个扫描曲面的创建，图 5-93 所示为扫描曲面效果。

（16）修剪实体。单击"实体"选项卡"修剪"面板"依照平面修剪"下拉菜单中的"修剪到曲面/薄片"按钮，系统弹出"实体选择"对话框，同时系统提示"选择要修剪的主体"，在绘图区选择旋转生成的实体，然后系统提示"选择要修剪到的曲面或薄片"，在绘图区选择刚刚创建的扫描曲面，如图 5-94 所示；采用同样的方法修剪另一侧的实体。

（17）层别设置。单击"层别"操作管理器，利用该操作管理器设置图层 2 为当前图层，并隐藏图层 1、3，此时绘图区修剪后的实体效果如图 5-95 所示。

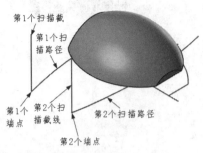

图 5-92   扫描截线/路径的创建

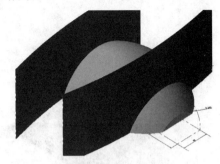

图 5-93   扫描曲面效果

图 5-94   选择修剪实体和曲面

图 5-95   修剪后的实体效果

（18）单击"视图"选项卡"外观"面板中的"线框"按钮 ，用线框表示模型。

（19）创建倒圆角。单击"实体"选项卡"修剪"面板中的"变化倒圆角"按钮 ，系统弹出"实体选择"对话框，在对话框中单击"边界"按钮 ，在绘图区中选择如图 5-96 所示的第 1 条边，单击"实体选择"对话框中的"确定"按钮 ，系统弹出"变化圆角半径"对话框，如图 5-97 所示，选中"平滑"单选按钮，单击对话框中的"单一"按钮 单一(G) ，然后选择图 5-96 所示的 R25 处的点，在弹出的"输入半径"文本框中输入"25"，然后按 Enter 键，采用同样的方法，设置图 5-96 所示的 R80 处的半径。用同样的方法可以创建第 2 条边的圆角。

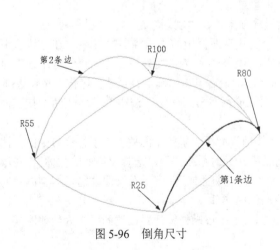

图 5-96   倒角尺寸

图 5-97   "变化圆角半径"对话框

第**6**章

加工基础

本章主要讲解加工的基础知识，包括分析图素属性、绘制曲面曲线及选择图素。通过本章的学习，要熟练掌握各种选择的技巧。在加工过程中，通过分析可以获得加工信息，从而给参数设置提供依据。曲面曲线一般用作加工的范围线。

知识点

- ☑ 分析图素属性
- ☑ 绘制曲面曲线
- ☑ 选择图素

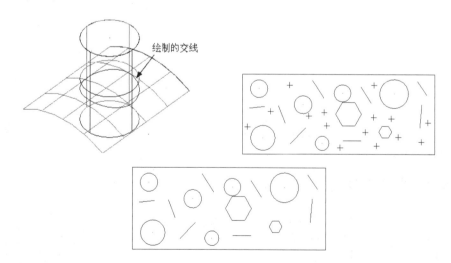

6.1 分析图素属性

用户可以通过分析功能来获得图素的属性，以便制定更完善的加工工艺来满足实际需要。分析功能包括分析点、线、圆、面和体的属性，分析距离和角度，以及分析曲面的最小曲率半径等，给加工编程提供参数依据。

6.1.1 分析点的属性

采用分析点的属性功能可以分析点的坐标位置、颜色和类型。下面通过实例来说明分析点的属性功能。将如图 6-1 所示绘图区中矩形的每条边中间位置点的形式改为剪刀形，得到的更改点效果如图 6-2 所示，具体操作步骤如下。

（1）单击"主页"选项卡"分析"面板中的"图素分析"按钮 ，系统提示选择要分析的图素。

（2）在绘图区选择矩形四条边线的中点。

（3）系统弹出如图 6-3 所示的"点属性"对话框，该对话框中显示了点的所有属性。

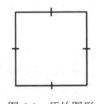

图 6-1 原始图形

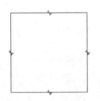

图 6-2 更改点效果

图 6-3 "点属性"对话框

（4）在"类型"下拉列表框中选择点的形式为剪刀形 ，单击"应用所选"按钮 ，再单击"确定"按钮 ，完成对点形式的更改。

6.1.2 分析线的属性

线的属性有多种，包括线型、线宽、颜色等。单击"主页"选项卡"分析"面板中的"图素分析"按钮 ，系统提示选择要分析的图形。然后选择需要分析的线，弹出如图 6-4 左侧所示的"线的属性"对话框，在该对话框中可以查看和更改线的所有属性。图 6-4 中的右侧即是改变属性后得到的结果。

图 6-4 分析线的属性

✍ **技巧荟萃**：使用分析属性功能除可以获得一些基本信息外，还可以通过修改坐标值来得到想要的结果。

6.1.3 分析曲线的属性

曲线的种类有多种，如 Spline 曲线、NURBS 曲线和曲面曲线，如果只用肉眼观察很难判断是哪一种曲线，这时可以采用分析曲线的属性功能来进行判断。

单击"主页"选项卡"分析"面板中的"图素分析"按钮 图素分析，系统提示选择要分析的图素。然后选择需要分析的样条曲线，弹出如图 6-5 所示的"NURBS 曲线属性"对话框，对话框的名称中即包含曲线的种类。

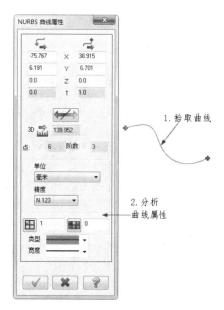

图 6-5 分析曲线的属性

6.1.4　分析两点间距

分析两点间距功能可以通过选择两点来分析两点之间的距离。

单击"主页"选项卡"分析"面板中的"距离分析"按钮 距离分析，系统提示选择一点或曲线。然后选择需要分析间距的两点，弹出"距离分析"对话框，在对话框中显示分析得到的两点间的距离，如图 6-6 所示。

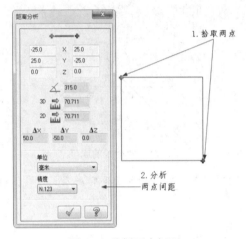

图 6-6　分析两点间距

6.1.5　动态分析

单击"主页"选项卡"分析"面板中的"动态分析"按钮 动态分析，系统提示选择要分析的图素。然后单击曲面上的任意一点，系统提示移动箭头位置，并弹出"动态分析"对话框，在该对话框中可以分析此位置的瞬时曲面曲率半径、向量等，如图 6-7 所示。

图 6-7　动态分析

✍ **技巧荟萃**：动态分析功能通常用来在编程过程中分析曲面的最小半径，或者在模具设计中分析零件的拔模角度。

6.2 绘制曲面曲线

曲面曲线是在曲面存在但缺少曲线的情况下，采用曲面曲线功能获得的曲线。在加工过程中，常常用曲面曲线创建加工范围边界。

6.2.1 绘制曲面单一边界

单击"线框"选项卡"曲线"面板中的"单一边界线"按钮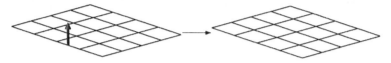，系统提示选择曲面，在绘图区选择曲面后，将光标移到需要绘制曲线的边界，单击即可绘制单一边界曲面曲线，如图6-8所示。

图6-8 绘制曲面单一边界

6.2.2 绘制所有曲线边界

如果加工中所用到的曲面是整个曲面，而不是由小的曲面片组成的，那就可以通过绘制曲面的所有边界曲线一次性将边界绘制出来。

单击"线框"选项卡"曲线"面板中的"所有曲线边界"按钮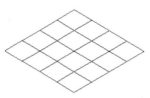，系统提示选择曲面，在绘图区选择曲面后，单击状态栏中的"确定"按钮，即可绘制曲面的所有边界曲线，如图6-9所示。

图6-9 绘制所有曲线边界

6.2.3 绘制交线

绘制交线即绘制两相交曲面的相交线。在进行复杂的造型时，外形线有时不好直接绘制，可以利用绘制交线功能来绘制。

单击"线框"选项卡"曲线"面板"剖切线"下拉菜单中的"曲面交线"按钮，然后选择两个相交曲面，单击状态栏中的"确定"按钮，即可绘制相交线，如图6-10所示。

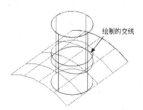

绘制的交线

图6-10 绘制交线

6.3 选择图素

随着工作的进行，绘图区中叠加的图素越来越多，要在大量的图素中选择想要的图素并不容易，但只要掌握了选择的方法，选择图素就会变得非常容易。

6.3.1 选择全部图素

选择全部图素功能可以用来选择某一类图素。在多种图素交织时，利用此功能可以轻松地选择所需的某一类图素。下面以如图 6-11 所示的图形为例，通过删除所有点的操作，来说明选择全部图素功能的操作方法，具体操作步骤如下。

（1）单击"主页"选项卡"删除"面板中的"删除图素"按钮 ✗，系统提示"选择图素"并弹出"结束选择"按钮 结束选择 和"清除选择"按钮 清除选择 ；然后单击目标选择栏中的"限定选取"按钮 ⚙ ，系统弹出如图 6-12 所示的"选择所有--单一选择"对话框。

（2）在"选择所有--单一选择"对话框中选中"图素"复选框，在展开的列表框中选中"点"复选框，单击"确定"按钮 ✓ 完成设置。

（3）单击"结束选择"按钮 结束选择 ，即可将所有点删除，结果如图 6-13 所示。

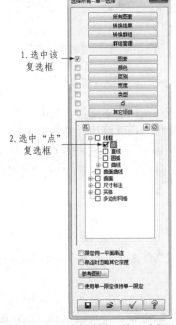

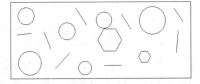

图 6-11　选择全部图素　　　　图 6-12　"选择所有--单一选择"　　　图 6-13　删除所有点后的结果
　　　　　　　　　　　　　　　　　　对话框

6.3.2 选择单一图素

选择单一图素即过滤选择，用于选择某一类中的部分或所有图素，此功能更具灵活性。下面继续以图 6-11 为例，采用选择单一图素的方法来删除右下角的一点，具体操作步骤如下。

（1）单击"主页"选项卡"删除"面板中的"删除图形"按钮 ✗，系统提示"选择图素"并弹出"结束选择"按钮 结束选择 和"清除选择"按钮 清除选择 ；然后单击目标选择栏中的"单一限定选取"按钮 ⚙ ，系统弹出如图 6-14 所示的"选择所有--单一选择"对话框。

（2）在"选择所有--单一选择"对话框中选中"图素"复选框，并单击"图素"按钮，在展开的列表框中选中"点"复选框，单击"确定"按钮 ✓ 完成设置。

（3）此时只能选择点，单击选中右下角的点，单击"结束选择"按钮 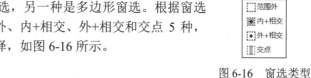，即可将所选点删除，结果如图 6-15 所示。

1. 选中该复选框

2. 选中"点"复选框

图 6-14　"选择所有--单一选择"对话框

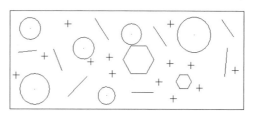

图 6-15　删除单一点

6.3.3　选择串连图素

在一般情况下，一次只能选择一个图素，当图素较多时，逐个选择太浪费时间。当多个图素首尾相连组成串连时，可以采用串连选择的方式一次选择所有相连接的图素，效率比较高。串连分为开放串连和封闭串连，开放串连不封闭，存在独立的起点和终点；封闭串连是一个封闭环，起点和终点重合。在选择串连时，可以在目标选择栏中选择"串连"选项，再在绘图区选择串连图素。也可以按住 Shift 键的同时在绘图区选择串连图素。

6.3.4　窗选图素

当要选择的图素较多，且它们之间并不形成串连时，可以采用窗选的方式选择图素。窗选的方式有两种，一种是矩形窗选，另一种是多边形窗选。根据窗选区域的不同，窗选的类型分为范围内、范围外、内+相交、外+相交和交点 5 种，可以在目标选择栏的窗选类型下拉列表中选择，如图 6-16 所示。

5 种窗选类型的含义如表 6-1 所示。

图 6-16　窗选类型

表 6-1　窗选类型的含义

窗 选 类 型	含　　义
范围内	选择视窗内的图素
范围外	选择视窗外的图素
内+相交	选择视窗内和与视窗相交的部分

窗 选 类 型	含 义
外+相交	选择视窗外和与视窗相交的部分
交点	选择与窗选边界相交的图素，在视窗内部和外部的图素都不被选择

6.3.5 选择部分串连图素

如果图素较多，并且存在分歧点，即 3 个或 3 个以上图素有共同的交点，此时用串连方法是无法选择的，可以采用部分串连的方法选择图素。部分串连一般在"线框串连"对话框中出现，单击"部分串连"按钮 ，系统提示选择图素，依次选择相连的图素，即可将图素串连，如图 6-17 所示。

图 6-17 部分串连图素

6.3.6 线框串连

在实体建模、曲面建模及加工模块中，都会出现"线框串连"对话框，如图 6-18 所示。"线框串连"对话框中提供了多种选择方式，可以根据需要随时进行切换。利用"线框串连"对话框中的工具选择图素非常方便，因此，用户需要熟练掌握。

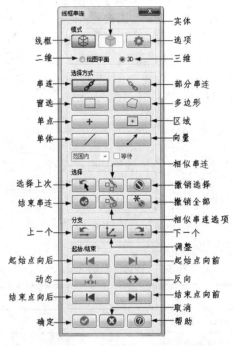

图 6-18 "线框串连"对话框

6.3.7 串连设置

选择图素时，有时需要进行相关设置，可以在"线框串连"对话框中单击"选项"按钮 ，系统弹出如图 6-19 所示的"串连选项"对话框，该对话框用于设置串连的相关参数。

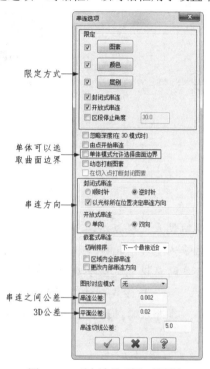

图 6-19 "串连选项"对话框

✍ **技巧荟萃**："串连公差"是指串连图素两端点之间的距离。当图素之间的距离太大，超过允许的串连公差时，系统就会停止串连。在串连过程中若意外停止，应检查图素是否重复或存在间距。如果重复，则可以利用串连分析功能分析重复的位置；如存在间距，则可以适当增大串连公差。

第 7 章

加工参数设置

　　本章主要讲解相关加工参数的设置，包括加工刀具设置、工件设置和模拟加工等。读者要熟练掌握刀具的创建方法，并能够从刀库中选择刀具或直接创建新刀具。切削参数也是非常重要的内容，只有不断地积累经验才能在设置这些参数时游刃有余。设置工件的方式有很多种，读者需要重点掌握采用边界盒方式和 STL 方式创建工件的方法。前面讲述的所有关于加工参数的设置都有助于对刀路进行模拟，读者只需根据需要了解刀路模拟功能即可。

知识点

- ☑　刀具设置
- ☑　工件设置
- ☑　模拟加工

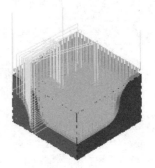

7.1 刀 具 设 置

刀具的作用主要是在加工过程中切削工件。根据不同的工件形状采用不同的刀具进行加工，所选刀具的材料也会随工件毛坯材料的不同而不同。下面主要讲解刀具的设置方法。

7.1.1 从刀库选择刀具

"刀路"选项卡平时处于隐藏状态，当单击"机床"选项卡"机床类型"面板中的"铣床"按钮 或"木雕"按钮 后系统会自动弹出"刀路"选项卡。单击"刀路"选项卡"工具"面板中的"刀具管理"按钮 ，系统弹出如图 7-1 所示的"刀具管理"对话框，该对话框主要用来从刀库中选择所需的刀具。用户只需要在刀库中选中某一把刀具，然后单击"将选择的刀库刀具复制到机床群组"按钮 ，即可将刀具从刀库调到机床群组中。

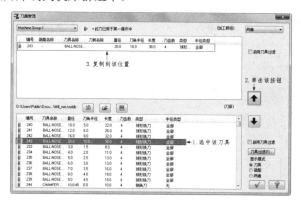

图 7-1 "刀具管理"对话框

7.1.2 编辑刀具

编辑刀具是对刀库中不符合用户要求的刀具，或对已经创建的刀具进行修改编辑。在"刀具管理"对话框的刀具列表框中选择一把刀具并右击，在弹出的快捷菜单中选择"编辑刀具"命令，弹出如图 7-2 所示的"编辑刀具"对话框，该对话框用来修改刀具参数及刀具类型。编辑完毕后单击"完成"按钮 ，即可完成编辑刀具操作。

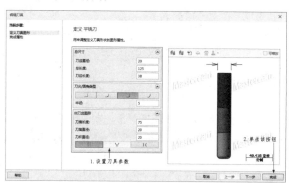

图 7-2 "编辑刀具"对话框

7.1.3　创建新刀具

如果刀库中没有用户所需的刀具，那么也可以直接创建新刀具。在"刀具管理"对话框的刀具列表框的空白处右击，在弹出的快捷菜单中选择"创建刀具"命令，系统弹出如图 7-3 所示的"定义刀具"对话框，"类型"选项卡中的选项用来定义用户所需的刀具类型。

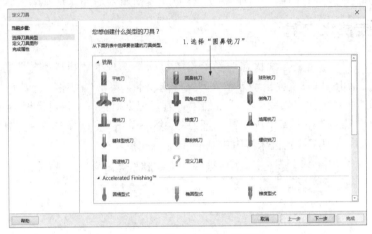

图 7-3　"定义刀具"对话框

在"类型"选项卡中选择一种刀具，如"圆鼻铣刀"，单击"下一步"按钮 下一步 ，系统将对话框切换到"定义 平铣刀"界面，如图 7-4 所示，该选项卡用来定义圆鼻铣刀的参数。

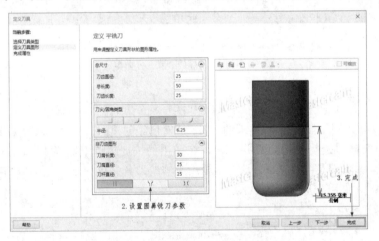

图 7-4　"定义 平铣刀"界面

7.1.4　设置加工刀具参数

当设置完"定义 平铣刀"界面的参数后，单击"下一步"按钮 下一步 ，弹出"完成其他[①]属性"界面，在该界面中设置刀具名称、刀号、刀长补正、半径补正、刀座编号等加工刀具参数，如图 7-5 所示。

---

① 书中"其他"与软件中"其它"视为同一内容，后文不再赘述。

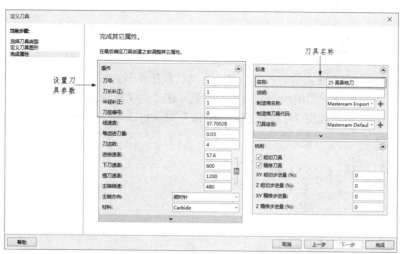

图 7-5 设置加工刀具参数

"名称"可以采用诸如"25 圆鼻铣刀"的形式，表示直径为 25 的圆鼻铣刀。在"刀号"文本框中输入与刀库中对应的编号；在"刀座编号"文本框中输入刀座在刀库中的编号，在程序中执行换刀命令时就可以按此编号进行，如果是不带刀库的机床，则此处可以不设置；在"刀长补正"和"半径补正"文本框中输入刀具的磨损补偿值。

7.1.5 设置切削参数

在"完成其他属性"界面下方的切削参数选项组中输入切削参数值，以定义刀具切削参数，如图 7-6 所示。该选项组中的选项主要用来定义主轴转速、刀具进给率、下刀速率、提刀速率等切削参数。切削参数受工件材料、刀具材料、切削精度、粗糙度、机床类型等影响，一般情况下要靠用户经验进行取值。

✍ **技巧荟萃：**切削参数并不是固定的，因毛坯材料和刀具材料而定，一般"下刀速率"设为"进给速率"的一半左右；"主轴转速"一般在粗加工中采用低转速，在精加工中采用高转速。

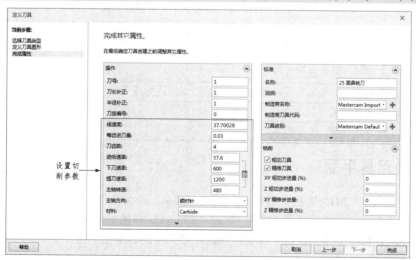

图 7-6 设置切削参数

7.1.6 设置冷却液

刀具在切削过程中会产生大量的热量，如果不及时散热，则会导致刀具过热，降低强度，对刀具精度有较大影响，因此，通常采用冷却液来冷却刀具。在"完成其他属性"界面下方单击下拉按钮，再单击 冷却液 按钮，弹出如图 7-7 所示的"冷却液"对话框，该对话框主要用来设置冷却类型。

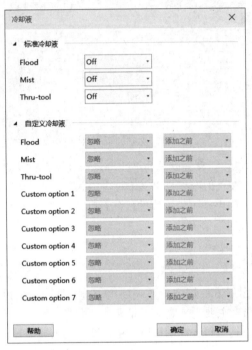

图 7-7　"冷却液"对话框

对话框中主要参数的含义如表 7-1 所示。

表 7-1　"冷却液"对话框中主要参数含义

选　　项	含　　义
Flood	表示采用水冷或冷却液冷却的方式进行冷却
Mist	表示采用雾冷的方式进行冷却
Thru-tool	表示采用带中心孔的刀具，通过中心孔的冷却液进行冷却
Off	表示关闭此选项
On	表示打开此选项

7.1.7 设置刀具平面

在"刀路"选项卡"3D"面板中选择一种加工方式后，在弹出的对话框中选择"刀具参数"选项卡，在该选项卡中单击"刀具/绘图面"按钮 刀具/绘图面... ，弹出如图 7-8 所示的"刀具面/绘图面设置"对话框。该对话框主要用来设置工作坐标系统、刀具平面、绘图平面。

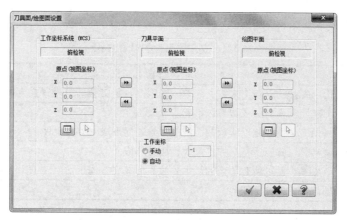

图 7-8 "刀具面/绘图面设置"对话框

✍ **技巧荟萃**：刀具平面一般在三轴加工中都设置为俯视图。

7.2 工 件 设 置

工件即加工毛坯，用来模拟实际加工中的加工材料。工件按类型可以分为立方体、圆柱体、文件和不规则实体 4 类，这 4 种类型都可以创建毛坯工件，但毛坯的形状不一样，创建的方式也就不一样。下面介绍工件的创建方式。

7.2.1 设置工件为立方体

在刀路管理器中选择"属性"→"毛坯设置"命令，弹出"机床群组属性"对话框，在"毛坯设置"选项卡的"形状"选项组中选中"立方体"单选按钮，对话框显示如图 7-9 所示。该界面主要用来设置立方体工件的参数，可以在立方体参数文本框中输入立方体的 X、Y、Z 值及原点参数。

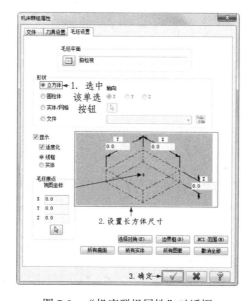

图 7-9 "机床群组属性"对话框

立方体工件的设置方式如表 7-2 所示。

表 7-2 立方体工件的设置方式

选 项	含 义
选择对角	选择平面上矩形的对角点来定义立方体区域，给定 Z 值即可设置立方体工件
边界框	采用边界框将图素的最大边界包络起来形成工件
所有曲面	自动选择所有曲面，并以所有曲面的最大外边界形成立方体工件
所有实体	选择所有实体，并以所有实体的最大外边界形成立方体工件
所有图素	选择所有图素，并以所有图素的最大外边界形成立方体工件
取消全部	将前面所选取的工件全部取消

7.2.2 设置工件为圆柱体

在"机床群组属性"对话框"毛坯设置"选项卡的"形状"选项组中选中"圆柱体"单选按钮，对话框显示如图 7-10 所示。该界面主要用来设置圆柱体工件参数，可以在圆柱体参数文本框中输入圆柱体的高度、直径及原点参数。设置圆柱体工件的方式与设置立方体一样，在此不再赘述。

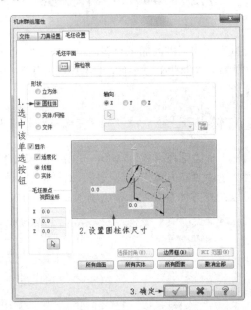

图 7-10 设置工件为圆柱体

7.2.3 设置工件为 STL 文件

STL 文件在加工过程中应用较多。在加工过程中可以将上一步的加工结果保存为 STL 文件，再将此 STL 文件作为下一次加工的工件。另外，当某些工件只做精加工时，在实体模拟时可以不进行粗加工，直接采用 STL 文件加工即可。在"机床群组属性"对话框"毛坯设置"选项卡的"形状"选项组中选中"文件"单选按钮，如图 7-11 所示，选择 STL 文件作为工件。可以在"形状"选项组的"文件"下拉列表中选择所需的 STL 文件，也可以单击"文件"按钮，选择文件。选择文件完成后，单击对话框中的"确定"按钮，完成设置。如图 7-12 所示为设置 STL 文件作为毛坯的结果。

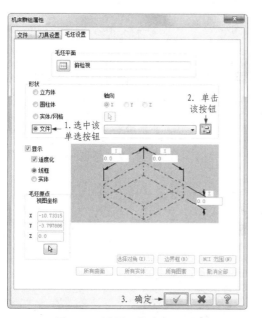

图 7-11　设置工件为 STL 文件

图 7-12　设置 STL 文件作为毛坯

7.2.4　设置工件为不规则实体

在很多加工过程中，所用加工材料的形状并不是非常规则的，往往不能采用立方体或圆柱体等方式设置工件，此时可以采用事先做好的实体作为工件。另外，当有些加工所用的材料是铸件时，也可以直接将实体做成铸件的形状。在"机床群组属性"对话框"毛坯设置"选项卡的"形状"选项组中选中"实体/网格"单选按钮，对话框显示如图 7-13 所示，该界面主要用来选择实体作为工件。在"形状"选项组中单击"实体/网格"单选按钮右侧的"选择"按钮，在绘图区选择所需的实体，单击"确定"按钮，完成选择。如图 7-14 所示为实体作为毛坯的结果。

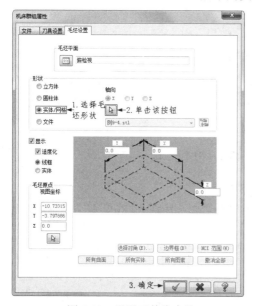

图 7-13　设置工件为实体

图 7-14　实体作为毛坯

7.2.5 设置边界框

采用边界框的方式设置工件是 Mastercam 中设置工件最常用的方式，在立方体工件和圆柱体工件设置方式中都有边界框设置方式。设置边界框的方法有两种，一种是直接在菜单栏中调取命令，另一种是在刀路管理器中调取命令。下面介绍采用边界框设置立方体工件的方法。

在"机床群组属性"对话框"毛坯设置"选项卡的"形状"选项组中选中"立方体"单选按钮，然后单击"边界框"按钮，弹出如图 7-15 所示的"边界框"对话框，该对话框用于设置边界框的参数，单击"确定"按钮 ✅，完成参数设置。

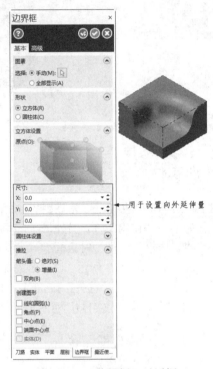

图 7-15　"边界框"对话框

✍ **技巧荟萃**：设置工件主要是便于以后进行实体模拟时对工件的观察，以检查刀路是否存在错误。一般利用边界框设置工件毛坯最为方便。

7.3　模　拟　加　工

当刀路编制完毕后，即可进行刀路模拟，以检查是否存在错误或过切情况。模拟加工包括模拟刀路和模拟实体两种形式，下面将分别进行介绍。

7.3.1　模拟刀路

模拟刀路可以查看刀具运动的轨迹，以检查是否有错误路径存在。在刀路管理器中单击"模拟已选择的操作"按钮，弹出如图 7-16 所示的"路径模拟"对话框，该对话框用来控制刀路的显示。

刀路模拟操控栏如图 7-17 所示，该操控栏用来控制刀路的模拟，用户可以使用其中的按钮进行相关操作。

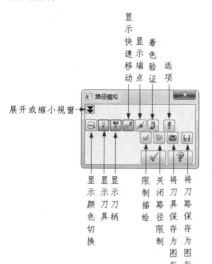

图 7-16 "路径模拟"对话框

图 7-17 刀路模拟操控栏

7.3.2 模拟实体加工

Mastercam 中除了可以模拟刀路，还可以模拟实体加工，也就是模拟实体。模拟实体需要设置工件。在刀路管理器中单击"验证已选择的操作"按钮 ，弹出如图 7-18 所示的"验证"对话框，该对话框主要用来控制实体模拟的相关参数。

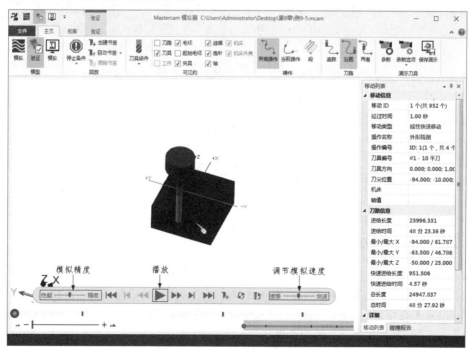

图 7-18 "验证"对话框

7.3.3　执行后处理操作

当刀路编制完毕后，如果模拟刀路没有问题，可以执行后处理操作，生成 G、M 代码。在刀路管理器中单击"执行选择的操作进行后处理"按钮 G1，弹出如图 7-19 所示的"后处理程序"对话框，该对话框主要用来生成 G、M 代码。

图 7-19　"后处理程序"对话框

7.3.4　锁定刀路

当刀路编制完毕并检查无误后，为避免误操作将刀路改动，可以将刀路锁定，这样不管怎么修改，都不会影响刀路。要锁定刀路，首先选中要执行锁定处理的刀路，然后在刀路管理器中单击"切换锁定选择的操作"按钮 🔒，即可将选中的刀路锁定，如图 7-20 所示，在这以后的所有操作都对此刀路无效。

图 7-20　锁定刀路

7.3.5　控制刀路显示

当刀路编制完成后需要再进行其他操作时，如果刀路没有被隐藏，将对操作产生影响。要隐藏刀路，可以先选中要隐藏的刀路，再在刀路管理器中单击"切换显示已选择的刀路操作"按钮 ≋。如图 7-21 所示为隐藏刀路前的图形，如图 7-22 所示为隐藏刀路后的图形。如果要恢复显示刀路，在刀路管理器中单击"切换显示已选择的刀路操作"按钮 ≋ 即可。

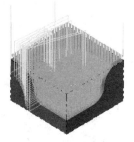

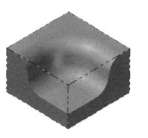

图 7-21　隐藏刀路前　　　　　　　　　图 7-22　隐藏刀路后

7.3.6　传输刀路

当刀路编制完成并检查无误，执行后处理操作后，可直接将后处理程序传输到机床上进行加工。在"后处理程序"对话框中选中"传输到机床"复选框，再单击"传输"按钮 ，弹出如图 7-23 所示的"传输"对话框，该对话框用来设置传输的相关参数。

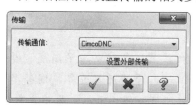

图 7-23　"传输"对话框

第 **8** 章

加工通用参数设置

本章主要讲解加工通用参数的设置，包括加工的高度、补偿、转角、相交性、预留量、进退刀等基本参数和误差设置，加工面、干涉面及边界范围等参数设置，以及曲面精加工高级参数设置等。这些参数在加工过程中不可或缺，因此需要用户熟练掌握，特别是加工的基本参数。另外，某些高级优化参数对加工具有明显的优化作用，用户也需要进行了解。本章同时也是后面学习二维和三维曲面加工的基础。

知识点

☑ 设置基本参数
☑ 设置曲面加工参数
☑ 设置曲面高级参数

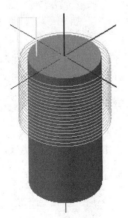 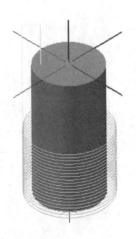 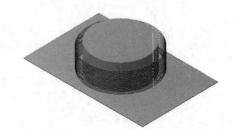

8.1 设置基本参数

基本参数是二维刀路和三维刀路等共有的参数，是最基本的参数，贯穿整个加工过程，如高度、补偿、进退刀设置等。

8.1.1 设置高度

高度设置主要包括安全高度、参考高度、进给下刀位置、工件表面和深度等参数的设置。高度的确定方式分为绝对坐标和增量坐标两种，绝对坐标是相对系统原点来测量的，系统原点是不变的；增量坐标即相对坐标，是相对工件表面来测量的，工件表面随着加工的深入不断变化，因而相对坐标是不断变化的。

高度选项一般在加工的"共同参数"选项卡中进行设置，具体操作为：选择"机床"选项卡"机床类型"面板中的"铣床"→"默认"命令，在刀路管理器中便新增一个铣床群组，同时弹出"刀路"选项卡。单击"刀路"选项卡"2D"面板"铣削"组中的"外形"按钮 ，系统弹出"线框串连"对话框，选择外形轮廓进行串连，单击"确定"按钮 ，弹出"2D 刀路-外形铣削"对话框，选择"共同参数"选项卡，弹出如图 8-1 所示的对话框。

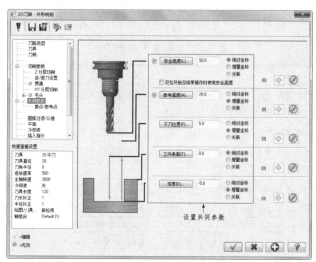

图 8-1 高度参数设置

对话框中主要高度选项的含义如表 8-1 所示。

表 8-1 主要高度选项的含义

选 项	含 义
安全高度	刀具开始加工和加工结束后返回机械原点前所停留的高度位置。选中该复选框，用户可以在后面的文本框中输入高度值，刀具在此高度值上一般不会撞刀，比较安全，所以叫安全高度。此高度值一般给定绝对值 50～100mm。当选中"安全高度"按钮下方的"仅在开始及结束操作时使用安全高度"复选框时，刀具仅在该加工操作的开始和结束位置移动到安全高度；当取消选中该复选框时，每次刀具在抬刀时均移动到安全高度

选　　项	含　　义
参考高度	刀具结束某一路径的加工，进行下一路径加工前在 Z 方向的回刀高度，也称退刀高度。此处按经验值一般给定相对值 10～25mm
下刀位置	刀具下刀速度由 G00 速度变为 G01 速度（进给速度）的平面高度。刀具首先从安全高度快速移动到下刀位置，然后以设定的进给速度逼近工件。下刀高度即是逼近工件前的缓冲高度，是为了刀具能够安全地切入工件，一般按经验值给定相对值 5～10mm
工件表面	工件上表面的 Z 值。一般情况下给定绝对值 0
深度	工件实际要切削的深度。一般给定绝对值负值

8.1.2　设置补偿

在实际铣削过程中，刀具所走的加工路径并不是工件的外形轮廓，还包括一个补偿量。补偿量包括以下几个方面。

（1）实际使用刀具的半径。

（2）程序中指定的刀具半径与实际刀具半径之间的差值。

（3）刀具的磨损量。

（4）工件间的配合间隙。

系统提供了 5 种补偿形式和两个补偿方向供用户选择。刀具补偿形式包括电脑补偿、控制器补偿、刀具磨损补偿、刀具磨损反向补偿和无补偿，各补偿形式的含义如表 8-2 所示。

表 8-2　各补偿形式的含义

选　　项	含　　义
电脑	刀具中心向指定的方向（左或右）移动一个补偿量（一般为刀具半径），NC 程序中的刀具移动轨迹坐标值是加入了补偿量的坐标值
控制器	刀具中心向指定的方向（左或右）移动一个存储在寄存器里的补偿量（一般为刀具半径），系统将在 NC 程序中给出补偿控制代码（左补 G41 或右补 G42），NC 程序中的坐标值是外形轮廓的坐标值
磨损	进行刀具磨损补偿时，同时进行电脑补偿和控制器补偿，且补偿方向相同，并在 NC 程序中给出加入了补偿量的轨迹坐标值，同时输出控制代码 G41 或 G42
反向磨损	进行刀具磨损反向补偿时，也同时进行电脑补偿和控制器补偿，但控制器补偿的补偿方向与设置的方向相反。当采用电脑左补偿时，系统在 NC 程序中输出反向补偿控制代码 G42；当采用电脑右补偿时，系统在 NC 程序中输出反向补偿控制代码 G41
关	系统关闭补偿设置，在 NC 程序中给出外形轮廓的坐标值，且在 NC 程序中无控制补偿代码 G41 或 G42

在设置刀具补偿时可以设置为刀具磨损补偿或刀具磨损反向补偿，使刀具同时具有电脑补偿和控制器补偿。用户可以按指定的刀具直径来设置电脑补偿，而实际刀具直径与指定刀具直径的差值可以由控制器补偿来补正。当两个刀具直径相同时，暂存器里的补偿值应该是零；当两个刀具直径不同时，暂存器里的补偿值应该是两个直径的差值。

刀具补正方向有左补偿和右补偿两种。如图 8-2 所示为铣削一个凹槽，如果不补正，刀具沿着实线走，则刀具的中心轨迹即是实线所在的轨迹，这样由于刀具有一个半径在槽外，因此实际凹槽铣削的尺寸比理论上大一个刀具半径。要想实现铣削的尺寸与理论值一样大，必须使刀具向内偏移一个刀具半径，根据串连选择的方向来判断是左补偿还是右补偿。如图 8-3 所示为铣削一个凸缘，如果不补正，刀具沿着实线走，刀具的中心轨迹即是实线，这样由于有一个刀具半径在凸缘内，因而实际凸缘铣削的尺寸比理论上小一个刀具半径。要想实际铣削的效果与理论值一样大，则必须使刀具向外偏移一个刀具半径，具体的补偿方向要看串连选择的方向。

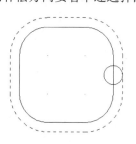
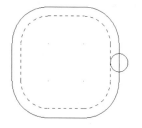

| 图 8-2　铣削凹槽 | 图 8-3　铣削凸缘 |

8.1.3　设置转角

在"切削参数"选项卡的"刀具在拐角处走圆角"下拉列表框中可以选择转角设置选项，如图 8-4 所示。转角设置用于两条及两条以上相连线段转角处的刀路，即根据不同的选择模式来控制转角处是否采用弧形刀路，以用来在尖角处过渡保护刀具。

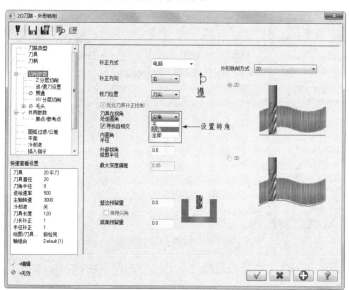

图 8-4　设置转角

转角设置包括无、尖角、全部 3 种类型，各类型的含义分别如表 8-3 所示。

表 8-3　转角设置类型的含义

类　　型	含　　义	示　　例
无	在转角处不采用圆弧刀路	

类 型	含 义	示 例
尖角	在尖角处采用圆弧刀路过渡。尖角是指小于 135°的转角，系统在小于 135°转角的地方采用圆弧刀路，在大于 135°的地方直接过渡刀路	
全部	在所有转角处都采用圆弧刀路	

8.1.4 设置寻找自相交

在"切削参数"选项卡中选中"寻找自相交"复选框，如图 8-5 所示，系统即启动寻找相交功能，在创建轨迹时会检测轨迹相交的可能，如果相交，则系统自动在交点以后的位置删除刀路。

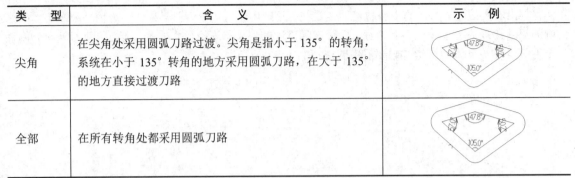

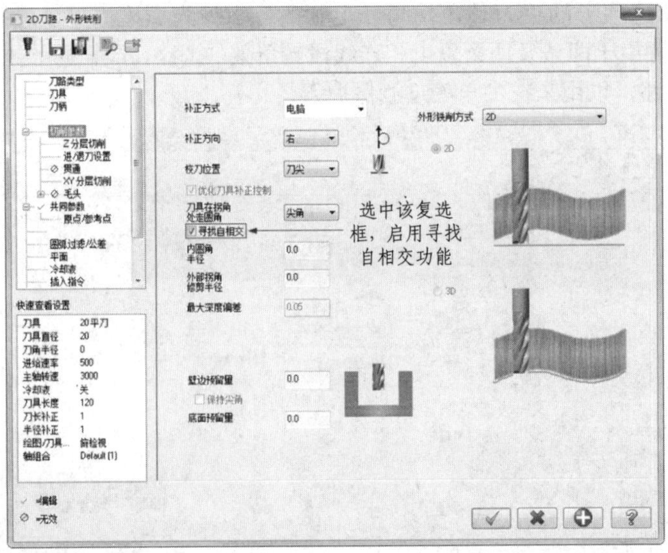

图 8-5　设置寻找自相交

如图 8-6 所示为选中和不选中"寻找自相交"复选框的结果对比，可以看出不选中该复选框时刀路会出现相交。

 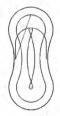

（a）选中"寻找相交性"复选框　　　　（b）不选中"寻找相交性"复选框

图 8-6　结果对比

8.1.5　设置预留量

预留量是指加工时预留一定的材料在工件上以作为后续加工的材料。在实际加工过程中经常需要留预留量，以便于获得更精确的加工结果。预留量包括壁边预留量和底面预留量，如图 8-7 所示。

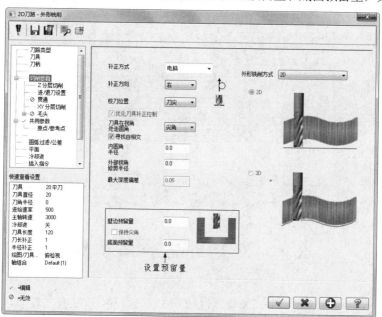

图 8-7　设置预留量

预留量选项的含义如表 8-4 所示。

表 8-4　预留量选项的含义

参　　数	含　　义	示　　例
壁边预留量	在加工工件外形方向上预留部分材料不加工	
底面预留量	在加工工件深度方向上预留部分材料不加工	

✍ **技巧荟萃**：预留量除了可以设置为正值和零，还可以设置为负值，负值表示过切量。

8.1.6　设置进退刀向量

在"进/退刀设置"选项卡中选中"进/退刀设置"复选框，如图 8-8 所示，然后在下面和右侧的进退刀选项组中设置在刀路的起始及结束位置加入一段直线或圆弧实现平稳进退刀。

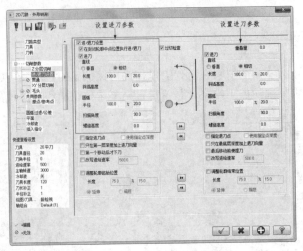

图 8-8　"进/退刀设置"选项卡

技巧荟萃：进退刀向量一般设定为切向，以避免刀具与工件发生碰撞而损坏刀具或机床，因此建议使用进退刀向量来使刀具顺利切入和切出工件。

8.2　设置曲面加工参数

曲面加工参数是加工曲面时的专用参数，包括刀路误差和程序过滤、加工曲面与干涉曲面的选择、曲面切削范围等。下面将详细讲解曲面加工参数的设置。

8.2.1　设置刀路误差

刀路误差用来设置沿刀路加工后的模型与所绘制的理想模型之间的误差。在设置曲面加工参数的对话框中单击"整体公差"按钮，弹出如图 8-9 所示的"圆弧过滤公差"对话框。整体公差等于过滤公差与切削公差之和，可以通过公差参数设置来调整过滤误差和切削误差的比例。

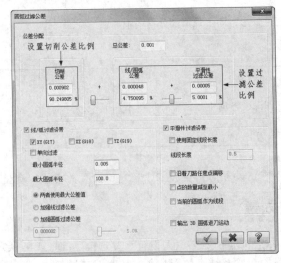

图 8-9　"圆弧过滤公差"对话框

8.2.2 设置加工曲面和干涉面

加工曲面,顾名思义就是要加工的曲面,干涉面一般是指不需要加工的曲面或在加工过程中有可能过切的面,因此,设置好加工曲面和干涉面对加工来说是非常重要的。

要设置加工曲面和干涉面,只需选择曲面加工命令,然后拾取需要加工的曲面,系统即会弹出如图 8-10 所示的"刀路曲面选择"对话框,该对话框用来选择加工面、干涉面、切削范围和指定下刀点。

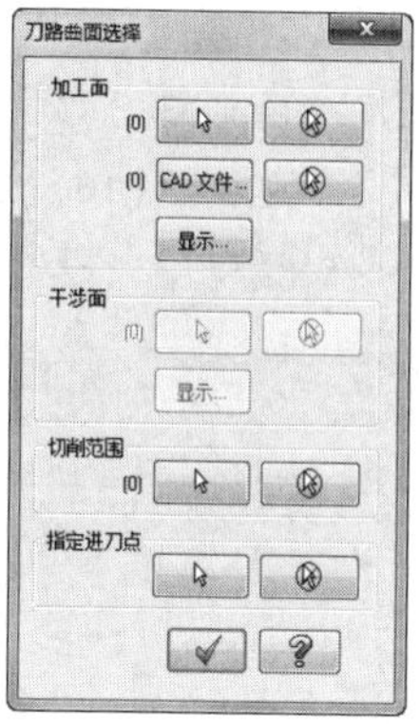

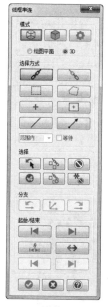

8.2.3 设置边界范围

边界范围是指用户需要加工的范围,此范围并不是曲面边界的范围,有可能比曲面边界大,也有可能比曲面边界小,还有可能与曲面边界相同。

图 8-10 "刀路曲面选择"对话框

在"刀路曲面选择"对话框中单击"切削范围"选项组中的"选择"按钮 ,弹出如图 8-11 所示的"线框串连"对话框,该对话框用来选择加工边界范围。在"线框串连"对话框中单击"串连"按钮 ,系统将返回到绘图区选择加工串连,选择如图 8-12 所示的边界范围,单击"确定"按钮 ,完成选择。

图 8-11 "线框串连"对话框

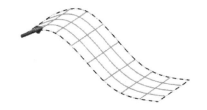

图 8-12 选择边界范围

8.3 设置曲面高级参数

曲面高级参数主要是指在曲面加工过程的特殊情况下使用的参数,对于一般性加工,这些参数可以不予设置。曲面高级参数包括切削深度、限定深度、间隙和其他高级参数。下面将分别对其作用进行说明。

8.3.1 设置切削深度

切削深度参数主要用来设置刀具的加工深度。一般在进行曲面粗加工时，在曲面加工专用参数设置对话框中单击"切削深度"按钮，如图 8-13 所示，系统弹出如图 8-14 所示的"切削深度设置"对话框，该对话框用来设置加工时第一刀和最后一刀切削的深度。

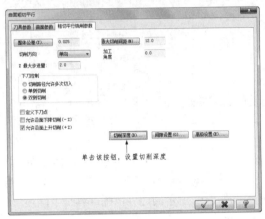

图 8-13　曲面加工专用参数设置对话框

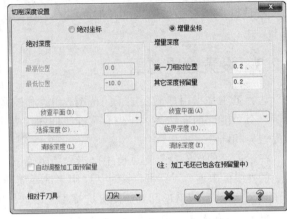

图 8-14　"切削深度设置"对话框

在增量坐标下，第一刀的位置是相对工件表面的，其他深度的预留量相对加工的最底面。另外，还可以采用绝对坐标来控制加工深度。有时需要加工的零件深度特别大，为了节省刀具，可以将零件分两层来进行粗加工，上面一层用旧的短刀具，下面一层用新的长刀具，刀路完全一样。例如，加工一个高度为 80mm 的圆柱体，可以分两层来加工，如图 8-15 所示为加工 0～-40mm 深度时的参数设置，刀路路径如图 8-16 所示。如图 8-17 所示为加工-40～-80mm 深度时的参数设置，刀路路径如图 8-18 所示。

图 8-15　加工上半部分

图 8-16　刀路路径 1

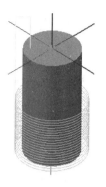

图 8-17 加工下半部分 　　　　　　图 8-18 刀路路径 2

8.3.2 设置限定深度

限定深度一般用于曲面精加工，其作用与切削深度类似，也是用来限定刀具加工深度的。在设置曲面精加工专用参数的对话框中单击"限定深度"按钮，系统弹出如图 8-19 所示的"限定深度"对话框。

限定深度的相对参考有刀尖和球心两种，一般以刀尖作为相对参考。"最高位置"表示加工的最顶点，"最低位置"表示限定的深度。在实际加工过程中，往往需要将陡面加工好，但是加工陡面有可能伤到平面，此时往往采用限定深度以防止刀具产生过切。如图 8-20 所示，如果不限定加工深度，则将会伤到底部的平面，产生过切。

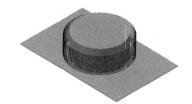

图 8-19 "限定深度"对话框 　　　　图 8-20 限定深度结果

✍ **技巧荟萃**：**"切削深度"选项和"限定深度"选项的作用一样，只不过切削深度用在粗加工中，限定深度用在精加工中。**

8.3.3 设置间隙

间隙设置一般用来控制曲面加工过程中存在间隙时的处理方式。间隙包括曲面跟曲面之间的间隙、曲面内部的破孔等。曲面加工间隙一般用于精加工中，在设置曲面精加工专用参数的对话框中单击"间隙设置"按钮，弹出如图 8-21 所示的"刀路间隙设置"对话框。该对话框用于设置位移小于或大于容许间隙时的处理方式。容许间隙大于刀具步进量的最大百分比时，一般需要抬刀。对存在多区域的工件进行加工时，系统可以对多区域加工顺序进行优化处理，可以通过选中"切削排序最佳化"复选框来激活此项功能。

Note

图 8-21 "刀路间隙设置"对话框

8.3.4 高级设置

高级设置功能用于设置精加工参数，一般用来设置刀具在曲面边缘部分走圆角和遇到曲面尖角时的处理方式。在设置曲面精加工专用参数的对话框中单击"高级设置"按钮，弹出如图 8-22 所示的"高级设置"对话框，该对话框用来检查曲面中的内部锐角和不良曲面，设置刀具在曲面边缘走圆角以优化加工边界等。

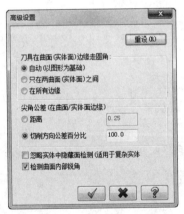

图 8-22 "高级设置"对话框

第9章

外形铣削加工

外形铣削加工刀路主要用来加工二维轮廓，通过改变补正方向来控制外形铣削加工的形状是凹槽还是凸缘。外形铣削加工刀路有很多种，用户要根据具体情况选择合适的加工方式来加工。另外，外形铣削刀路所选择的串连图素非常灵活，可以是封闭的串连图素，也可以是开口的串连图素，在实际加工过程中可以灵活运用来满足加工要求。

知识点

☑ 外形铣削
☑ 倒角加工

☑ 斜插加工
☑ 残料加工

9.1　外　形　铣　削

外形铣削加工刀路可以铣削凹槽形工件，也可以铣削凸缘形工件，可以通过控制补偿方向来控制刀具是铣削凹槽还是铣削凸缘。刀路参数在前面的章节中已经介绍过，这里主要讲解切削参数的设置步骤。

9.1.1　设置深度分层切削参数

下面以加工键槽为例来说明设置深度分层切削参数的步骤，键槽大小为100×50，如图9-1所示。

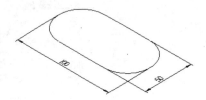

图9-1　加工图形

（1）选择"机床"选项卡"机床类型"面板中的"铣床"→"默认"命令，在刀路管理器中便新增一个铣床群组，同时弹出"刀路"选项卡。单击"刀路"选项卡"2D"面板中的"外形"按钮，系统弹出"线框串连"对话框。选择外形轮廓进行串连，单击"确定"按钮，弹出"2D刀路-外形铣削"对话框。

（2）在对话框中选择"Z分层切削"选项卡，然后选中"深度分层切削"复选框，在"Z分层切削"选项卡的"最大粗切步进量"文本框中输入"0.8"，如图9-2所示。

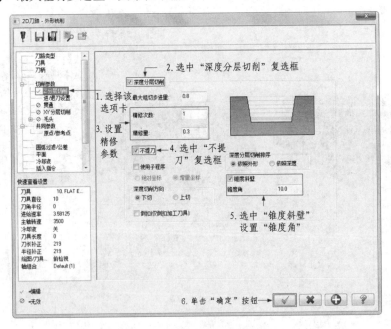

图9-2　"Z分层切削"选项卡

（3）分别在"精修次数"和"精修量"文本框中输入"1"和"0.3"。精修次数理论上可以给 N 次，但是实际中一般 1 次就够了，表示在切削的最后进行光刀。精修量要比最大粗切步进量小，表示精修的切削深度。

（4）选中"不提刀"复选框，表示每切削一层后直接进入下一层，否则抬刀到参考高度。

（5）选中"锥度斜壁"复选框，在"锥度角"文本框中输入"10"。"锥度角"选项用于设置切削带拔模角的倾斜面。

（6）单击"确定"按钮 ，完成深度分层设置，深度分层切削结果如图 9-3 所示。

图 9-3 深度分层切削结果

✍ **技巧荟萃**：在一般情况下，选中"不提刀"复选框可以节省加工时间，但是当加工开环轮廓时，建议取消选中该复选框。

9.1.2 设置 XY 方向分层参数

下面以加工外接圆直径为 50mm 的正五边形为例，来说明 XY 分层切削参数的设置方法，如图 9-4 所示，具体操作步骤如下（刀具默认为 D=10mm，其他参数请用户自行设置）。

（1）选择"机床"选项卡"机床类型"面板中的"铣床"→"默认"命令，在刀路管理器中便新增一个铣床群组，同时弹出"刀路"选项卡。单击"刀路"选项卡"2D"面板中的"外形"按钮，系统弹出"线框串连"对话框。选择正五边形轮廓进行串连，单击"确定"按钮，弹出"2D 刀路-外形铣削"对话框，如图 9-5 所示。

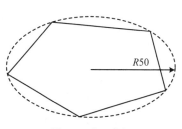

图 9-4 加工图形

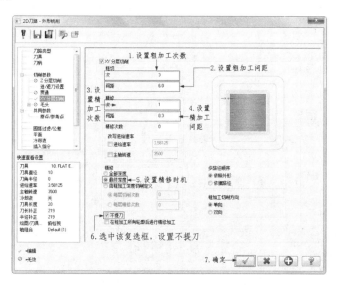

图 9-5 "2D 刀路-外形铣削"对话框

（2）在对话框中选择"XY 分层切削"选项卡，选中"XY 分层切削"复选框，在"粗切"选项组的"次"文本框中输入"3"。此处输入的次数是刀具能够将工件的残料完全切除的最少次数。

（3）在"粗切"选项组的"间距"文本框中输入"6"。此处输入的间距是两条刀路之间的距离，即刀间距，一般设置为刀具直径的60%～75%（平底刀）。

（4）在"精修"选项组的"次"文本框中输入"1"。

（5）在"精修"选项组的"间距"文本框中输入"0.3"。此处输入的间距表示刀具最后在水平方向上的精修量，此值要比粗切间距小。

（6）在"精修"选项组中选中"最终深度"单选按钮，表示当深度方向上切削完毕后才执行精修。

（7）选中"不提刀"复选框，表示在水平方向上每次切削完一层后，直接进入下一层进行切削。

（8）单击"确定"按钮 ，完成XY分层切削设置，XY分层切削结果如图9-6所示。

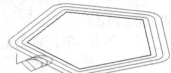

图9-6　XY分层切削结果

9.1.3　设置外形铣削补偿参数

外形铣削补偿参数包括补正方式和补正方向两部分，补正方式用来设置补偿的类型，补正方向用来设置偏移方向。补正方向有左补正和右补正两种，具体方向的设置与串连方向有关。

下面以加工边长为30mm的正三角形为例，来说明外形铣削补偿参数的设置方法，具体操作步骤如下（刀具默认为$D=10mm$，其他参数请用户自行设置）。

（1）选择"机床"选项卡"机床类型"面板中的"铣床"→"默认"命令，在刀路管理器中会新增一个铣床群组，同时弹出"刀路"选项卡。单击"刀路"选项卡"2D"面板中的"外形"按钮 ，系统弹出"线框串连"对话框。选择直线作为加工串连图素，串连方向如图9-7所示。单击"确定"按钮 ，弹出"2D刀路-外形铣削"对话框。

图9-7　选择串连图素

（2）在"切削参数"选项卡的"补正方式"下拉列表框中选择"电脑"选项，在"补正方向"下拉列表框中选择"右"选项。电脑补偿是计算机系统根据串连图素自动进行补偿，右补正是沿着串连方向向右偏移，如图9-8所示。

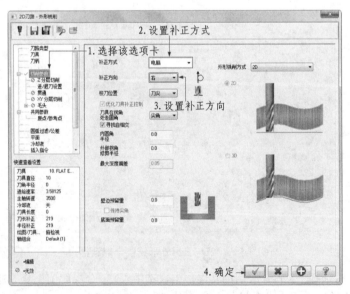

图9-8　"切削参数"选项卡

（3）单击"确定"按钮 ，完成补偿设置，刀路结果如图 9-9 所示（刀路向右补正了一个刀具半径）。

Note

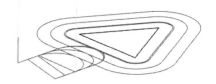

图 9-9　刀路结果

9.1.4　实例——外形铣削加工

下面通过实例来说明外形铣削加工过程中参数的设置步骤。此实例主要用来说明标准 2D 挖槽参数的设置步骤。通过此实例，用户可以了解外形铣削加工的两种应用类型，即铣削凸缘和铣削凹槽。

本实例的基本思路是打开初始文件，设置毛坯材料，然后设置加工参数，进行模拟加工，其加工流程如图 9-10 所示。

图 9-10　加工流程

操作步骤

（1）单击"快速访问"工具栏中的"打开"按钮，在弹出的"打开"对话框中选择"初始文件\第 9 章\例 9-1"文件，单击"打开"按钮，完成文件的调取，加工图形如图 9-11 所示。

（2）选择"机床"选项卡"机床类型"面板中的"铣床"→"默认"命令，在刀路管理器中便新增一个铣床群组，如图 9-12 所示，同时弹出"刀路"选项卡。

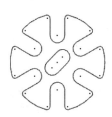

图 9-11　加工图形

图 9-12　新增铣床群组

（3）单击"刀路"选项卡"2D"面板中的"外形"按钮，系统弹出"线框串连"对话框。单击"串连"按钮，并选择绘图区中的串连图素，设置串连方向为逆时针，如图 9-13 所示，单击"确定"按钮，完成串连图素的选择。

（4）完成选择后系统弹出"2D 刀路-外形铣削"对话框，后续操作过程与结果如图 9-14～图 9-21 所示。

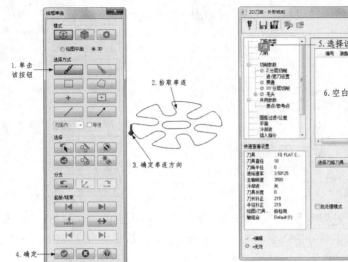

图 9-13　选择串连图素　　　　　　　　　图 9-14　"刀具"选项卡

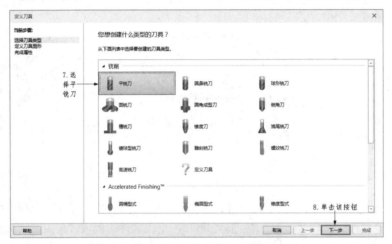

图 9-15　"定义刀具"对话框

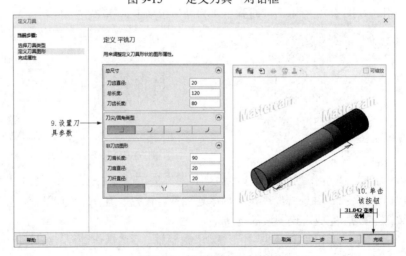

图 9-16　设置平铣刀参数

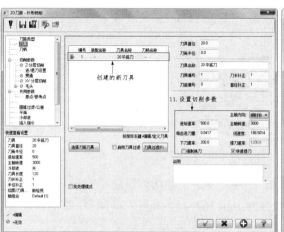

图 9-17 设置铣削参数

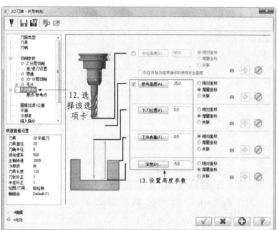

图 9-18 "共同参数"选项卡

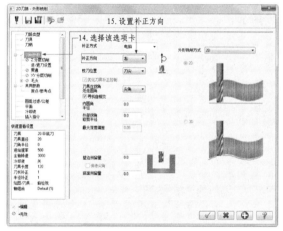

图 9-19 "切削参数"选项卡

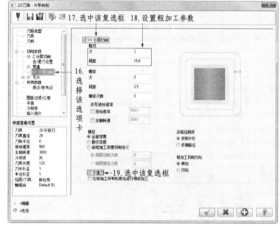

图 9-20 "XY 分层切削"选项卡

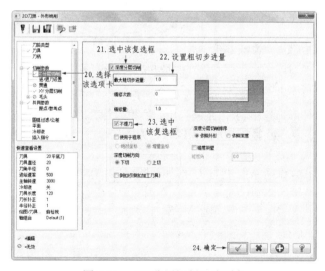

图 9-21 "Z 分层切削"选项卡

Note

（5）单击"2D 刀路-外形铣削"对话框中的"确定"按钮 ，系统生成 2D 外形刀路，结果如图 9-22 所示。

图 9-22　2D 外形刀路

（6）在刀路管理器中选择"属性"→"毛坯设置"命令，弹出"机床群组属性"对话框，在"毛坯设置"选项卡中将毛坯形状设置为立方体，尺寸设置为 160×162×10，如图 9-23 所示，然后单击"毛坯原点"下方的"选择"按钮，选择图形的中心点，单击"确定"按钮 ，完成材料设置。

（7）系统根据设置的参数生成毛坯线框，结果如图 9-24 所示。

（8）在刀路管理器中单击"验证已选择的操作"按钮 ，然后在弹出的"验证"对话框中单击"播放"按钮 ，系统开始模拟，模拟结果如图 9-25 所示。

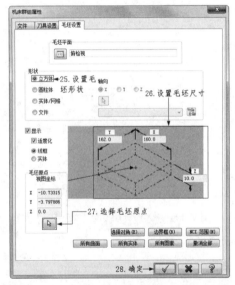

图 9-23　材料设置

图 9-24　毛坯线框

图 9-25　模拟结果

（9）在刀路管理器中单击"切换显示已选择的刀路操作"按钮 ，隐藏刀路。单击"刀路"选项卡"2D"面板中的"外形"按钮 ，系统弹出"线框串连"对话框，单击"串连"按钮 ，并选择绘图区中的内层轮廓，设置串连方向为逆时针方向，单击"确定"按钮 ，完成串连选择，如图 9-26 所示。

（10）系统弹出如图 9-27 所示的"2D 刀路-外形铣削"对话框，后续操作过程与结果如图 9-28～图 9-31 所示。

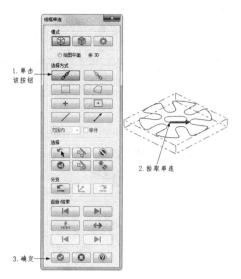

图 9-26　串连选择

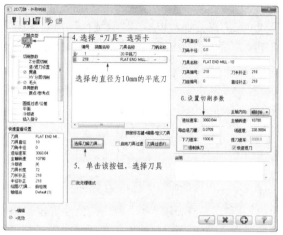

图 9-27　"2D 刀路-外形铣削"对话框

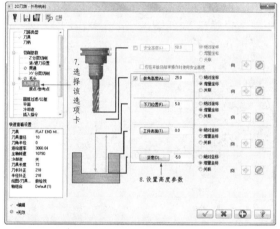

图 9-28　"共同参数"选项卡

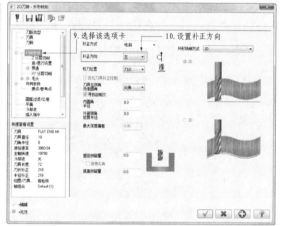

图 9-29　"切削参数"选项卡

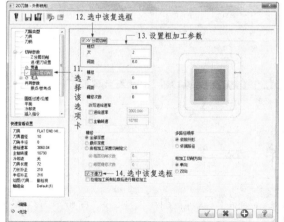

图 9-30　"XY 分层切削"选项卡

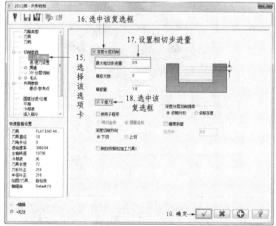

图 9-31　"Z 分层切削"选项卡

（11）单击"2D 刀路-外形铣削"对话框中的"确定"按钮 ，生成内侧 2D 外形刀路，结果如图 9-32 所示。

（12）在刀路管理器中单击"验证已选择的操作"按钮 ，在弹出的"验证"对话框中单击"播放"按钮 ，系统开始模拟，模拟结果如图 9-33 所示。

图 9-32　内侧 2D 外形刀路

图 9-33　刀路模拟结果

（13）所有刀路都编制完毕后，在刀路管理器中单击"选择全部操作"按钮 ，再单击"验证已选择的操作"按钮 ，在弹出的"验证"对话框中单击"播放"按钮 ，系统开始全部模拟，模拟结果如图 9-34 所示。

（14）模拟完成并检查无误后即可进行后处理操作。在刀路管理器中单击"执行选择的操作进行后处理"按钮 ，在弹出的"后处理程序"对话框中单击"确定"按钮 ，在弹出的"另存为"对话框中选择代码保存路径，即可生成 G、M 代码，如图 9-35 所示。

图 9-34　全部模拟结果

图 9-35　生成 G、M 代码

9.2　倒 角 加 工

外形铣削倒角加工主要利用倒角刀对外形轮廓进行倒角。一般倒角尺寸都不大，所以外形铣削倒角加工通常采用一刀式刀路。要进行 2D 倒角加工，除了要设置倒角加工参数，还要设置刀具为倒角刀。

9.2.1　设置倒角加工参数

下面通过对六棱柱进行倒角加工来说明设置 2D 倒角加工参数的操作方法，加工图形如图 9-36 所示，具体操作步骤如下。

（1）选择"机床"选项卡"机床类型"面板中的"铣床"→"默认"命令，在刀路管理器中会新增一个铣床群组，同时弹出"刀路"选项卡。单击"刀路"选项卡"2D"面板中的"外形"按钮，系统弹出"线框串连"对话框。选择正六边形串连图素后，单击"确定"按钮 ，弹出"2D刀路-外形铣削"对话框。

（2）选择"2D 刀路-外形铣削"对话框中的"刀具"选项卡，如图 9-37 所示，在刀具列表框的空白处右击，在弹出的快捷菜单中选择"创建新刀具"命令，系统弹出"定义刀具"对话框，如图 9-38 所示，设置刀具类型为"倒角刀"，然后单击"下一步"按钮 下一步 。

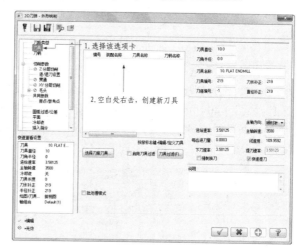

图 9-36　加工图形

图 9-37　"刀具"选项卡

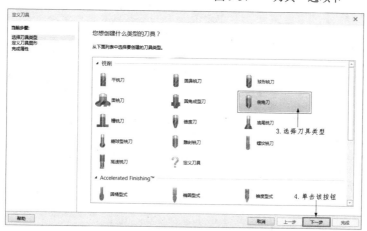

图 9-38　"定义刀具"对话框

（3）在弹出的"定义 倒角刀"界面中将"刀尖直径"设为 1，刀具"外径"设为 10，"倒角刀角度"设为 45°，"刀杆直径"设为 10，如图 9-39 所示，单击"完成"按钮 完成 ，完成倒角刀参数的设置。

Mastercam中文版从入门到精通

Note

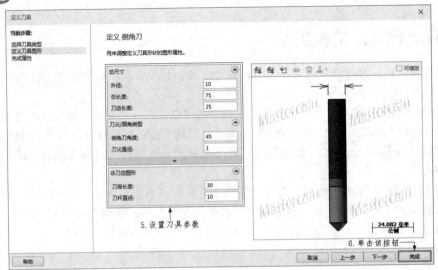

图 9-39　设置倒角刀参数

（4）在"切削参数"选项卡的"外形铣削方式"下拉列表框中选择"2D 倒角"选项，然后设置倒角加工参数，将"倒角宽度"设为"1"，表示倒角的宽度为 1；将"底部偏移"设为"1"，表示刀具向下补正 1，如图 9-40 所示，单击"确定"按钮 ，完成倒角参数的设置。

（5）系统根据设置的参数生成刀路，结果如图 9-41 所示（其他参数的设置过程省略，用户可根据实际情况进行设置）。

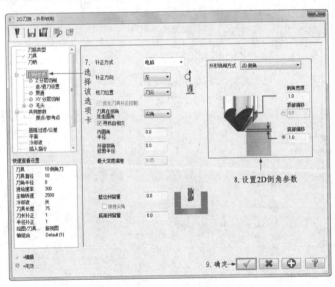

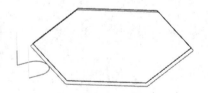

图 9-40　"切削参数"选项卡　　　　　图 9-41　刀路

9.2.2　实例——倒角加工

下面通过实例来说明 2D 外形铣削倒角加工参数的设置步骤。该实例中的工件可以分两步加工，即分别对外形和内圆进行倒角加工。如果控制选择串连的方向，则也可以一次加工完毕。下面采用一次加工的方式进行加工。

视频讲解

· 156 ·

本例的基本思路是打开初始文件，设置毛坯材料，然后设置加工参数，进行模拟加工，其加工流程如图 9-42 所示。

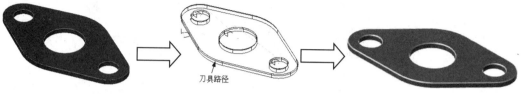

图 9-42　加工流程

操作步骤

（1）单击"快速访问"工具栏中的"打开"按钮，在弹出的"打开"对话框中选择"初始文件\第 9 章\例 9-2"文件，单击"打开"按钮，完成文件的调取，加工工件如图 9-43 所示。

（2）单击状态栏中的"层别"按钮，打开图层 1，关闭图层 2。选择"机床"选项卡"机床类型"面板中的"铣床"→"默认"命令，在刀路管理器中会新增一个铣床群组，同时弹出"刀路"选项卡。单击"刀路"选项卡"2D"面板中的"外形"按钮，系统弹出"线框串连"对话框。单击"串连"按钮，选择绘图区中的串连外形为逆时针方向，3 个圆的串连方向为顺时针，如图 9-44 所示，单击"确定"按钮，完成串连图素的选择。

图 9-43　加工工件

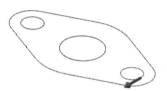

图 9-44　选择串连图素

（3）系统弹出"2D 刀路-外形铣削"对话框，后续操作过程与结果如图 9-45～图 9-50 所示。

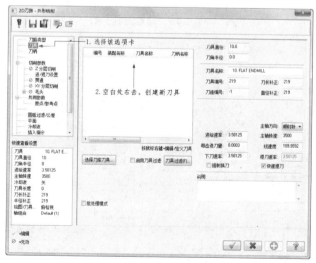

图 9-45　"刀具"选项卡

Note

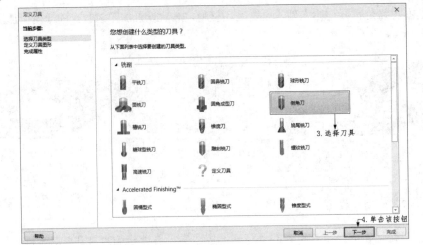

图 9-46 "定义刀具"对话框

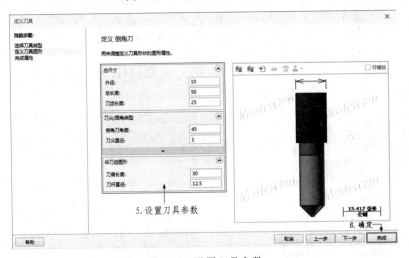

图 9-47 设置刀具参数

图 9-48 设置切削参数

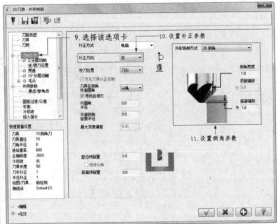

图 9-49 "切削参数"选项卡

Note

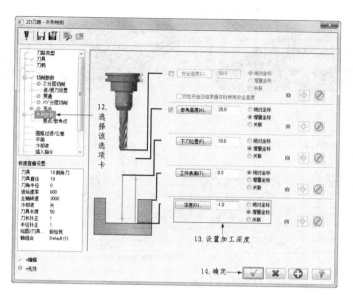

图 9-50 "共同参数"选项卡

（4）单击"确定"按钮 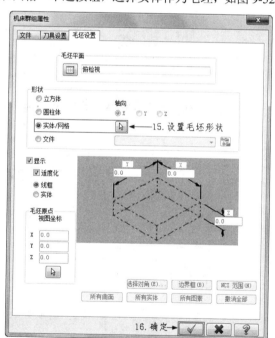 ，系统根据所设置的参数生成倒角加工刀路，结果如图 9-51 所示。

（5）在刀路管理器中选择"属性"→"毛坯设置"命令，弹出"机床群组属性"对话框，在"毛坯设置"选项卡的"形状"选项组中选中"实体/网格"单选按钮，选择实体作为毛坯，如图 9-52 所示。

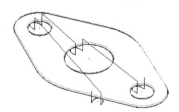

图 9-51 倒角加工刀路

图 9-52 "毛坯设置"选项卡

（6）单击"选择"按钮，系统回到绘图区，单击状态栏中的"层别"按钮，打开图层 2。选择绘图区中的实体作为毛坯，生成的实体毛坯如图 9-53 所示。

（7）在刀路管理器中单击"验证已选择的操作"按钮，然后在弹出的"验证"对话框中单击"播放"按钮，系统开始进行模拟，模拟结果如图 9-54 所示。

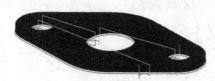

图9-53　实体毛坯

图9-54　模拟结果

（8）模拟检查无误后，在刀路管理器中单击"执行选择的操作进行后处理"按钮G1，生成 G、M 代码，如图 9-55 所示。

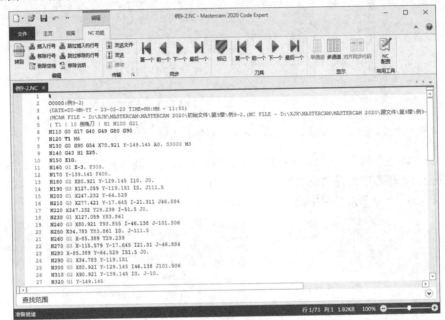

图9-55　生成 G、M 代码

9.3 斜 插 加 工

外形铣削斜插加工主要用于加工深度比较大的工件，采用斜向渐降的方式下刀，刀具切削时均匀进刀，使切削负荷稳定。

9.3.1 设置斜插加工参数

下面以加工椭圆柱为例来说明斜插加工的步骤，椭圆柱的长轴为 200，短轴为 120，加工图形如图 9-56 所示，具体操作步骤如下。

（1）选择"机床"选项卡"机床类型"面板中的"铣床"→"默认"命令，在刀路管理器中会新增一个铣床群组，同时弹出"刀路"选项卡。单击"刀路"选项卡"2D"面板中的"外形"按钮，系统弹出"线框串连"对话框。选择外形轮廓进行串连，单击"确定"按钮，弹出"2D 刀路-外形铣削"对话框。

（2）在"2D 刀路-外形铣削"对话框中选择"切削参数"选项卡，设置"外形铣削方式"为"斜插"。

Note

（3）将"斜插方式"设为"角度"，表示以某一角度进刀，将"斜插角度"设为"1"，如图 9-57 所示，单击"确定"按钮 ，完成渐降斜插参数的设置。

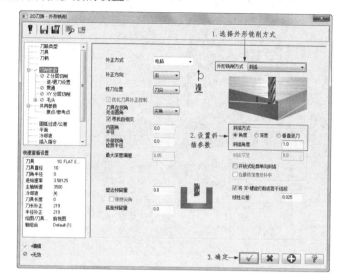

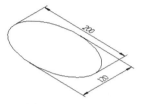

图 9-56　加工图形

图 9-57　"切削参数"选项卡

（4）系统根据所设置的参数生成斜插加工刀路，结果如图 9-58 所示（其他参数请用户自行设定，刀具直径默认为 *D*=20mm）。

9.3.2　实例——斜插加工

斜插加工参数的设置与外形铣削加工类似。下面将通过实例来说明斜插加工参数的设置步骤。

本实例的基本思路是打开初始文件，设置毛坯材料，然后设置加工参数，进行模拟加工，其加工流程如图 9-59 所示。

图 9-58　斜插加工刀路

视频讲解

图 9-59　加工流程

操作步骤

（1）单击"快速访问"工具栏中的"打开"按钮，在弹出的"打开"对话框中选择"初始文件\第 9 章\例 9-3"文件，单击"打开"按钮，完成文件的调取，加工图形如图 9-60 所示。

（2）选择"机床"选项卡"机床类型"面板中的"铣床"→"默认"命令，在刀路管理器中会新增一个铣床群组，同时弹出"刀路"选项卡。单击"刀路"选项卡"2D"面板中的"外形"按钮，系统弹出"线框串连"对话框。单击"串连"按钮，并选择绘图区中的串连图素，选择方向如图 9-61 所示，单击"确定"按钮 ，完成串连图素的选择。

（3）完成串连选择后，系统弹出"2D 刀路-外形铣削"对话框，后续操作过程与结果如图 9-62～图 9-67 所示。

图 9-60　加工图形

图 9-61　选择串连图素

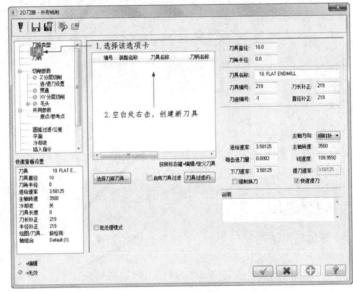

图 9-62　"刀具"选项卡

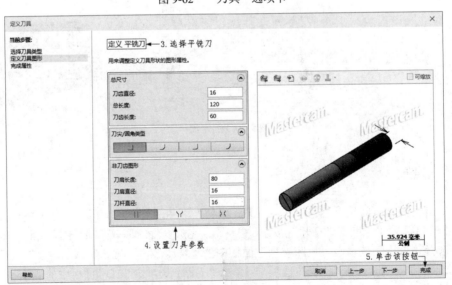

图 9-63　设置刀具参数

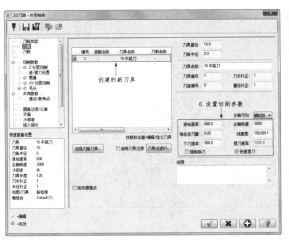

图 9-64 设置切削参数

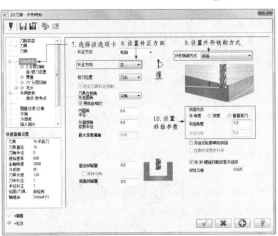

图 9-65 "切削参数"选项卡

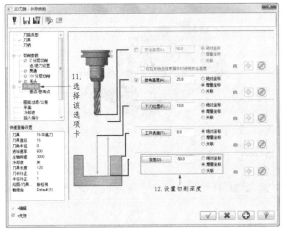

图 9-66 "共同参数"选项卡

图 9-67 "XY 分层切削"选项卡

（4）单击"确定"按钮 ，完成参数设置，系统根据所设置的参数生成斜插加工刀路，结果如图 9-68 所示。

（5）在刀路管理器中选择"属性"→"毛坯设置"命令，弹出"机床群组属性"对话框，在"毛坯设置"选项卡的"形状"选项组中选中"立方体"单选按钮，以立方体作为毛坯，如图 9-69 所示。

（6）在"毛坯设置"选项卡中单击"边界框"按钮，系统弹出"边界框"对话框，将边界盒的参数设置为 247×130×100，生成的毛坯如图 9-70 所示。

（7）在刀路管理器中单击"验证已选择的操作"按钮，然后在弹出的"验证"对话框中单击"播放"按钮，系统开始进行模拟，模拟结果如图 9-71 所示。

（8）模拟检查无误后，在刀路管理器中单击"执行选择的操作进行后处理"按钮 G1，生成 G、M 代码，如图 9-72 所示。

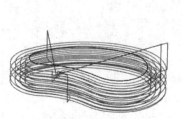

图 9-68　斜插加工刀路

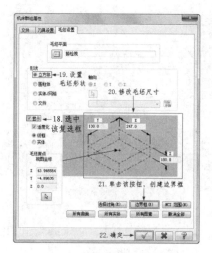

图 9-69　"毛坯设置"选项卡

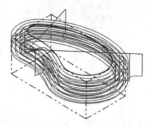

图 9-70　生成的毛坯

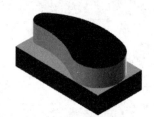

图 9-71　模拟结果

图 9-72　生成 G、M 代码

9.4　残料加工

外形铣削残料加工主要用来加工上一步或者前面所有操作遗留下来的残料。另外，为了提高加工效率，往往用大刀进行快速粗加工，因刀具过大，局部无法加工，此时也可以采用外形铣削残料加工。

9.4.1 设置残料加工参数

残料加工参数与其他外形加工参数类似，需要在"切削参数"选项卡的"外形铣削方式"下拉列表中选择"残料加工"选项，再进行残料加工参数的设置。

下面以加工如图 9-73 所示的圆角矩形为例来说明残料加工参数的设置步骤。矩形边长为 50，先用刀具直径 $D=20$ 的大刀进行开粗，X、Y 方向的预留量设为 0.5，然后采用刀具直径 $D=8$ 的小刀进行残料加工，具体操作步骤如下。

图 9-73 加工图形

（1）选择"机床"选项卡"机床类型"面板中的"铣床"→"默认"命令，在刀路管理器中会新增一个铣床群组，同时弹出"刀路"选项卡。单击"刀路"选项卡"2D"面板中的"外形"按钮，系统弹出"线框串连"对话框。选择圆角矩形作为加工轮廓，串连方向如图 9-74 所示。单击"确定"按钮，弹出"2D 刀路-外形铣削"对话框。

（2）在"2D 刀路-外形铣削"对话框中选择"切削参数"选项卡，设置"外形铣削方式"为"残料"，"补正方向"为"左"，在"剩余毛坯计算根据"选项组中选中"前一个操作"单选按钮，单击"确定"按钮，完成残料加工参数设置。

（3）系统根据所设置的参数生成残料加工刀路，结果如图 9-75 所示。

图 9-74 选择串连图素　　　图 9-75 残料加工刀路

9.4.2 实例——残料加工

下面通过实例来说明设置残料加工参数的具体步骤。对倒圆角后的五角星图形进行加工，五角星外接圆半径为 100，倒圆角大小为 $R=5mm$，先采用刀具直径 $D=20mm$ 的平底刀进行外形加工，再用刀具直径 $D=5mm$ 的平底刀进行残料加工。

本例的基本思路是打开初始文件，设置毛坯材料，然后设置加工参数，进行模拟加工，其加工流程如图 9-76 所示。

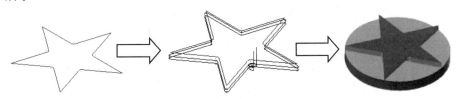

图 9-76 加工流程

操作步骤

（1）单击"快速访问"工具栏中的"打开"按钮，在弹出的"打开"对话框中选择"源文件\初始文件\第9章\例9-4"文件，单击"打开"按钮 打开(O)，完成文件的调取，加工图形如图9-77所示。

（2）单击"刀路"选项卡"2D"面板中的"外形"按钮，系统弹出"线框串连"对话框。单击"串连"按钮，并选择绘图区中的串连图素，选择方向如图9-78所示，单击"确定"按钮，完成串连图素的选择。

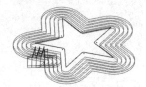
图9-77 加工图形

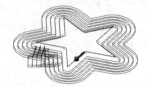
图9-78 选择串连图素

（3）系统弹出"2D刀路-外形铣削"对话框，后续操作过程与结果如图9-79～图9-84所示。

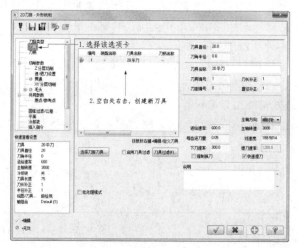
图9-79 "2D刀路-外形铣削"对话框

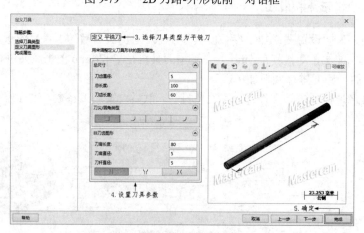
图9-80 设置刀具参数

图9-81 设置切削参数

图9-82 "切削参数"选项卡

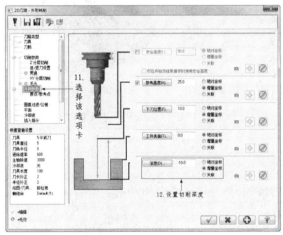

图9-83 "共同参数"选项卡

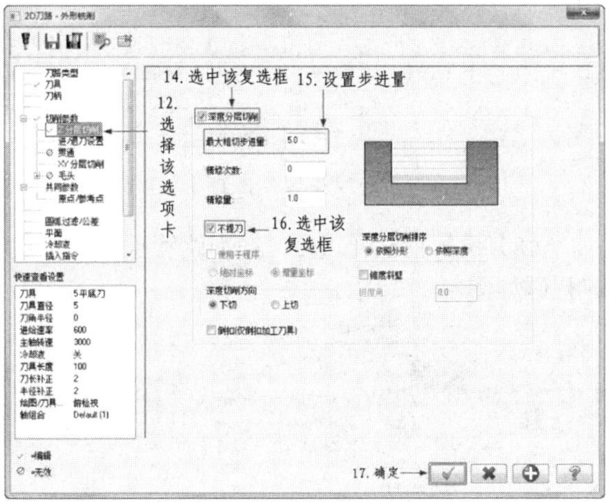

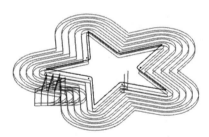

图9-84 "Z分层切削"选项卡

（4）设置完成，单击"确定"按钮 ，系统根据所设置的参数生成残料加工刀路，结果如图9-85所示。

图9-85 残料加工刀路

（5）在刀路管理器中选择"属性"→"毛坯设置"命令，弹出"机床群组属性"对话框，在"毛坯设置"选项卡的"形状"选项组中选中"圆柱体"单选按钮，以圆柱体作为毛坯，如图9-86所示。

（6）在"毛坯设置"选项卡中设置圆柱体工件的尺寸为 $\phi 200 \times 30$，在"视图坐标"中设置"Z"值为"-30"，单击"确定"按钮，完成工件参数的设置，生成的毛坯如图9-87所示。

（7）在刀路管理器中单击"选择全部操作"按钮 ，和"验证已选择的操作"按钮 ，然后在弹出的"验证"对话框中单击"播放"按钮 ，系统开始进行模拟，模拟结果如图 9-88 所示。

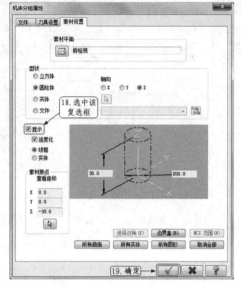

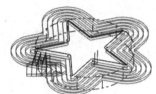

图 9-86　"素材设置"选项卡　　　　图 9-87　生成的毛坯　　　　图 9-88　模拟结果

（8）模拟检查无误后，在刀路管理器中单击"执行选择的操作进行后处理"按钮 ，生成的 G、M 代码如图 9-89 所示。

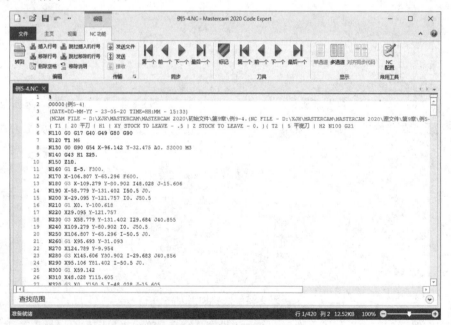

图 9-89　生成 G、M 代码

✐ **技巧荟萃**：外形铣削加工方式可以加工外形，同时也可以加工内槽，主要通过控制刀具的补偿方向来实现。

9.5 综合实例——外形铣削加工

在实际加工过程中，往往并不是只用某一刀路进行加工。本节将通过实例来讲解外形铣削加工的综合应用。

本例的基本思路是打开初始文件，设置毛坯材料，然后设置加工参数，进行模拟加工，其加工流程如图 9-90 所示。

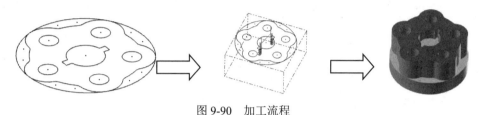

图 9-90　加工流程

操作步骤

（1）单击"快速访问"工具栏中的"打开"按钮，在弹出的"打开"对话框中选择"初始文件\第 9 章\例 9-5"文件，单击"打开"按钮，完成文件的调取，加工图形如图 9-91 所示。

（2）选择"机床"选项卡"机床类型"面板中的"铣床"→"默认"命令，在刀路管理器中会新增一个铣床群组，同时弹出"刀路"选项卡。单击"刀路"选项卡"2D"面板中的"外形"按钮，系统弹出"线框串连"对话框。单击"串连"按钮，并选择绘图区中的串连图素，串连方向为顺时针方向，如图 9-92 所示，单击"确定"按钮，完成串连图素的选择。

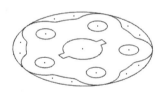

图 9-91　加工图形

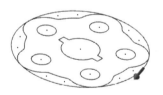

图 9-92　选择串连图素

（3）完成选择后系统弹出"2D 刀路-外形铣削"对话框，选择"刀具"选项卡，在刀具列表框的空白处右击，创建新刀具，在弹出的"定义刀具"对话框中选择平铣刀，然后单击"下一步"按钮。

（4）在弹出的对话框中设置刀具参数，后续操作过程与结果如图 9-93～图 9-98 所示。

（5）单击"2D 刀路-外形铣削"对话框中的"确定"按钮，完成 2D 外形刀路的编制，结果如图 9-99 所示。

（6）在刀路管理器中单击"切换显示已选择的刀路操作"按钮，隐藏上一步创建的刀路。单击"刀路"选项卡"2D"面板中的"外形"按钮，系统弹出"线框串连"对话框，单击"串连"按钮，并选择绘图区中的轮廓串连图素，外形的串连方向为逆时针，如图 9-100 所示，单击"确定"按钮，完成串连图素的选择。

图 9-93　设置刀具参数

图 9-94　"刀具"选项卡

图 9-95　"切削参数"选项卡

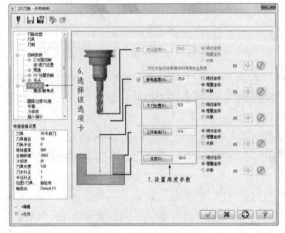

图 9-96　"共同参数"选项卡

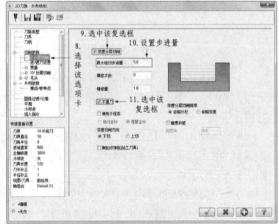

图 9-97　"Z 分层切削"选项卡

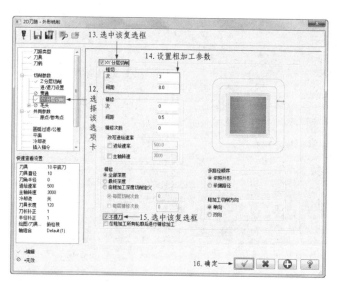

图 9-98   "XY 分层切削"选项卡

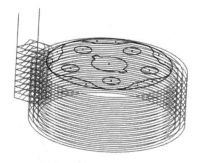

图 9-99   2D 外形刀路

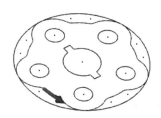

图 9-100   选择轮廓串连图素

（7）完成选择后系统弹出"2D 刀路-外形铣削"对话框，选择"刀具"选项卡，在刀具列表框的空白处右击，创建新刀具，在弹出的"定义刀具"对话框中选择平铣刀。后续操作过程与结果如图 9-101～图 9-106 所示。

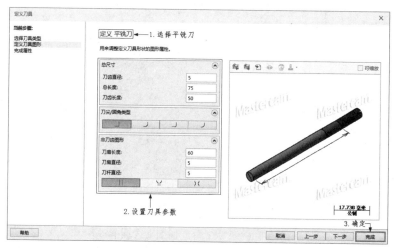

图 9-101   设置平刀参数

图 9-102　"刀具"选项卡

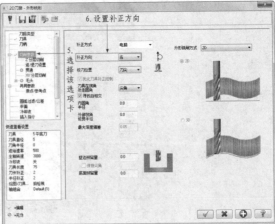

图 9-103　"切削参数"选项卡

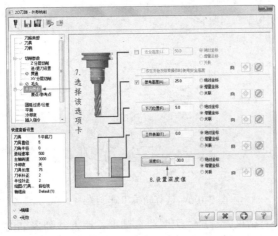

图 9-104　"共同参数"选项卡

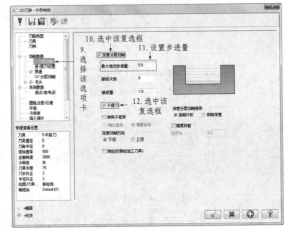

图 9-105　"Z 分层切削"选项卡

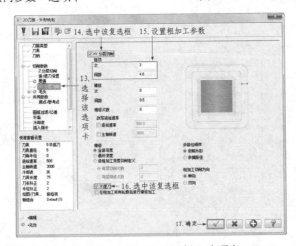

图 9-106　"XY 分层切削"选项卡

（8）单击"确定"按钮，生成轮廓 2D 外形刀路，结果如图 9-107 所示。

（9）在刀路管理器中单击"切换显示已选择的刀路操作"按钮，隐藏上一步创建的刀路。单击"刀路"选项卡"2D"面板中的"外形"按钮，系统弹出"线框串连"对话框，单击"串连"按钮，并选择绘图区中的内槽串连图素，内孔槽的串连方向为顺时针，如图 9-108 所示。单击"确定"按钮 ，完成串连图素的选择。

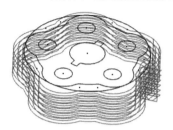
图 9-107　轮廓 2D 外形刀路

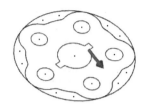
图 9-108　选择内槽串连图素

（10）系统弹出"2D 刀路-外形铣削"对话框，后续操作过程与结果如图 9-109～图 9-112 所示。

图 9-109　"刀具"选项卡

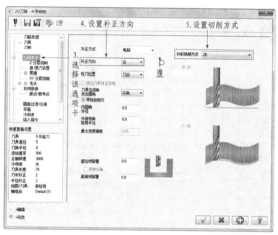
图 9-110　"切削参数"选项卡

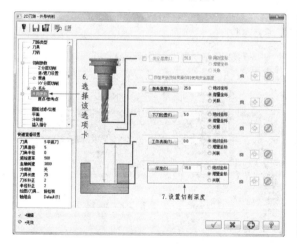
图 9-111　"共同参数"选项卡

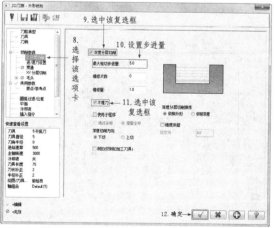
图 9-112　"Z 分层切削"选项卡

（11）单击"确定"按钮 ，系统根据所设置的参数生成内孔加工刀路，结果如图 9-113

所示。

（12）在刀路管理器中单击"切换显示已选择的刀路操作"按钮，隐藏上一步创建的刀路。
单击"刀路"选项卡"2D"面板中的"外形"按钮，系统弹出"线框串连"对话框，单击"串连"
按钮，并选择绘图区中的键槽串连图素，选择方向如图 9-114 所示，单击"确定"按钮，
完成串连图素的选择。

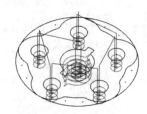
图 9-113　内孔加工刀路

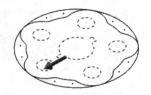
图 9-114　选择键槽串连图素

（13）系统弹出"2D 刀路-外形铣削"对话框，选择"刀具"选项卡，在刀具列表框的空白处右
击，创建新刀具，在弹出的"定义刀具"对话框中选择平铣刀。后续操作过程与结果如图 9-115～
图 9-119 所示。

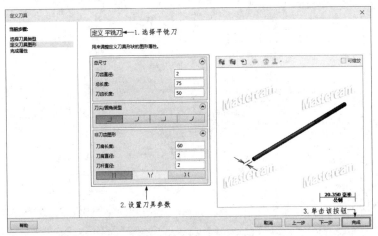
图 9-115　设置平刀参数

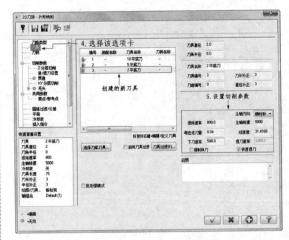
图 9-116　"刀具"选项卡

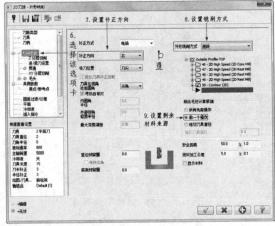
图 9-117　"切削参数"选项卡

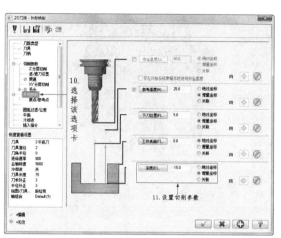

图 9-118 "共同参数"选项卡

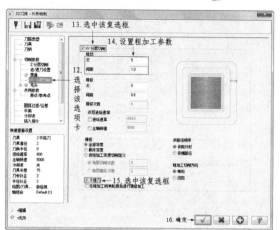

图 9-119 "XY 分层切削"选项卡

（14）单击"确定"按钮 ，系统根据所设置的参数生成残料加工刀路，结果如图 9-120 所示。

（15）在刀路管理器中选择"属性"→"毛坯设置"命令，弹出"机床群组属性"对话框，在"毛坯设置"选项卡的"形状"选项组中选中"立方体"单选按钮，以立方体作为毛坯，如图 9-121 所示。

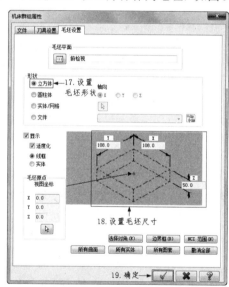

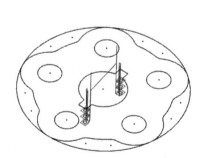

图 9-120 残料加工刀路

图 9-121 "毛坯设置"选项卡

（16）在"毛坯设置"选项卡中设置立方体工件的尺寸为 108×108×50，单击"确定"按钮，完成工件参数设置，生成的毛坯如图 9-122 所示。

（17）单击操作管理对话框中的"选择全部操作"按钮。在刀路管理器中单击"验证已选择的操作"按钮，然后在弹出的"验证"对话框中单击"播放"按钮，系统开始进行模拟，模拟结果如图 9-123 所示。

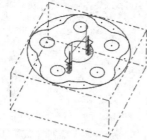

图 9-122　生成的毛坯

图 9-123　模拟结果

（18）模拟检查无误后，在刀路管理器中单击"执行选择的操作进行后处理"按钮G1，生成的 G、M 代码如图 9-124 所示。

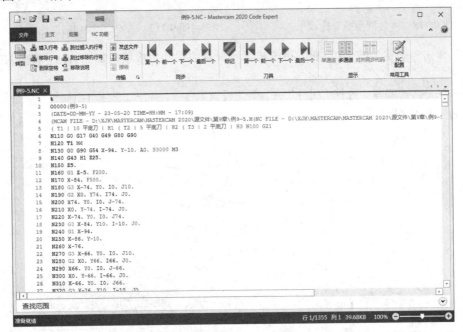

图 9-124　生成 G、M 代码

第10章

挖槽加工

本章主要讲解挖槽加工刀路，包括二维标准挖槽加工刀路、岛屿挖槽加工刀路、面挖槽加工刀路、残料挖槽加工刀路、开放式挖槽加工刀路等。挖槽加工时需要选择二维轮廓线作为挖槽串连图素，可以是封闭串连图素，也可以是开放式串连图素。挖槽加工的走刀方式有8种，在实际加工过程中要根据情况合理选用。另外，挖槽加工去除残料的效率和使用频率都非常高，用户需要重点掌握。

知识点

☑ 二维标准挖槽加工　　　　☑ 残料挖槽加工

☑ 岛屿挖槽加工　　　　　　☑ 开放式轮廓挖槽加工

☑ 面挖槽加工

10.1 二维标准挖槽加工

二维标准挖槽加工是选择封闭串连图素进行加工的方式，是最基本的挖槽形式，也是应用最广泛的挖槽形式，其他形式的挖槽都建立在标准挖槽的基础上。下面介绍标准挖槽参数的设置步骤。

10.1.1 设置加工方向

在"2D 刀路-2D 挖槽"对话框"切削参数"选项卡的"加工方向"选项组中可以设置挖槽加工方向，主要包括顺铣和逆铣两种方向。

在一般情况下，粗加工采用逆铣加工方式，因为逆铣加工去除残料会快一些。精加工采用顺铣加工方式，顺铣加工一般粗糙度要小一些，加工的表面质量要高一些。

在实际加工过程中，采用顺铣还是逆铣加工方式还要视具体情况而定，并不能完全从粗加工和精加工的角度来判定。

10.1.2 设置深度分层

下面以加工键槽为例来说明 Z 轴分层铣削参数的设置步骤，键槽的长度为80mm，宽度为30mm，如图 10-1 所示。

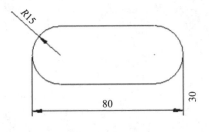

图 10-1 加工图形

（1）选择"机床"选项卡"机床类型"面板中的"铣床"→"默认"命令，在刀路管理器中会新增一个铣床群组，同时弹出"刀路"选项卡。单击"刀路"选项卡"2D"面板中的"挖槽"按钮 ，系统弹出"线框串连"对话框。选择串连图素后，弹出"2D 刀路-2D 挖槽"对话框。选择"Z 分层切削"选项卡，选中"深度分层切削"复选框。

（2）在"最大粗切步进量"文本框中输入"0.8"，表示每层最大的切削深度为0.8mm，设置"精修次数"为"1"、"精修量"为"0.3"，一般精修量要比粗切量小；选中"不提刀"复选框，刀具将在每层切削完毕后直接进入下一层切削；在"深度分层切削排序"选项组中选中"依照区域"单选按钮，即依照区域的顺序进行加工，一个区域铣削完毕后再铣削下一个区域，如图 10-2 所示。

（3）设置完成后单击"确定"按钮 ，完成分层铣削设置，系统根据所设置的参数生成刀路，如图 10-3 所示。

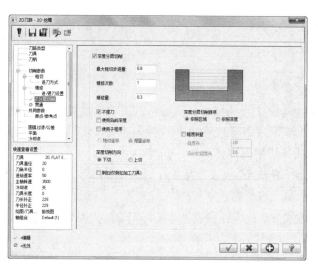

图 10-2 "Z 分层切削"选项卡　　　　　　图 10-3 刀路

📖 **技巧荟萃**：最大粗切步进量表示每层深度方向切削的量最大不超过此设置值，但是可以允许小于此设置值。

10.1.3 设置切削方式

在"2D 刀路-2D 挖槽"对话框"粗切"选项卡的"切削方式"列表框中可以选择切削加工的方式，其中共有 8 种切削方式，分为线性刀路和环切刀路两类。线性刀路包括双向切削和单向切削两种；环切刀路包括等距环切、平行环切、平行环切清角、依外形环切、高速切削和螺旋切削 6 种，如图 10-4 所示。

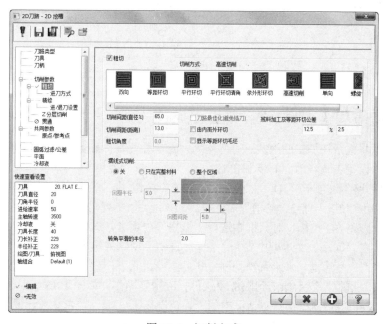

图 10-4 切削方式

✍ **技巧荟萃**：一般由直线组成的外形建议采用线性刀路切削，由圆弧和曲线组成的外形一般采用环切刀路切削。

10.1.4　设置切削间距

在"粗加工"选项卡的"切削间距（直径%）"文本框中输入数值，来定义两条刀路间的距离，此值一般为 60%～75%；或者直接在"切削间距（距离）"文本框中输入距离，它与"切削间距（直径%）"文本框是联动的，只需要在一个文本框中输入即可。

✍ **技巧荟萃**：切削间距值是相对于平底铣刀而言的，如果是球刀就不能采用此方法计算，如果是圆鼻刀，则应先将 R 角去掉之后，用平底部分来计算。

下面以加工圆角矩形为例来说明切削方式和切削间距的设置步骤。矩形的大小为 100×100，倒圆角半径 R=10mm，加工刀具为直径 D=20mm 的平底刀，具体操作步骤如下。

（1）选择"机床"选项卡"机床类型"面板中的"铣床"→"默认"命令，在刀路管理器中便新增一个铣床群组，同时弹出"刀路"选项卡。单击"刀路"选项卡"2D"面板中的"挖槽"按钮 📷，系统弹出"线框串连"对话框。选择串连图素后，弹出"2D 刀路-2D 挖槽"对话框。

（2）在"2D 刀路-2D 挖槽"对话框中选择"粗切"选项卡，选中"粗切"复选框，在"切削方式"列表框中单击"双向"按钮 ▊，将切削方式设为双向切削。

（3）设置"切削间距（直径%）"为 60%，即距离为 12mm。

（4）单击"确定"按钮 ✔，完成参数设置，系统根据所设置的参数生成刀路，结果如图 10-5 所示。

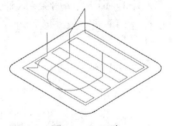

图 10-5　刀路

10.1.5　设置精加工参数

精加工参数主要包括精加工的次数、间距及优化处理参数。下面以 10.1.4 节中的圆角矩形为例来说明精加工参数的设置步骤（前面的步骤省略）。

（1）单击"刀路"选项卡"2D"面板中的"挖槽"按钮 📷，系统弹出"线框串连"对话框。选择串连图素后，弹出"2D 刀路-2D 挖槽"对话框。

（2）在"2D 刀路-2D 挖槽"对话框中选择"精修"选项卡，选中"精修"复选框，在"次"文本框中输入"1"，在"间距"文本框中输入"2.5"；选中"精修外边界"复选框，表示对外边界进行精修；选中"不提刀"复选框，表示每次切削完毕后直接进入下一层进行切削；选中"只在最后深度才执行一次精修"复选框，表示加工到底部才执行一次精修操作，如图 10-6 所示。

（3）单击"2D 刀路-2D 挖槽"对话框中的"确定"按钮 ✔，完成参数设置，系统根据所设置的参数生成精加工刀路，如图 10-7 所示。

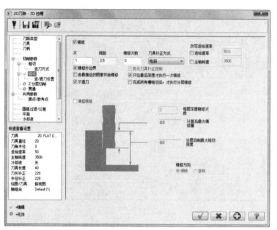

图 10-6　设置精修参数　　　　　　　　图 10-7　精修刀路

10.1.6　实例——挖槽加工

本例的基本思路是打开初始文件，设置毛坯材料，然后设置加工参数，进行模拟加工，其加工流程如图 10-8 所示。

视频讲解

图 10-8　加工流程

操作步骤

（1）单击"快速访问"工具栏中的"打开"按钮，在弹出的"打开"对话框中选择"初始文件\第 10 章\例 10-1"文件，单击"打开"按钮 ，完成文件的调取，加工图形如图 10-9 所示。

（2）选择"机床"选项卡"机床类型"面板中的"铣床"→"默认"命令，在刀路管理器中便新增一个铣床群组，同时弹出"刀路"选项卡。单击"刀路"选项卡"2D"面板中的"挖槽"按钮，系统弹出"线框串连"对话框。单击"串连"按钮 ，并选择绘图区中的串连图素，串连方向任意，如图 10-10 所示。

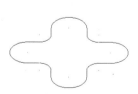　　　　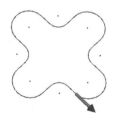

图 10-9　加工图形　　　　　　　　图 10-10　选择串连图素

（3）单击"确定"按钮 ，系统弹出"2D 刀路-2D 挖槽"对话框，在对话框中选择"刀具"

选项卡，在刀具列表框的空白处右击，创建新刀具。然后在弹出的"定义刀具"对话框中选择刀具类型为平铣刀，后续操作过程与结果如图10-11～图10-17所示。

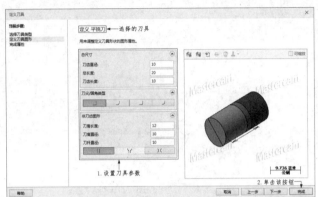

图10-11　设置刀具参数

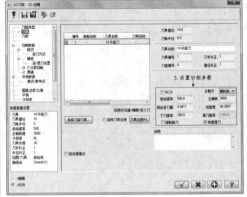

图10-12　设置切削参数

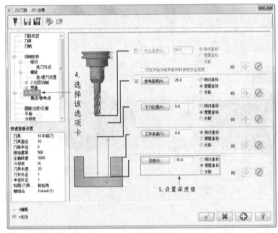

图10-13　"共同参数"选项卡

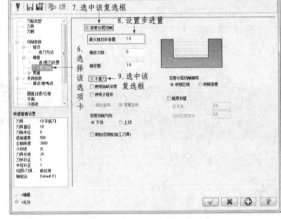

图10-14　"Z分层切削"选项卡

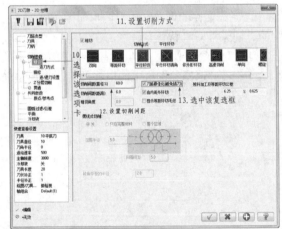

图10-15　"粗切"选项卡

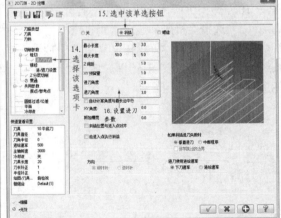

图10-16　"进刀方式"选项卡

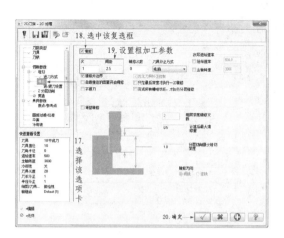

图 10-17 "精修"选项卡

（4）单击"2D 刀路-2D 挖槽"对话框中的"确定"按钮，生成 2D 外形刀路，单击"视图"选项卡"屏幕视图"面板中的"等视图"按钮，结果如图 10-18 所示。

（5）在刀路管理器中选择"属性"→"毛坯设置"命令，弹出"机床群组属性"对话框，在"毛坯设置"选项卡的"形状"选项组中选中"立方体"单选按钮，以立方体作为毛坯，设置立方体工件的尺寸为 90×90×20，单击"确定"按钮，完成工件参数设置，如图 10-19 所示。

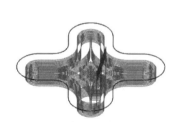

图 10-18 刀路

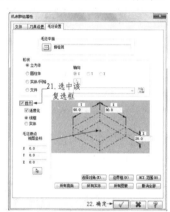

图 10-19 "毛坯设置"选项卡

（6）毛坯设置完成后，生成的毛坯如图 10-20 所示。

（7）在刀路管理器中单击"验证已选择的操作"按钮，然后在弹出的"验证"对话框中单击"播放"按钮，系统开始进行模拟，模拟结果如图 10-21 所示。

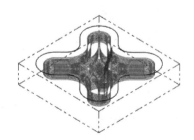

图 10-20 生成的毛坯

图 10-21 模拟结果

（8）模拟检查无误后，在刀路管理器中单击"执行选择的操作进行后处理"按钮 G1，生成的 G、M 代码如图 10-22 所示。

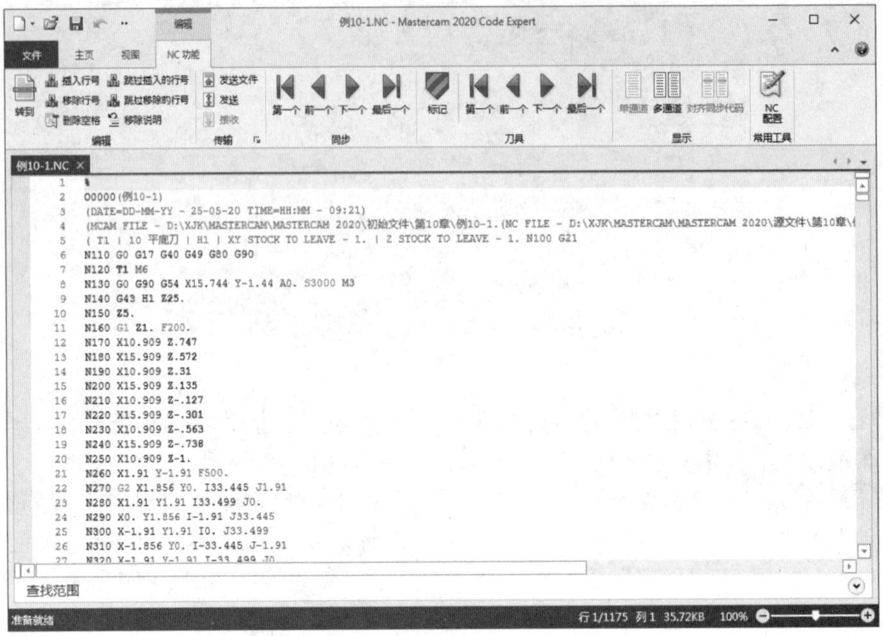

图 10-22　生成 G、M 代码

10.2　岛屿挖槽加工

当封闭串连内部还存在封闭串连时，内部的封闭串连即是岛屿。Mastercam 系统可以将槽和岛屿采用不同的深度进行加工，来满足用户的需要。要执行此功能，采用岛屿挖槽加工方法即可。

10.2.1　设置岛屿挖槽加工参数

使用岛屿挖槽加工方法时需要设置两个参数，一个是在"切削参数"选项卡中将"挖槽加工方式"设为"使用岛屿深度"，另一个是设置岛屿加工深度。

下面以加工两个同心圆为例来说明岛屿挖槽加工参数的设置步骤，圆的大小分别为 D=100mm 和 D=40mm，具体操作步骤如下。

（1）选择"机床"选项卡"机床类型"面板中的"铣床"→"默认"命令，在刀路管理器中会新增一个铣床群组，同时弹出"刀路"选项卡。单击"刀路"选项卡"2D"面板中的"挖槽"按钮，系统弹出"线框串连"对话框，选择两个同心圆为岛屿挖槽串连图素，如图 10-23 所示。

（2）完成选择后系统弹出"2D 刀路-2D 挖槽"对话框，在"切削参数"选项卡中将"挖槽加工方式"设置为"使用岛屿深度"，将"岛屿上方预留量"设为"5"，表示岛屿深度只加工 5mm（槽深 10mm），单击"确定"按钮，

图 10-23　选择串连图素

完成岛屿深度设置，如图 10-24 所示。

（3）系统根据所设置的参数生成岛屿挖槽加工刀路，结果如图 10-25 所示。

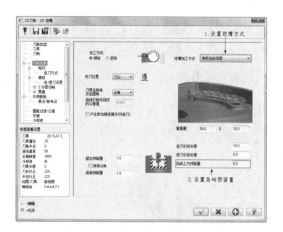

图 10-24 "切削参数"选项卡

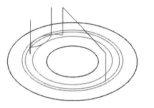

图 10-25 岛屿挖槽加工刀路

10.2.2 实例——岛屿挖槽加工

下面继续通过实例来说明岛屿挖槽加工的操作步骤。岛屿挖槽加工中设置岛屿深度时要注意的是，岛屿深度只能比槽的深度小。如果岛屿深度比槽的深度大，岛屿深度无效，岛屿深度只能采用槽的深度。

本例的基本思路是打开初始文件，设置毛坯材料，然后设置加工参数，进行模拟加工，其加工流程如图 10-26 所示。

视频讲解

图 10-26 加工流程

操作步骤

（1）单击"快速访问"工具栏中的"打开"按钮，在弹出的"打开"对话框中选择"初始文件\第 10 章\例 10-2"文件，单击"打开"按钮 打开(O)，完成文件的调取，加工图形如图 10-27 所示。

（2）选择"机床"选项卡"机床类型"面板中的"铣床"→"默认"命令，在刀路管理器中会新增一个铣床群组，同时弹出"刀路"选项卡。单击"刀路"选项卡"2D"面板中的"挖槽"按钮，系统弹出"线框串连"对话框。单击"串连"按钮，选择绘图区中的串连图素，串连方向任意，如图 10-28 所示，单击"确定"按钮，完成串连图素的选择。

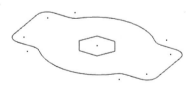

图 10-27 加工图形

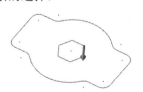

图 10-28 选择串连图素

（3）系统弹出"2D 刀路-2D 挖槽"对话框，在对话框中选择"刀具"选项卡，在刀具列表框的空白处右击，创建新刀具。在弹出的"定义刀具"对话框中选择刀具类型为"平铣刀"，后续操作过程与结果如图 10-29～图 10-35 所示。

图 10-29　设置平刀参数

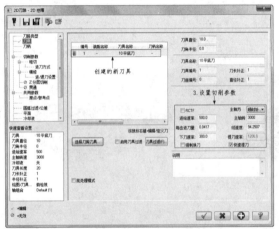

图 10-30　"刀具"选项卡

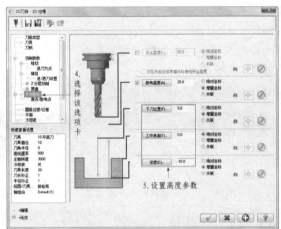

图 10-31　"共同参数"选项卡

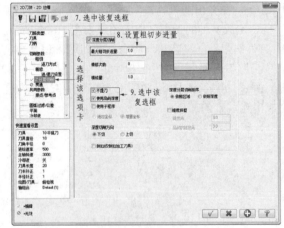

图 10-32　"Z 分层切削"选项卡

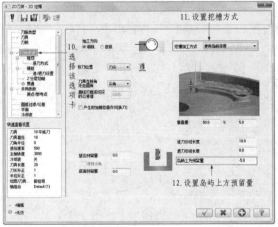

图 10-33　"切削参数"选项卡

技巧荟萃："岛屿上方预留量"文本框中所输入的值是按绝对值方式输入的，不使用相对值。

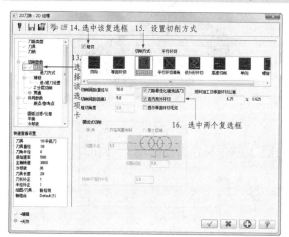

图 10-34 "粗切"选项卡

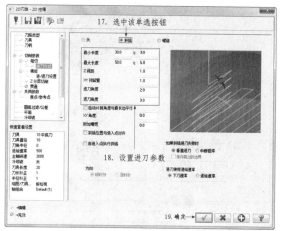

图 10-35 "进刀方式"选项卡

（4）单击"2D 刀路-2D 挖槽"对话框中的"确定"按钮 ，生成岛屿挖槽加工刀路，结果如图 10-36 所示。

（5）在刀路管理器中选择"属性"→"毛坯设置"命令，弹出"机床群组属性"对话框，在"毛坯设置"选项卡的"形状"选项组中选中"立方体"单选按钮，以立方体作为毛坯，如图 10-37 所示。

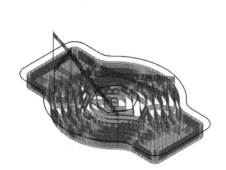

图 10-36 岛屿挖槽加工刀路

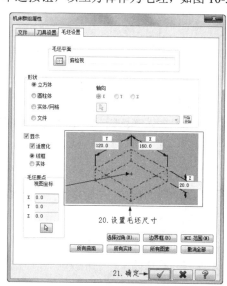

图 10-37 "毛坯设置"选项卡

（6）在"毛坯设置"选项卡中设置立方体工件的尺寸为 160×120×20，单击"确定"按钮 ，完成工件参数设置，生成的毛坯如图 10-38 所示。

（7）在刀路管理器中单击"验证已选择的操作"按钮 ，然后在弹出的"验证"对话框中单击"播放"按钮 ，系统开始进行模拟，模拟结果如图 10-39 所示。

Note

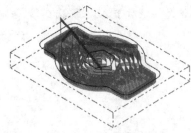

图 10-38　生成的毛坯

图 10-39　模拟结果

（8）模拟检查无误后，在刀路管理器中单击"执行选择的操作进行后处理"按钮G1，生成的 G、M 代码如图 10-40 所示。

图 10-40　生成 G、M 代码

10.3　面挖槽加工

使用面挖槽加工方式可以在原有挖槽加工的基础上向槽外延伸一定的距离。此加工类型用在岛屿挖槽加工不能将残料清除干净的情况下，有时也可以用来铣削平面。下面将介绍面挖槽加工的参数和操作步骤。

10.3.1　设置面挖槽加工参数

面挖槽加工参数与其他挖槽加工参数类似，除了设置标准挖槽加工所需的共同参数，面挖槽加工还需要设置其他两个参数：其一是在"切削参数"选项卡的"挖槽加工方式"下拉列表框中选择挖槽类型为"平面铣"，其二是设置平面铣参数。

下面以加工椭圆形面为例来说明面挖槽加工参数的设置步骤。

（1）选择"机床"选项卡"机床类型"面板中的"铣床"→"默认"命令，在刀路管理器中会

新增一个铣床群组，同时弹出"刀路"选项卡。单击"刀路"选项卡"2D"面板中的"挖槽"按钮，系统弹出"线框串连"对话框。选择椭圆形作为挖槽串连图素，如图 10-41 所示，单击"确定"按钮 ，弹出"2D 刀路-2D 挖槽"对话框。

（2）在"2D 刀路-2D 挖槽"对话框中选择"切削参数"选项卡，设置"挖槽加工方式"为"平面铣"，将"重叠量"设为"50%"，表示挖槽时会向外扩大刀具直径的 50%，如图 10-42 所示。

（3）在"2D 刀路-2D 挖槽"对话框中选择"共同参数"选项卡，将"深度"设为"-5"。

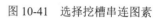

图 10-41 选择挖槽串连图素

（4）单击"确定"按钮，系统根据所设置的参数生成面挖槽加工刀路，结果如图 10-43 所示。

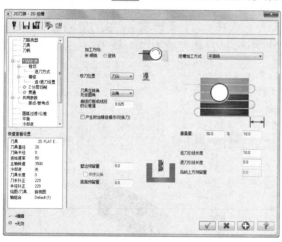

图 10-42 "切削参数"选项卡

图 10-43 面挖槽加工刀路

技巧荟萃：平面加工方式也可以用来加工毛坯表面，当没有面铣刀时，可以采用平面加工的方式来代替面铣加工方式。

10.3.2 实例——面挖槽加工

本例的基本思路是打开初始文件，设置毛坯材料，然后设置加工参数，进行模拟加工，其加工流程如图 10-44 所示。

图 10-44 加工流程

视频讲解

操作步骤

（1）单击"快速访问"工具栏中的"打开"按钮，在弹出的"打开"对话框中选择"初始文件\第 10 章\例 10-3"文件，单击"打开"按钮，完成文件的调取，加工图形如图 10-45 所示。

（2）选择"机床"选项卡"机床类型"面板中的"铣床"→"默认"命令，在刀路管理器中会

新增一个铣床群组，同时弹出"刀路"选项卡。单击"刀路"选项卡"2D"面板中的"挖槽"按钮，系统弹出"线框串连"对话框。单击"串连"按钮，选择绘图区中的小圆，如图 10-46 所示，单击"确定"按钮，完成串连图素的选择。

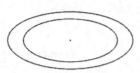

图 10-45 加工图形

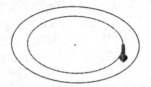

图 10-46 选择串连图素

（3）系统弹出"2D 刀路-2D 挖槽"对话框，选择"刀具"选项卡，在刀具列表框的空白处右击，创建新刀具。在弹出的"定义刀具"对话框中选择刀具类型为"平铣刀"，后续操作过程与结果如图 10-47～图 10-52 所示。

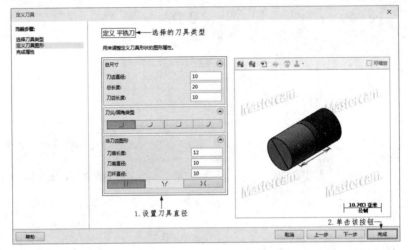

图 10-47 设置平刀参数

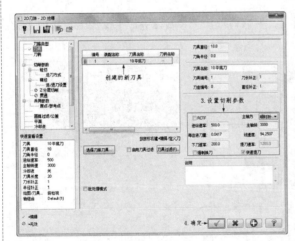

图 10-48 设置切削参数

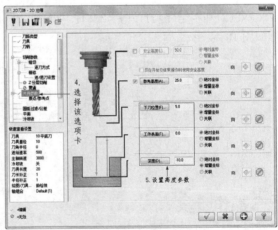

图 10-49 "共同参数"选项卡

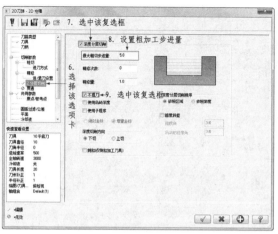

图 10-50　"Z 分层切削"选项卡

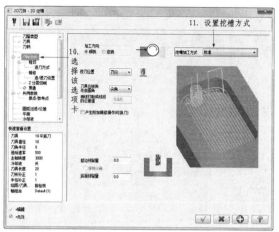

图 10-51　"切削参数"选项卡

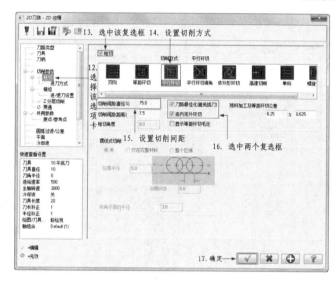

图 10-52　"粗切"选项卡

（4）单击"2D 刀路-2D 挖槽"对话框中的"确定"按钮 ，生成面挖槽加工刀路，结果如图 10-53 所示。

（5）单击刀路管理器中的"切换显示已选择的刀路操作"按钮≋，隐藏上一步创建的刀路。单击"刀路"选项卡"2D"面板中的"挖槽"按钮▣，系统弹出"线框串连"对话框。单击"串连"按钮 🔗，选择绘图区中的大圆，如图 10-54 所示，单击"确定"按钮 ✓ 完成串连图素的选择。

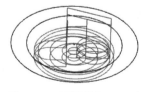

图 10-53　面挖槽加工刀路

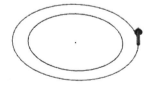

图 10-54　选择大圆

（6）系统弹出"2D 刀路-2D 挖槽"对话框，选择"刀具"选项卡，选择直径为 10mm 的平底刀，后续操作过程与结果如图10-55～图10-59所示。

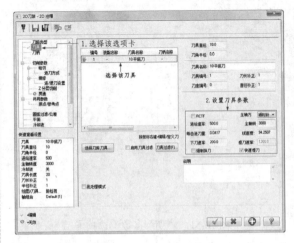

图10-55 "刀具"选项卡

图10-56 "共同参数"选项卡

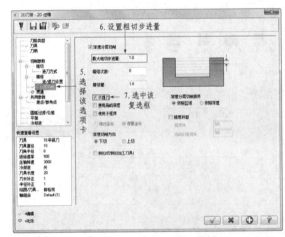

图10-57 "Z分层切削"选项卡

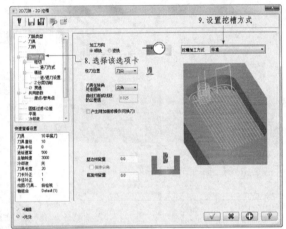

图10-58 "切削参数"选项卡

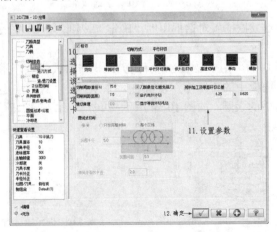

图10-59 "粗切"选项卡

（7）单击"2D 刀路-2D 挖槽"对话框中的"确定"按钮 ，生成平面铣加工刀路，结果如图 10-60 所示。

（8）在刀路管理器中选择"属性"→"毛坯设置"命令，弹出"机床群组属性"对话框，在"毛坯设置"选项卡的"形状"选项组中选中"立方体"单选按钮，以立方体作为毛坯，如图 10-61 所示。

图 10-60　平面铣加工刀路

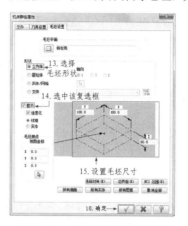

图 10-61　"毛坯设置"选项卡

（9）在"毛坯设置"选项卡中设置立方体工件的尺寸为 100×100×20，并选中"显示"复选框，单击"确定"按钮 ，完成工件参数设置，生成的毛坯如图 10-62 所示。

（10）所有刀路都编制完毕后，在刀路管理器中单击"选择全部操作"按钮，再单击"验证已选择的操作"按钮，然后在弹出的"验证"对话框中单击"播放"按钮，系统开始进行模拟，模拟结果如图 10-63 所示。

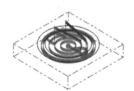

图 10-62　生成的毛坯

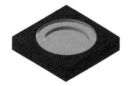

图 10-63　模拟结果

（11）模拟检查无误后，在刀路管理器中单击"执行选择的操作进行后处理"按钮，生成的 G、M 代码如图 10-64 所示。

图 10-64　生成 G、M 代码

Note

10.4　残料挖槽加工

残料挖槽加工方式主要用于对先前加工的余量进行再加工。先前加工的余量可以是前面操作的预留量，也可以是先前的操作没有完全切削或无法加工完全的余量。下面将讲解残料挖槽加工的参数和操作步骤。

10.4.1　设置残料挖槽加工参数

残料挖槽加工参数与其他挖槽加工参数类似，除了设置标准挖槽加工所需的共同参数，残料挖槽加工还需设置其他两个参数：其一是在"切削参数"选项卡的"挖槽加工方式"下拉列表框中设置挖槽类型为"残料"，其二是设置"残料加工"参数。

设置残料挖槽加工参数的具体操作步骤如下。

（1）选择菜单栏中的"刀路"→"挖槽"命令，系统弹出"2D 刀路-2D 挖槽"对话框，在对话框中对残料加工参数进行设置，如图 10-65 所示。

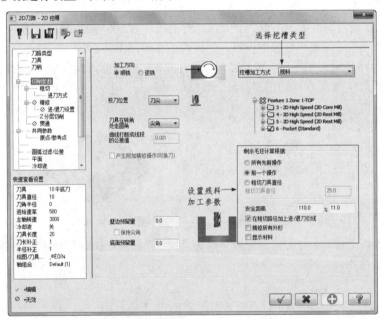

图 10-65　设置残料挖槽加工参数

（2）参数设置完毕，单击"确定"按钮 ，即可生成残料挖槽加工刀路。

10.4.2　实例——残料挖槽加工

下面通过实例来说明残料挖槽加工参数的设置步骤。本例加工时先用大刀加工，再用小刀进行清角，去除因刀具过大而加工不到的残料。

本实例的基本思路是打开初始文件，设置毛坯材料，然后设置加工参数，进行模拟加工，其加工流程如图 10-66 所示。

视频讲解

图 10-66　加工流程

操作步骤

（1）单击"快速访问"工具栏中的"打开"按钮，在弹出的"打开"对话框中选择"源文件\初始文件\第 10 章\例 10-4"文件，单击"打开"按钮 打开(O)，完成文件的调取，加工图形如图 10-67 所示。

（2）单击刀路管理器中的"切换显示已选择的刀路操作"按钮 ≋，隐藏已创建的刀路。单击"刀路"选项卡"2D"面板中的"挖槽"按钮，系统弹出"线框串连"对话框。单击"串连"按钮，并选择绘图区中的串连图素，串连方向任意，如图 10-68 所示，单击"确定"按钮 ，完成串连选择。

图 10-67　加工图形　　　　　　　图 10-68　选择串连图素

（3）系统弹出"2D 刀路-2D 挖槽"对话框，在对话框中选择"刀具"选项卡，在刀具列表框的空白处右击，创建新刀具。在弹出的"定义刀具"对话框中选择刀具类型为"平铣刀"，后续操作过程与结果如图 10-69～图 10-74 所示。

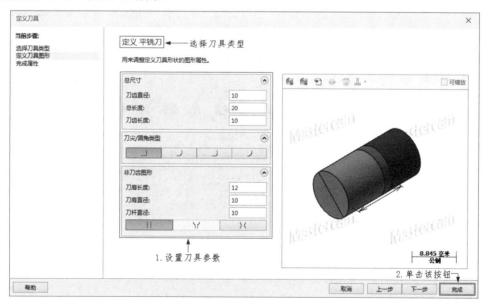

图 10-69　设置平刀参数

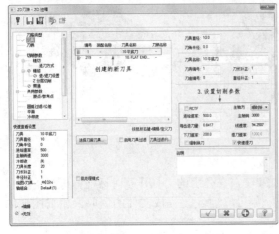

图 10-70　"刀具"选项卡

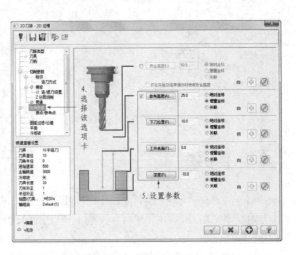

图 10-71　"共同参数"选项卡

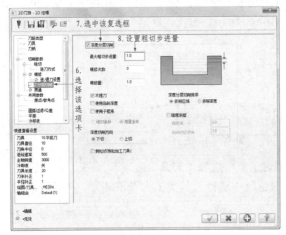

图 10-72　"Z 分层切削"选项卡

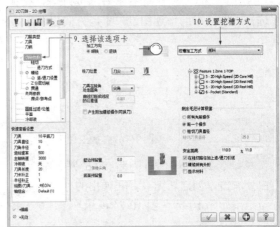

图 10-73　"切削参数"选项卡

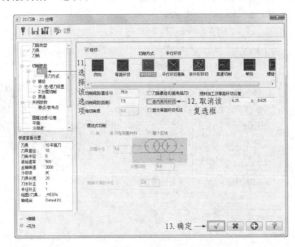

图 10-74　"粗切"选项卡

（4）单击"2D 刀路-2D 挖槽"对话框中的"确定"按钮 ，生成残料挖槽加工刀路，结果如图 10-75 所示。

（5）在刀路管理器中选择"属性"→"毛坯设置"命令，弹出"机床群组属性"对话框，在"毛坯设置"选项卡的"形状"选项组中选中"立方体"单选按钮，以立方体作为毛坯，设置立方体工件的尺寸为 135×130×20，如图 10-76 所示，单击"确定"按钮 ，完成工件参数设置。

图 10-75　残料挖槽加工刀路

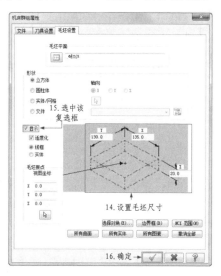

图 10-76　"毛坯设置"选项卡

（6）在刀路管理器中单击"选择全部操作"按钮 ▶，然后单击"验证已选择的操作"按钮 ，再在弹出的"验证"对话框中单击"播放"按钮 ▶，系统开始进行模拟，模拟结果如图 10-77 所示。

（7）模拟检查无误后，在刀具管理器中单击"执行选择的操作进行后处理"按钮 G1，生成的 G、M 代码如图 10-78 所示。

图 10-77　模拟结果

图 10-78　生成 G、M 代码

10.5 开放式轮廓挖槽加工

开放式轮廓挖槽加工中选择的挖槽串连图素不封闭，即使用开放式的串连图素进行挖槽加工。普通的挖槽加工方法是不能加工开放轮廓的。

10.5.1 设置开放式轮廓挖槽加工参数

开放式轮廓挖槽加工参数与其他挖槽加工参数类似，除了设置标准挖槽加工所需的共同参数，开放式轮廓挖槽加工还需要设置其他两个参数：其一是在"切削参数"选项卡中选择挖槽类型为"开放式挖槽"，其二是对"开放式挖槽"进行参数设置。

下面以加工 U 形槽为例来说明开放式轮廓挖槽加工参数的设置步骤，圆弧直径 $D=50$mm。

（1）选择"机床"选项卡"机床类型"面板中的"铣床"→"默认"命令，在刀路管理器中会新增一个铣床群组，同时弹出"刀路"选项卡。单击"刀路"选项卡"2D"面板中的"挖槽"按钮 ，系统弹出"线框串连"对话框。选择 U 形槽作为开放式挖槽加工的串连图素，如图 10-79 所示，单击"确定"按钮 ，弹出"2D 刀路-2D 挖槽"对话框。

（2）在"2D 刀路-2D 挖槽"对话框中选择"切削参数"选项卡，设置"挖槽加工方式"为"开放式挖槽"；设置"重叠量"为 125%，表示在轮廓开放部分，刀路超过边界的距离为刀具直径的 125%，如图 10-80 所示。

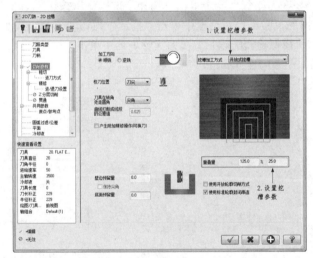

图 10-79 选择串连图素

图 10-80 "切削参数"选项卡

（3）单击"确定"按钮 ，完成参数设置，系统根据所设置的参数生成开放式挖槽加工刀路，结果如图 10-81 所示。

10.5.2 实例——开放式轮廓挖槽加工

下面通过实例来说明开放式挖槽加工参数的设置步骤。开放式挖槽加工选择的串连图素必须是开放式的，如果是封闭的则无效。

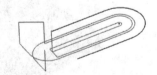

图 10-81 开放式挖槽加工刀路

本例的基本思路是打开初始文件，设置毛坯材料，然后设置加工参数，进行模拟加工，其加工流程如图 10-82 所示。

图 10-82 加工流程

操作步骤

（1）单击"快速访问"工具栏中的"打开"按钮，在弹出的"打开"对话框中选择"源文件\初始文件\第 10 章\例 10-5"文件，单击"打开"按钮 打开(O)，完成文件的调取，加工图形如图 10-83 所示。

（2）选择"机床"选项卡"机床类型"面板中的"铣床"→"默认"命令，在刀路管理器中会新增一个铣床群组，同时弹出"刀路"选项卡。单击"刀路"选项卡"2D"面板中的"挖槽"按钮，系统弹出"线框串连"对话框，选择串连图素，如图 10-84 所示。

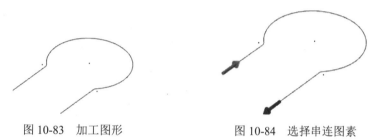

图 10-83 加工图形　　　　图 10-84 选择串连图素

（3）单击"确定"按钮，弹出"2D 刀路-2D 挖槽"对话框。选择"刀具"选项卡，在刀具列表框的空白处右击，创建新刀具。在弹出的"定义刀具"对话框中选择刀具类型为"平铣刀"，后续操作过程与结果如图 10-85～图 10-90 所示。

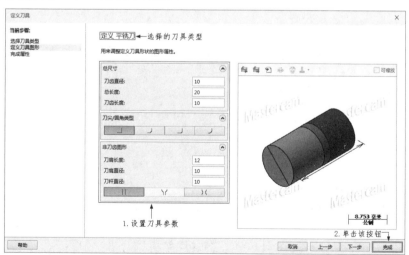

图 10-85 设置平刀参数

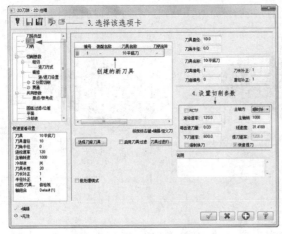

图 10-86　"刀具"选项卡

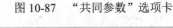

图 10-87　"共同参数"选项卡

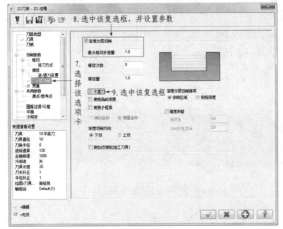

图 10-88　"Z 分层切削"选项卡

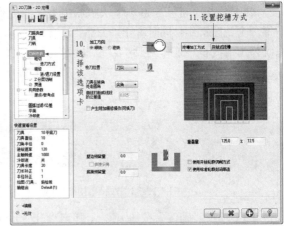

图 10-89　"切削参数"选项卡

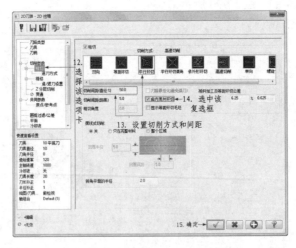

图 10-90　"粗切"选项卡

（4）单击"2D 刀路-2D 挖槽"对话框中的"确定"按钮　，生成开放式轮廓挖槽刀路，结果如图 10-91 所示。

（5）在刀路管理器中选择"属性"→"毛坯设置"命令，弹出"机床群组属性"对话框，在"毛坯设置"选项卡的"形状"选项组中选中"立方体"单选按钮，以立方体作为毛坯。单击"边界框"按钮，创建边界盒，修改立方体工件的尺寸为 120×170×20，如图 10-92 所示。

图 10-91　开放式轮廓挖槽刀路

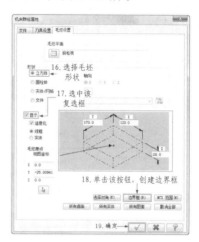

图 10-92　"毛坯设置"选项卡

（6）单击"确定"按钮 ，完成工件参数设置，生成的毛坯如图 10-93 所示。

（7）在刀路管理器中单击"验证已选择的操作"按钮，然后在弹出的"验证"对话框中单击"播放"按钮，系统开始进行模拟，模拟结果如图 10-94 所示。

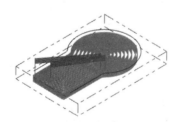

图 10-93　生成的毛坯

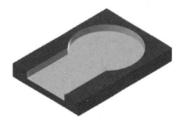

图 10-94　模拟结果

（8）模拟检查无误后，在刀路管理器中单击"执行选择的操作进行后处理"按钮G1，生成的 G、M 代码如图 10-95 所示。

图 10-95　生成 G、M 代码

10.6 综合实例——挖槽加工

挖槽加工方式的刀路形式多样，操作简单快捷，是非常好的二维加工方法。下面将通过实例来说明挖槽加工的综合应用。

本例的基本思路是打开初始文件，设置毛坯材料，然后设置加工参数，进行模拟加工，其加工流程如图 10-96 所示。

图 10-96 加工流程

操作步骤

（1）单击"快速访问"工具栏中的"打开"按钮 ，在弹出的"打开"对话框中选择"源文件\初始文件\第 10 章\例 10-6"文件，单击"打开"按钮 打开(O) ，完成文件的调取，加工图形如图 10-97 所示。

（2）选择"机床"选项卡"机床类型"面板中的"铣床"→"默认"命令，在刀路管理器中会新增一个铣床群组，同时弹出"刀路"选项卡。单击"刀路"选项卡"2D"面板中的"挖槽"按钮 ，系统弹出"线框串连"对话框。单击"串连"按钮 ，并选择绘图区中的串连二维实线，串连方向任意，如图 10-98 所示，单击"确定"按钮 ，完成串连图素的选择。

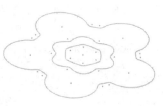

图 10-97 加工图形

（3）系统弹出"2D 刀路-2D 挖槽"对话框，在对话框中选择"刀具"选项卡，然后在刀具列表框的空白处右击，创建新刀具。在弹出的"定义刀具"对话框中选择刀具类型为"平铣刀"，后续操作过程与结果如图 10-99～图 10-105 所示。

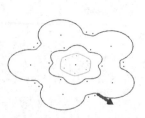

图 10-98 选择串连图素

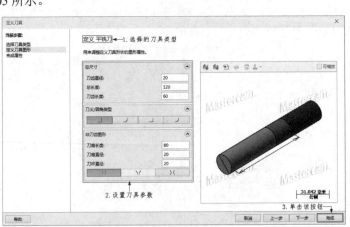

图 10-99 设置平刀参数

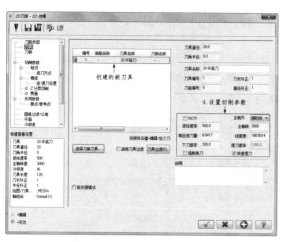

图 10-100　"刀具"选项卡

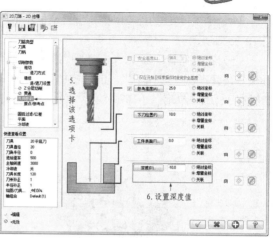

图 10-101　"共同参数"选项卡

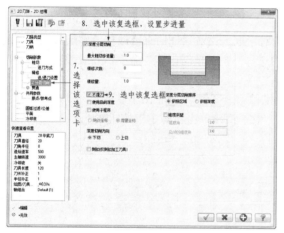

图 10-102　"Z 分层切削"选项卡

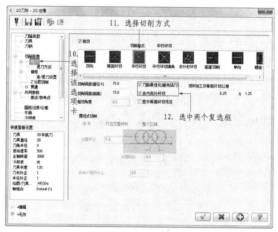

图 10-103　"粗切"选项卡

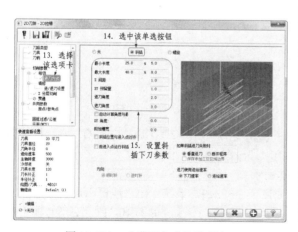

图 10-104　"进刀方式"选项卡

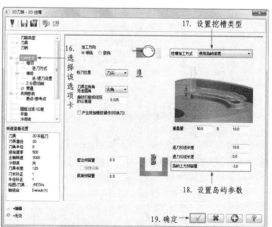

图 10-105　"切削参数"选项卡

（4）单击"2D 刀路-2D 挖槽"对话框中的"确定"按钮 ，生成 2D 挖槽加工刀路，结果如图 10-106 所示。

（5）在刀路管理器中单击"切换显示已选择的刀路操作"按钮 ≈，隐藏上一步创建的刀路。然后在刀路管理器中选择刚生成的挖槽加工刀路，将其进行复制，在刀路管理器中即可生成一个复制的挖槽加工刀路，如图 10-107 所示。在复制生成的挖槽加工刀路上单击"图形"按钮 ■。

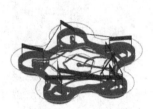

图 10-106　2D 挖槽加工刀路

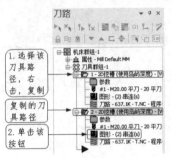

图 10-107　复制挖槽加工刀路

（6）系统弹出如图 10-108 所示的"串连管理"对话框，该对话框用来修改挖槽串连。在"串连管理"对话框的列表框中右击，在弹出的快捷菜单中选择"全部重新串连"命令，系统弹出"线框串连"对话框，单击"串连"按钮 ✐。

（7）系统返回绘图区，重新选择内部凹槽作为挖槽串连图素，如图 10-109 所示，单击"确定"按钮 ，完成串连图素的修改。返回"串连管理"对话框，单击"确定"按钮 ✔。

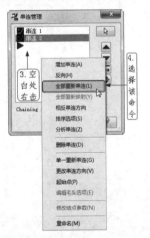

图 10-108　"串连管理"对话框

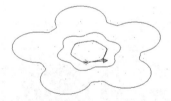

图 10-109　选择串连图素

（8）在复制生成的挖槽刀路上单击"参数"按钮 ■，系统弹出"2D 刀路-2D 挖槽"对话框，选择"共同参数"选项卡，后续操作过程与结果如图 10-110～图 10-111 所示。

（9）系统经过重新计算得到的刀路如图 10-112 所示。

（10）单击"刀路"选项卡"2D"面板中的"挖槽"按钮 ◙，系统弹出"线框串连"对话框。单击"串连"按钮 ✐，并选择绘图区中的串连图素，串连方向任意，如图 10-113 所示，单击"确定"按钮 ✔，完成串连图素的选择。

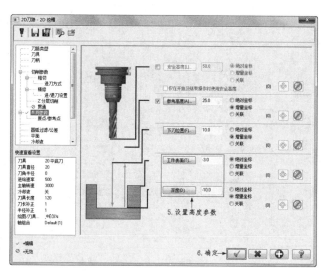

图 10-110　"共同参数"选项卡

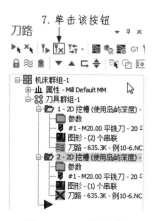

图 10-111　刀路失效

图 10-112　重新计算得到的刀路

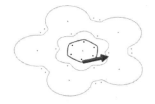

图 10-113　选择串连图素

（11）系统弹出"2D 刀路-2D 挖槽"对话框，在对话框中选择"刀具"选项卡，在刀具列表框的空白处右击，创建新刀具。在弹出的"定义刀具"对话框中选择刀具类型为"平铣刀"，后续操作过程与结果如图 10-114～图 10-119 所示。

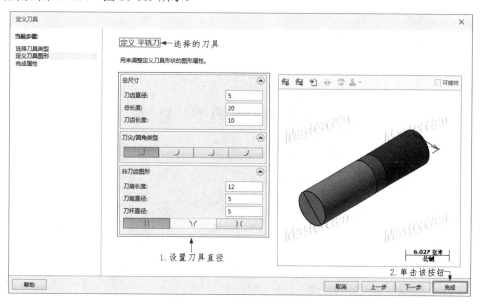

图 10-114　设置平底刀参数

Note

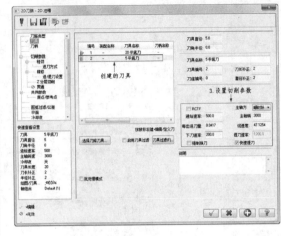

图 10-115 "刀具"选项卡

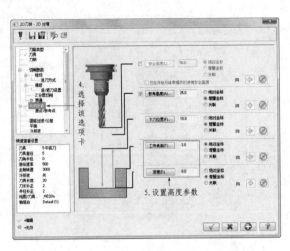

图 10-116 "共同参数"选项卡

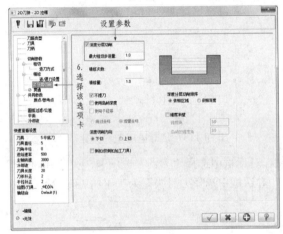

图 10-117 "Z 分层切削"选项卡

图 10-118 "切削参数"选项卡

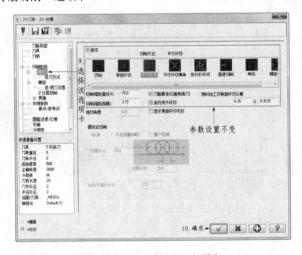

图 10-119 "粗切"选项卡

（12）单击"确定"按钮 ，生成开放式挖槽加工刀路，如图 10-120 所示。

（13）在刀路管理器中选择"属性"→"毛坯设置"命令，弹出"机床群组属性"对话框，在"毛坯设置"选项卡的"形状"选项组中选中"立方体"单选按钮，以立方体作为毛坯。单击"边界框"按钮，修改立方体工件的尺寸为 200×200×20，如图 10-121 所示，单击"确定"按钮 ，完成工件参数设置。

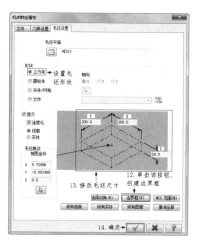

图 10-120　开放式挖槽加工刀路

图 10-121　"毛坯设置"选项卡

（14）毛坯设置完成后，生成的毛坯如图 10-122 所示。

（15）在刀路管理器中单击"选择全部操作"按钮，然后单击"验证已选择的操作"按钮，再在弹出的"验证"对话框中单击"播放"按钮，系统开始进行模拟，模拟结果如图 10-123 所示。

图 10-122　生成的毛坯

图 10-123　模拟结果

（16）模拟检查无误后，在刀路管理器中单击"执行选择的操作进行后处理"按钮，生成的 G、M 代码如图 10-124 所示。

图 10-124　生成 G、M 代码

第11章

钻孔和面铣加工

本章主要讲解的是钻孔加工和面铣加工，其中钻孔加工方法主要用来加工盲孔和通孔，而面铣加工方法主要用来加工平面，将毛坯表面加工平滑，用在其他加工之前进行辅助加工。本章所讲述的加工方法比较简单，读者需要学会加工一般孔的操作方法。

知识点

☑ 钻孔加工
☑ 面铣加工

11.1 钻 孔 加 工

钻孔加工相对于其他加工方法来说操作比较简单，主要用于钻孔图素或点。下面主要讲解钻孔加工参数设置。

11.1.1 设置钻孔加工参数

下面以加工环形阵列圆孔为例来说明钻孔参数的设置步骤，圆孔的半径为 10mm，钻孔深度为-8mm。

（1）选择"机床"选项卡"机床类型"面板中的"铣床"→"默认"命令，在刀路管理器中会新增一个铣床群组，同时弹出"刀路"选项卡。单击"刀路"选项卡"2D"面板中的"钻孔"按钮，系统弹出如图 11-1 所示的"刀路孔定义"对话框。选择圆心点作为钻孔点，如图 11-2 所示；单击"确定"按钮，系统弹出"2D 刀路-钻孔/全圆铣削 深孔钻-无啄钻"对话框，如图 11-3 所示。

图 11-1 "刀路孔定义"对话框

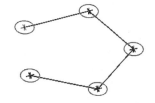

图 11-2 选择钻孔点

（2）在"2D 刀路-钻孔/全圆铣削 深孔钻-无啄孔"对话框的"共同参数"选项卡中设置"参考高度"为"25"、离工件表面距离为"0"、"深度"为"-8"，如图 11-4 所示。

（3）单击"深度"文本框右侧的"深度计算"按钮，系统弹出如图 11-5 所示的"深度计算"对话框，该对话框用来计算钻头刀尖的深度值。

（4）因为钻头刀尖的角度为 118°，加工深度为-8，因此实际只有刀尖部位的深度是-8，而不是圆孔的实际深度，为此需要进行深度补偿；系统计算 D=10mm 的刀具刀尖深度值为-3.004303mm，

并且会自动把此值加到刚才设置的深度值上，如图 11-5 所示。

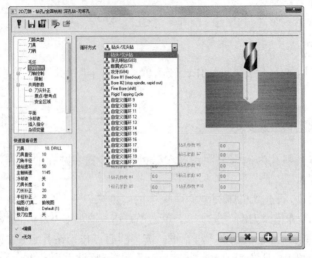

图 11-3　"2D 刀路-钻孔/全圆铣削 深孔钻-无啄孔"对话框

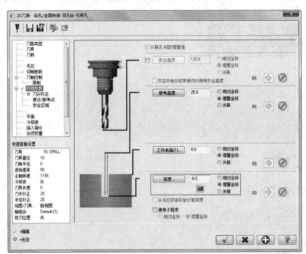

图 11-4　增加刀尖深度后的深度值

（5）单击"确定"按钮 ，系统根据所设置的参数生成钻孔加工刀路，结果如图 11-6 所示。

图 11-5　"深度计算"对话框

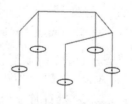

图 11-6　钻孔加工刀路

✍ 技巧荟萃：刀具深度计算用来计算刀尖的深度，此方式一般用来加工盲孔。

11.1.2 实例——钻孔加工

本例的基本思路是打开初始文件，设置毛坯材料，然后设置加工参数，进行模拟加工，其加工流程如图 11-7 所示。

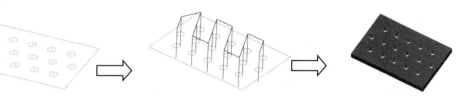

图 11-7 加工流程

视频讲解

操作步骤

（1）单击"快速访问"工具栏中的"打开"按钮，在弹出的"打开"对话框中选择"初始文件\第 11 章\例 11-1"文件，单击"打开"按钮 `打开(O)`，完成文件的调取，加工图形如图 11-8 所示。

（2）选择"机床"选项卡"机床类型"面板中的"铣床"→"默认"命令，在刀路管理器中会新增一个铣床群组，同时弹出"刀路"选项卡。单击"刀路"选项卡"2D"面板中的"钻孔"按钮，系统弹出"刀路孔定义"对话框。选择绘图区中的圆心点，如图 11-9 所示，单击"确定"按钮，完成钻孔点的选择。

图 11-8 加工图形

图 11-9 选择钻孔点

（3）系统弹出"2D 刀路-钻孔/全圆铣削 深孔钻-无啄孔"对话框，在对话框中选择"刀具"选项卡，后续操作过程与结果如图 11-10～图 11-15 所示。

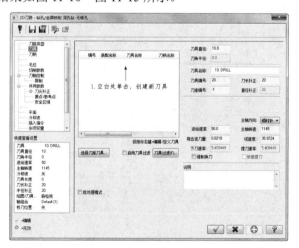

图 11-10 "刀具"选项卡

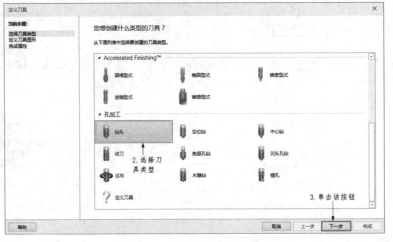

图 11-11　"定义刀具"对话框

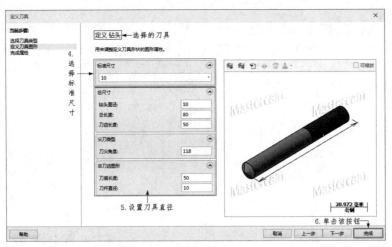

图 11-12　设置刀具参数

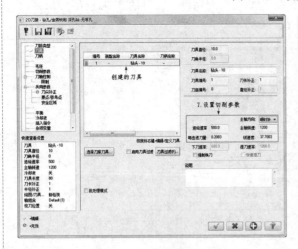

图 11-13　设置切削参数

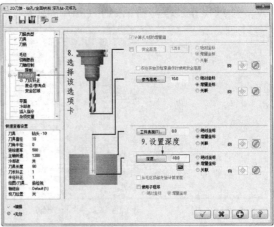

图 11-14　设置共同参数

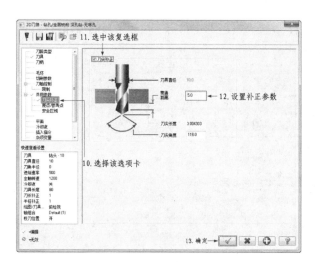

图 11-15　设置刀尖补正参数

（4）单击"确定"按钮 ，系统生成钻孔加工刀路，如图 11-16 所示。

（5）在刀路管理器中选择"属性"→"毛坯设置"命令，弹出"机床群组属性"对话框，该对话框用来设置工件参数；在"毛坯设置"选项卡的"形状"选项组中选中"立方体"单选按钮，以立方体工件作为毛坯，设置立方体工件的尺寸为 150×100×10，如图 11-17 所示。

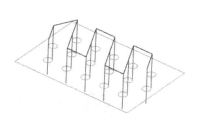

图 11-16　钻孔加工刀路

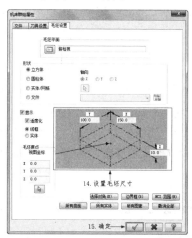

图 11-17　"毛坯设置"选项卡

（6）单击"确定"按钮，完成工件参数设置，生成的毛坯如图 11-18 所示。

（7）在刀路管理器中单击"验证已选择的操作"按钮，然后在弹出的"验证"对话框中单击"播放"按钮，系统开始进行模拟，模拟结果如图 11-19 所示。

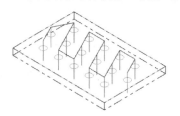

图 11-18　生成的毛坯

图 11-19　模拟结果

（8）模拟检查无误后，在刀路管理器中单击“执行选择的操作进行后处理”按钮G1，生成的 G、M 代码如图 11-20 所示。

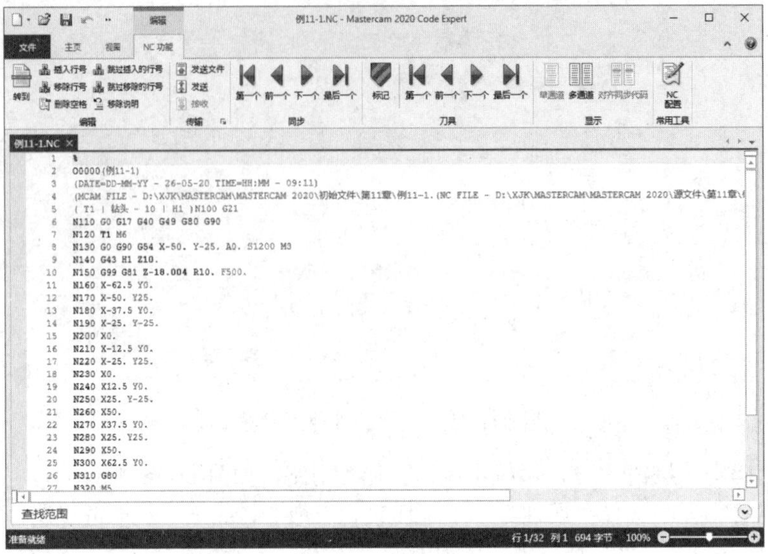

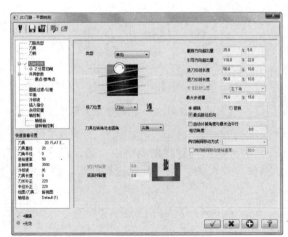

图 11-20　生成 G、M 代码

✍ **技巧荟萃：**刀尖补正参数一般用于加工通孔，加工时将贯穿整个毛坯。

11.2　面铣加工

面铣加工即平面加工，通常安排在所有加工之前进行，主要用于去除板料或毛坯表面的缺陷。面铣加工通常采用大的面铣刀进行加工，加工的深度一般较小，若设置的加工深度过多则会造成不必要的浪费。

11.2.1　设置面铣加工参数

面铣加工参数的设置步骤如下。

（1）选择“机床”选项卡“机床类型”面板中的“铣床”→“默认”命令，在刀路管理器中会新增一个铣床群组，同时弹出“刀路”选项卡。单击“刀路”选项卡“2D”面板中的“面铣”按钮，系统弹出“线框串连”对话框，选择串连图素后，弹出“2D 刀路-平面铣削”对话框。

（2）选择“切削参数”选项卡，可以在该选项卡中设置面铣加工参数，如图 11-21 所示。

图 11-21　“切削参数”选项卡

11.2.2 实例——面铣加工

本例的基本思路是打开初始文件，设置毛坯材料，然后设置加工参数，进行模拟加工，加工流程如图 11-22 所示。

图 11-22 加工流程

操作步骤

（1）单击"快速访问"工具栏中的"打开"按钮，在弹出的"打开"对话框中选择"初始文件\第 11 章\例 11-2"文件，单击"打开"按钮 打开(O) ，完成文件的调取，加工图形如图 11-23 所示。

（2）选择"机床"选项卡"机床类型"面板中的"铣床"→"默认"命令，在刀路管理器中会新增一个铣床群组，同时弹出"刀路"选项卡。单击"刀路"选项卡"2D"面板中的"面铣"按钮，系统弹出"线框串连"对话框，提示用户选择面铣串连图素。在绘图区选择矩形，如图 11-24 所示，单击"确定"按钮 ，完成串连图素的选择。

图 11-23 加工图形

图 11-24 选择串连图素

（3）系统弹出"2D 刀路-平面铣削"对话框，在对话框中选择"刀具"选项卡，然后在刀具列表框的空白处右击，创建新刀具。在弹出的"定义刀具"对话框中选择"面铣刀"，后续操作过程与结果如图 11-25～图 11-29 所示。

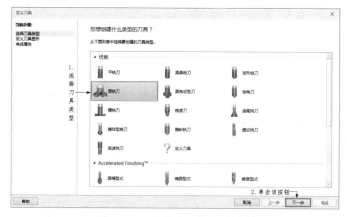

图 11-25 "定义刀具"对话框

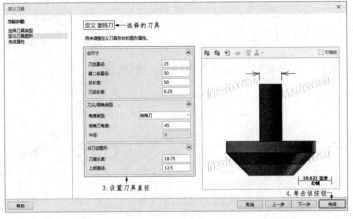

图 11-26 设置面铣刀参数

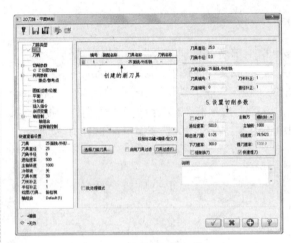

图 11-27 设置切削参数

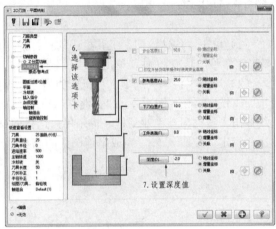

图 11-28 "共同参数"选项卡

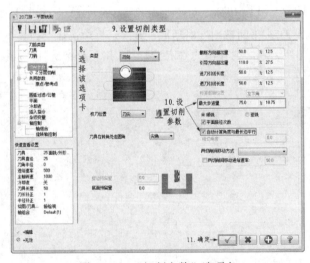

图 11-29 "切削参数"选项卡

（4）单击"确定"按钮 ，系统根据所设置的参数生成面铣加工刀路，结果如图 11-30 所示。

（5）在刀路管理器中选择"属性"→"毛坯设置"命令，弹出"机床群组属性"对话框，在"毛坯设置"选项卡的"形状"选项组中选中"立方体"单选按钮，选择立方体作为毛坯，设置立方体工件的尺寸为100×60×10，如图11-31所示。

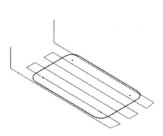

图 11-30　面铣加工刀路

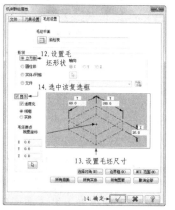

图 11-31　"毛坯设置"选项卡

（6）单击"确定"按钮 ，完成工件参数设置，生成的毛坯如图11-32所示。

（7）在刀路管理器中单击"验证已选择的操作"按钮，然后在弹出的"验证"对话框中单击"播放"按钮 ▶，系统开始进行模拟，模拟结果如图11-33所示。

（8）模拟检查无误后，在刀路管理器中单击"执行选择的操作进行后处理"按钮 G1，生成的G、M代码如图11-34所示。

图 11-32　生成的毛坯

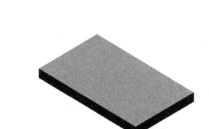

图 11-33　模拟结果

图 11-34　生成 G、M 代码

✍ **技巧荟萃**：除非有特殊要求，一般面铣加工都采用双向加工的方式，该方式的效率比较高。

11.3　综合实例——模板加工

钻孔加工和面铣加工的操作都比较简单，下面以模板加工为例来说明钻孔加工和面铣加工参数的设置方法。

视频讲解

本例的基本思路是打开初始文件，设置毛坯材料，然后设置加工参数，进行模拟加工，其加工流程如图11-35所示。

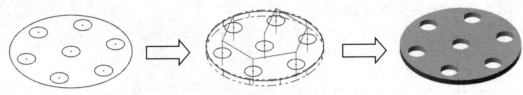

图11-35　加工流程

操作步骤

（1）单击"快速访问"工具栏中的"打开"按钮，在弹出的"打开"对话框中选择"初始文件\第11章\例11-3"文件，单击"打开"按钮，完成文件的调取，加工图形如图11-36所示。

（2）选择"机床"选项卡"机床类型"面板中的"铣床"→"默认"命令，在刀路管理器中会新增一个铣床群组，同时弹出"刀路"选项卡。单击"刀路"选项卡"2D"面板中的"平面铣"按钮，系统弹出"线框选项"对话框，提示用户选择面铣串连图素。在绘图区选择圆，如图11-37所示，单击"确定"按钮，完成串连图素的选择。

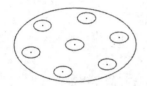 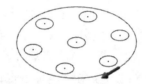

图11-36　加工图形　　　　　　　　图11-37　选择面铣串连图素

（3）系统弹出"2D 刀路-平面铣削"对话框，在对话框中选择"刀具"选项卡，在刀具列表框的空白处右击，创建新刀具。在弹出的"定义刀具"对话框中选择刀具类型为"面铣刀"，后续操作过程与结果如图11-38～图11-40所示。

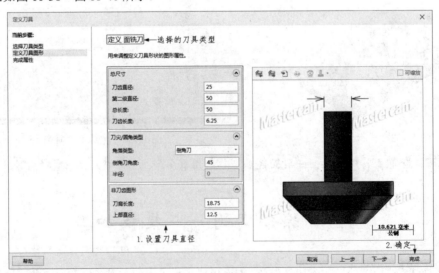

图11-38　设置面铣刀参数

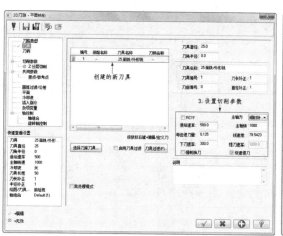

图 11-39 "2D 刀路-平面铣削"对话框

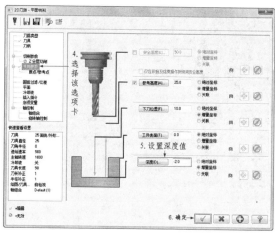

图 11-40 "共同参数"选项卡

（4）单击"确定"按钮 ，系统生成面铣加工刀路，结果如图 11-41 所示。

（5）在刀路管理器中单击"切换显示已选择的刀路操作"按钮 ≈，隐藏上一步创建的刀路。单击"刀路"选项卡"2D"面板中的"钻孔"按钮，系统弹出"刀路孔定义"对话框。选择圆心点作为钻孔点，如图 11-42 所示，单击"确定"按钮 ，完成钻孔点的选择。

（6）系统弹出"2D 刀路-钻孔/全圆铣削 深孔钻-无啄孔"对话框，在对话框中选择"刀具"选项卡，在刀具列表框的空白处右击，创建新刀具。在弹出的"定义刀具"对话框中选择刀具类型为"钻头"，后续操作过程与结果如图 11-43～图 11-46 所示。

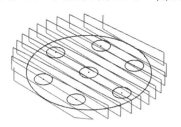

图 11-41 面铣加工刀路

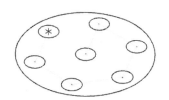

图 11-42 选择钻孔点

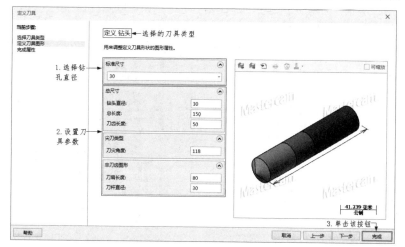

图 11-43 设置刀具参数

Note

图 11-44 设置切削参数

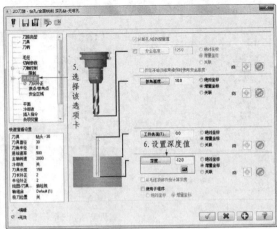

图 11-45 "共同参数"选项卡

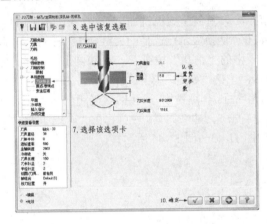

图 11-46 "刀尖补正"选项卡

（7）单击"确定"按钮 ，系统根据所设置的参数生成钻孔加工刀路，结果如图 11-47 所示。

（8）在刀路管理器中选择"属性"→"毛坯设置"命令，弹出"机床群组属性"对话框，在"毛坯设置"选项卡的"形状"选项组中选中"圆柱体"单选按钮，以圆柱体作为毛坯，设置圆柱体工件的尺寸为 $\Phi200×12$，如图 11-48 所示。

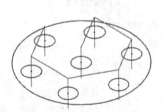

图 11-47 钻孔加工刀路

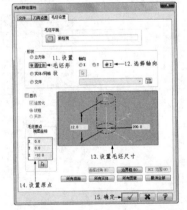

图 11-48 "毛坯设置"选项卡

（9）单击"确定"按钮 ，完成工件参数设置，生成的毛坯如图 11-49 所示。

（10）在刀路管理器中单击"选择全部操作"按钮▶，然后单击"验证已选择的操作"按钮 ，再在弹出的"验证"对话框中单击"播放"按钮▶，系统开始进行模拟，模拟结果如图 11-50 所示。

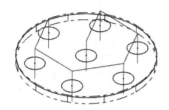

图 11-49 生成的毛坯

图 11-50 模拟结果

（11）模拟检查无误后，在刀路管理器中单击"执行选择的操作进行后处理"按钮**G1**，生成的 G、M 代码如图 11-51 所示。

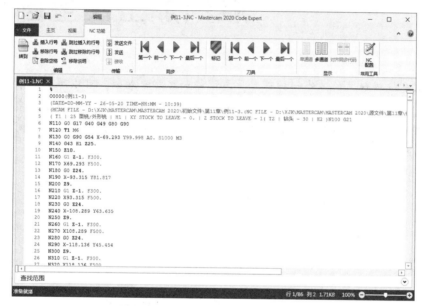

图 11-51 生成 G、M 代码

第12章

雕刻加工及全圆铣削

雕刻加工是挖槽加工的另外一种形式，与挖槽加工非常相似，可以雕刻二维线架，也可以雕刻凹槽，还可以雕刻岛屿。雕刻加工需要采用雕刻刀进行加工，主要用于刻字、绣花等。另外，雕刻加工选择的串连图素如果不封闭或有交叉，会导致系统计算出错，致使雕刻加工计算失败，因此要避免串连图素重叠交错。

知识点

☑ 雕刻线框加工   ☑ 雕刻岛屿加工

☑ 雕刻凹槽加工   ☑ 孔加工

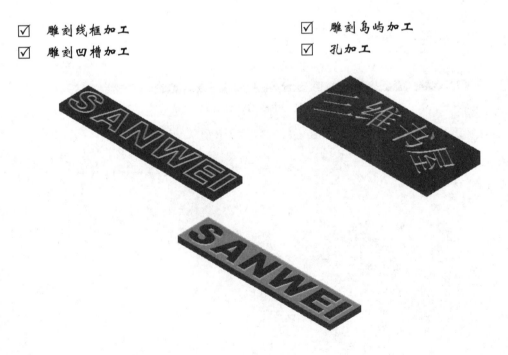

12.1　雕刻线框加工

雕刻线框是雕刻加工最简单的加工形式，主要用于对选择的二维线条进行铣削加工，刀具不做任何补正动作，只按照线条轨迹进行加工。

12.1.1　设置雕刻加工参数

设置雕刻加工参数的具体操作步骤如下。

选择"机床"选项卡"机床类型"面板中的"铣床"→"默认"命令，在刀路管理器中会新增一个铣床群组，同时弹出"刀路"选项卡。单击"刀路"选项卡"2D"面板中的"木雕"按钮，系统弹出"线框串连"对话框，在绘图区选择串连图素后，系统弹出如图 12-1 所示的"木雕"对话框，利用该对话框可以设置雕刻加工参数。

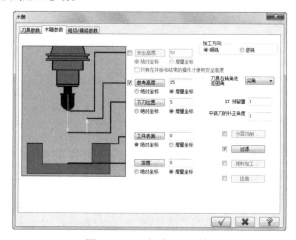

图 12-1　"木雕"对话框

12.1.2　实例——雕刻线框加工

本实例的基本思路是打开初始文件，设置毛坯材料，然后设置加工参数，进行模拟加工，其加工流程如图 12-2 所示。

图 12-2　加工流程

视频讲解

操作步骤

（1）单击"快速访问"工具栏中的"打开"按钮，在弹出的"打开"对话框中选择"初始文

件\第 12 章\例 12-1"文件，单击"打开"按钮 ，完成文件的调取，加工图形如图 12-3 所示。

（2）选择"机床"选项卡"机床类型"面板中的"铣床"→"默认"命令，在刀路管理器中会新增一个铣床群组，同时弹出"刀路"选项卡。单击"刀路"选项卡"2D"面板中的"木雕"按钮，系统弹出"线框串连"对话框。单击"窗选"按钮，在绘图区窗选文字，根据系统提示输入草图起始点，如图 12-4 所示，单击"确定"按钮 ，完成串连图素的选择。

图 12-3　加工图形　　　　　　　　　图 12-4　指定搜寻点

（3）系统弹出"木雕"对话框，选择"刀具参数"选项卡，在刀具列表框的空白处右击，在弹出的快捷菜单中选择"创建新刀具"命令，系统弹出"定义刀具"对话框，后续操作过程与结果如图 12-5～图 12-8 所示。

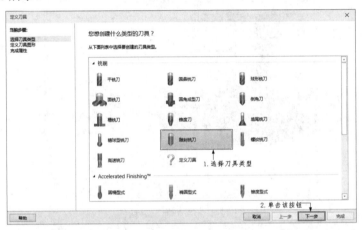

图 12-5　"定义刀具"对话框

图 12-6　设置刀具参数

图 12-7 设置切削参数

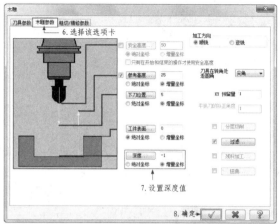

图 12-8 设置雕刻深度

（4）单击"确定"按钮 ✓ ，系统根据所设置的参数生成雕刻加工刀路，结果如图 12-9 所示。

（5）在刀路管理器中选择"属性"→"毛坯设置"命令，弹出"机床群组属性"对话框，在"毛坯设置"选项卡的"形状"选项组中选中"立方体"单选按钮，选择立方体作为毛坯。单击"边界框"按钮，弹出"边界框"对话框，选择所有图素，然后单击"确定"按钮 ✓ ，返回到"机床群组属性"对话框，修改立方体工件的尺寸为 260×50×10，如图 12-10 所示，单击"确定"按钮 ✓ ，完成工件参数设置。

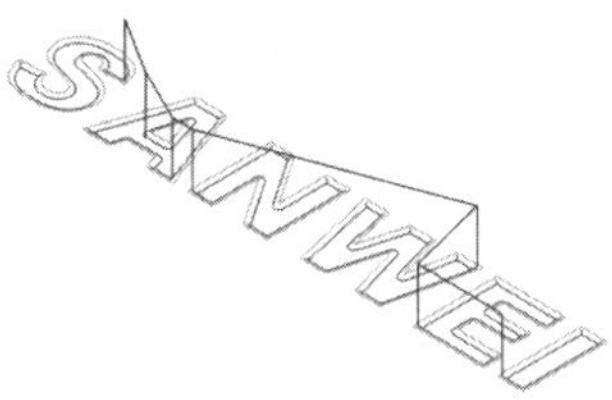

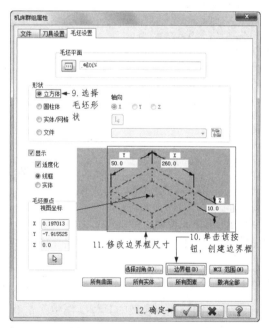

图 12-10 "毛坯设置"选项卡

图 12-9 雕刻加工刀路

（6）材料设置完毕，生成的毛坯如图 12-11 所示。

（7）在刀路管理器中单击"验证已选择的操作"按钮 ，然后在弹出的"验证"对话框中单击"播放"按钮 ▶ ，系统开始进行模拟，模拟结果如图 12-12 所示。

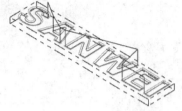
图 12-11　生成的毛坯

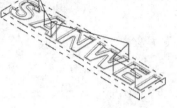
图 12-12　模拟结果

（8）模拟检查无误后，在刀路管理器中单击"执行选择的操作进行后处理"按钮**G1**，生成的 G、M 代码如图 12-13 所示。

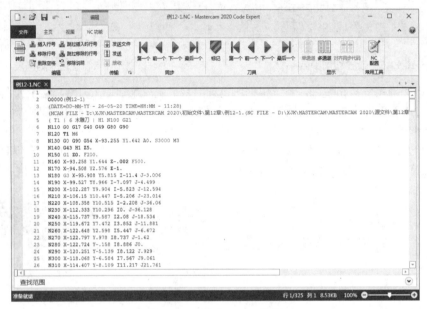
图 12-13　生成 G、M 代码

12.2　雕刻凹槽加工

雕刻凹槽加工类似于挖槽加工，用于对封闭串连图素进行雕刻加工。雕刻凹槽加工选择的串连图素必须封闭，且不能交叉，否则会导致计算错误。

12.2.1　设置雕刻凹槽加工参数

设置雕刻凹槽加工参数的具体操作步骤如下。

（1）选择"机床"选项卡"机床类型"面板中的"铣床"→"默认"命令，在刀路管理器中会新增一个铣床群组，同时弹出"刀路"选项卡。单击"刀路"选项卡"2D"面板中的"木雕"按钮，系统弹出"线框串连"对话框。在绘图区选择串连图素后，系统弹出"木雕"对话框，选择"粗切/精修参数"选项卡，如图 12-14 所示。

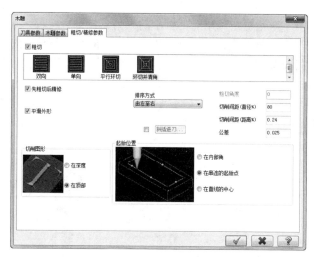

图 12-14 "木雕"对话框

（2）参数设置完毕，单击"确定"按钮 ，即可生成雕刻凹槽加工刀路。

12.2.2 实例——雕刻凹槽加工

本实例的基本思路是打开初始文件，设置毛坯材料，然后设置加工参数，进行模拟加工，其加工流程如图 12-15 所示。

图 12-15 加工流程

操作步骤

（1）单击"快速访问"工具栏中的"打开"按钮 ，在弹出的"打开"对话框中选择"初始文件\第 12 章\例 12-2"文件，单击"打开"按钮 打开(O) ，完成文件的调取，加工图形如图 12-16 所示。

（2）选择"机床"选项卡"机床类型"面板中的"铣床"→"默认"命令，在刀路管理器中会新增一个铣床群组，同时弹出"刀路"选项卡。单击"刀路"选项卡"2D"面板中的"木雕"按钮 ，系统弹出"线框串连"对话框。单击"窗选"按钮 ，在绘图区窗选文字，根据系统提示输入草图起始点，如图 12-17 所示，单击"确定"按钮 ，完成串连图素的选择。

图 12-16 加工图形   图 12-17 选择串连

选择草图
起始点

（3）系统弹出"木雕"对话框，利用对话框中的"刀具参数"选项卡来设置刀具和切削参数，在"刀具参数"选项卡刀具列表框的空白处右击，然后在弹出的快捷菜单中选择"创建新刀具"命令，系统弹出"定义刀具"对话框，在"刀具类型"选项卡中选择"雕刻铣刀"，后续操作过程和结果如图12-18～图12-21所示。

图 12-18　设置雕刻刀参数

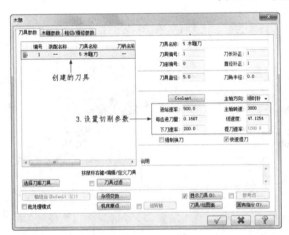

图 12-19　设置切削参数

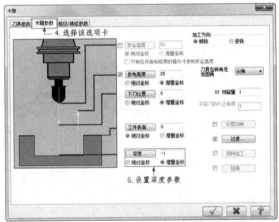

图 12-20　设置深度参数

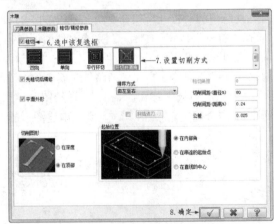

图 12-21　设置粗切方式

（4）单击"确定"按钮 ，系统根据所设置的参数生成雕刻凹槽加工刀路，结果如图 12-22 所示。

（5）在刀路管理器中选择"属性"→"毛坯设置"命令，弹出"机床群组属性"对话框，在"毛坯设置"选项卡的"形状"选项组中选中"立方体"单选按钮，选择立方体作为毛坯。单击"边界框"按钮，弹出"边界框"对话框，选择所有图素，然后单击"确定"按钮，返回到"机床群组属性"对话框，修改立方体工件的尺寸为 260×50×10，如图 12-23 所示。

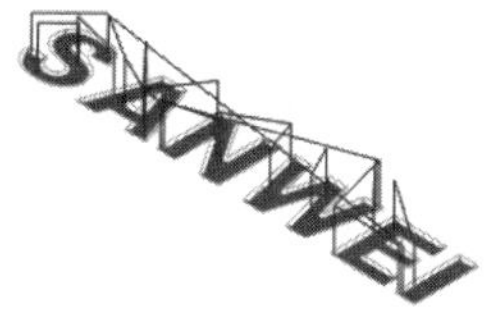

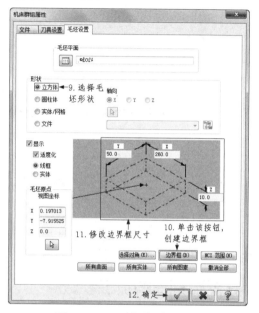

图 12-22　雕刻凹槽加工刀路

图 12-23　"毛坯设置"选项卡

（6）单击"确定"按钮 ，完成工件参数设置，生成的毛坯如图 12-24 所示。

（7）在刀路管理器中单击"验证已选择的操作"按钮，然后在弹出的"验证"对话框中单击"播放"按钮，系统开始进行模拟，模拟结果如图 12-25 所示。

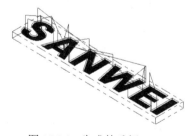

图 12-24　生成的毛坯

图 12-25　模拟结果

（8）模拟检查无误后，在刀路管理器中单击"执行选择的操作进行后处理"按钮G1，生成的 G、M 代码如图 12-26 所示。

图 12-26　生成 G、M 代码

12.3　雕刻岛屿加工

所谓岛屿，就是封闭环的内部还存在封闭环，内部封闭环所组成的区域称为岛屿。雕刻岛屿即加工两个封闭环中间的区域，它与雕刻凹槽的区别在于选择的加工串连图素不同。

12.3.1　设置雕刻岛屿加工参数

设置雕刻岛屿加工参数的具体操作步骤如下。

（1）选择"机床"选项卡"机床类型"面板中的"铣床"→"默认"命令，在刀路管理器中会新增一个铣床群组，同时弹出"刀路"选项卡。单击"刀路"选项卡"2D"面板中的"木雕"按钮，系统弹出"线框串连"对话框。在绘图区选择串连图素后，系统弹出"木雕"对话框，在对话框中岛屿加工参数的设置方法与雕刻凹槽加工一样，除了要设置刀具参数和深度参数，还需要设置粗切/精修参数，如图 12-27 所示。

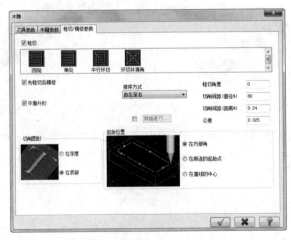

图 12-27　设置雕刻岛屿加工参数

（2）参数设置完毕后，单击"确定"按钮 ，即可生成雕刻岛屿加工刀路。

12.3.2　实例——雕刻岛屿加工

本实例的基本思路是打开初始文件，设置毛坯材料，然后设置加工参数，进行模拟加工，其加工流程如图 12-28 所示。

图 12-28　加工流程

操作步骤

（1）单击"快速访问"工具栏中的"打开"按钮 ，在弹出的"打开"对话框中选择"初始文件\第 12 章\例 12-3"文件，单击"打开"按钮 打开(O)，完成文件的调取，加工图形如图 12-29 所示。

（2）选择"机床"选项卡"机床类型"面板中的"铣床"→"默认"命令，在刀路管理器中会新增一个铣床群组，同时弹出"刀路"选项卡。单击"刀路"选项卡"2D"面板中的"木雕"按钮，系统弹出"线框串连"对话框，选取矩形串连图素。然后单击"窗选"按钮，在绘图区窗选文字，并确定搜寻点，如图 12-30 所示，单击"确定"按钮，完成串连图素的选择。

图 12-29　加工图形

图 12-30　选择串连图素和搜寻点

（3）系统弹出"木雕"对话框，在对话框的"刀具参数"选项卡中可以设置刀具和切削参数。在刀具列表框的空白处右击，然后在弹出的快捷菜单中选择"创建新刀具"命令，系统弹出"定义刀具"对话框，在"刀具类型"选项卡中选择"雕刻铣刀"，后续操作过程与结果如图 12-31～图 12-34 所示。

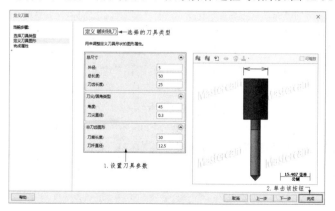

图 12-31　设置雕刻刀参数

Note

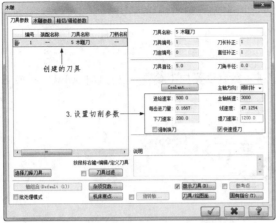

图 12-32　设置切削参数　　　　　　　　　　图 12-33　设置雕刻深度

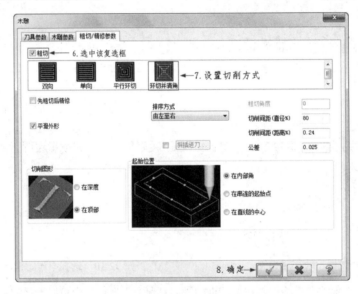

图 12-34　设置粗切方式

（4）单击"确定"按钮 √，系统根据所设置的参数生成雕刻岛屿加工刀路，结果如图 12-35 所示。

（5）在刀路管理器中选择"属性"→"毛坯设置"命令，弹出"机床群组属性"对话框，在"毛坯设置"选项卡的"形状"选项组中选中"立方体"单选按钮，选择立方体作为毛坯，单击"边界框"按钮，弹出"边界框"对话框，选择所有图素，然后单击"确定"按钮 √，返回到"机床群组属性"对话框，如图 12-36 所示，单击"确定"按钮 √，完成工件参数设置。

（6）材料设置完成后，生成的毛坯如图 12-37 所示。

（7）在刀路管理器中单击"验证已选择的操作"按钮 🔍，然后在弹出的"验证"对话框中单击"播放"按钮 ▶，系统开始进行模拟，模拟结果如图 12-38 所示。

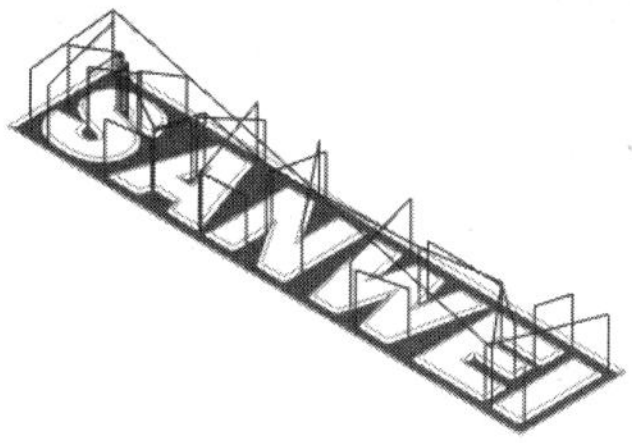

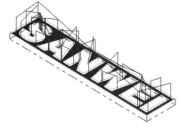

图 12-35　雕刻岛屿加工刀路

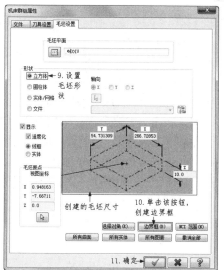

图 12-36　"毛坯设置"选项卡

图 12-37　生成的毛坯

图 12-38　模拟结果

（8）模拟检查无误后，在刀路管理器中单击"执行选择的操作进行后处理"按钮 G1，生成的 G、M 代码如图 12-39 所示。

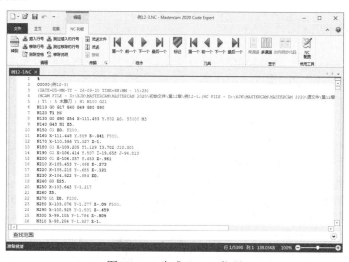

图 12-39　生成 G、M 代码

✍ 技巧荟萃：雕刻岛屿加工和雕刻凹槽加工的区别主要是选取的外形不一样，比较类似于挖槽加工，但比挖槽加工效率要高。

12.4 孔 加 工

选择"机床"选项卡"机床类型"面板中的"铣床"→"默认"命令，在刀路管理器中会新增一个铣床群组，同时弹出"刀路"选项卡。单击"刀路"选项卡"2D"面板中的"展开刀路清单"按钮[·]，弹出"铣削"下滑面板，该面板中的"孔加工"栏中包括钻孔、全圆铣削、螺旋铣孔、螺纹铣削、特征钻孔、自动钻孔和起始孔 7 种加工方法，如图 12-40 所示。下面主要介绍全圆铣削、螺旋铣孔、螺纹铣削、自动钻孔和起始孔 5 种加工方法。

图 12-40　孔加工方法

12.4.1　全圆铣削

"全圆铣削"命令主要用于快速对整圆进行切削，在选择加工对象时只需选择圆心即可，系统会自动计算与该圆心对应的圆的边界。

进行全圆铣削的具体操作步骤如下。

（1）选择"机床"选项卡"机床类型"面板中的"铣床"→"默认"命令，在刀路管理器中会新增一个铣床群组，同时弹出"刀路"选项卡。单击"刀路"选项卡"2D"面板中的"全圆铣削"按钮◎，系统弹出"刀路孔定义"对话框，如图 12-41 所示。

（2）系统提示选择钻孔点，在绘图区选择圆心点，单击"确定"按钮✔。

（3）系统弹出如图 12-42 所示的"2D 刀路-全圆铣削"对话框，该对话框除了用来设置深度等参数，还用来设置全圆铣削的专用参数。

（4）在"2D 刀路-全圆铣削"对话框中选择"Z 分层切削"选项卡，选中"深度分层切削"复选框，如图 12-43 所示。可以利用该选项卡来设置分层参数。

（5）在"2D 刀路-全圆铣削"对话框中选择"粗切"选项卡，选中"粗切"复选框，如图 12-44 所示。可以利用该选项卡来设置外形分层参数。

（6）在"2D 刀路-全圆铣削"对话框中选择"精修"选项卡，选中"精修"复选框，如图 12-45

所示。可以利用该选项卡来设置精加工参数。

图 12-41 "刀路孔定义"对话框

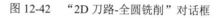

图 12-42 "2D 刀路-全圆铣削"对话框

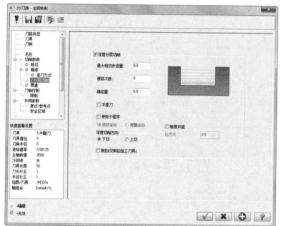

图 12-43 "Z 分层切削"选项卡

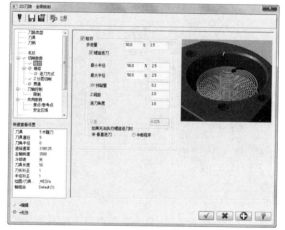

图 12-44 "粗切"选项卡

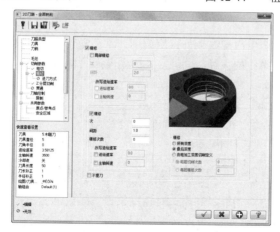

图 12-45 "精修"选项卡

12.4.2 螺旋铣孔

"螺旋铣孔"命令主要用于精钻孔，操作时只需要选择钻孔中心点，孔的直径可以在钻孔参数对话框中设置。进行螺旋铣孔的具体操作步骤如下。

（1）选择"机床"选项卡"机床类型"面板中的"铣床"→"默认"命令，在刀路管理器中会新增一个铣床群组，同时弹出"刀路"选项卡。单击"刀路"选项卡"2D"面板中的"螺旋铣孔"按钮，系统弹出"刀路孔定义"对话框，选择钻孔点后，系统弹出如图 12-46 所示的"2D 刀路-螺旋铣孔"对话框，利用该对话框来设置螺旋钻孔参数。

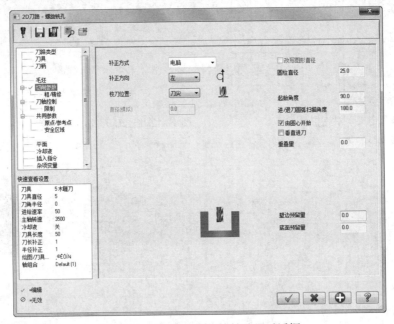

图 12-46　"2D 刀路-螺旋铣孔"对话框

（2）参数设置完毕，单击"确定"按钮，即可生成螺旋钻孔加工刀路。

12.4.3 螺纹铣削

"螺纹铣削"命令可以产生内螺纹或外螺旋铣削刀路。要产生外螺纹切削刀路，应先选择一个圆柱体，此圆柱体的直径为外螺纹的大径。同理，要产生内螺纹切削刀路，应选择一个孔，孔的直径为内螺纹的小径。

进行螺纹铣削的具体操作步骤如下。

（1）选择"机床"选项卡"机床类型"面板中的"铣床"→"默认"命令，在刀路管理器中会新增一个铣床群组，同时弹出"刀路"选项卡。单击"刀路"选项卡"2D"面板中的"螺纹铣削"按钮，系统弹出"刀路孔定义"对话框，如图 12-47 所示。

（2）系统提示选择钻孔点。在绘图区选择圆心点，单击"确定"按钮。系统弹出如图 12-48 所示的"2D 刀路-螺纹铣削"对话框，利用该对话框来设置螺纹加工所需的参数。

图 12-47　"刀路孔定义"对话框

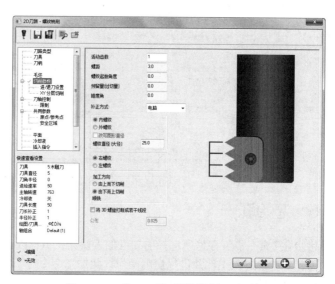

图 12-48　"2D 刀路-螺旋铣削"对话框

12.4.4　自动钻孔

"自动钻孔"命令能对所选择的圆、圆弧或点产生自动钻孔刀路，系统会根据所选圆的直径自动从刀具库中选择相应直径的钻头进行钻孔，不需要进行人工选择。自动钻孔系统会先从刀库中选择一个点钻钻头对钻孔点进行定位，然后选择相应直径的钻头进行深孔啄钻，如有必要，再进行清渣或倒角操作，如图 12-49 所示。

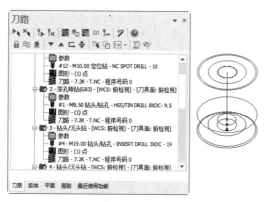

图 12-49　自动钻孔

选择"机床"选项卡"机床类型"面板中的"铣床"→"默认"命令，在刀路管理器中会新增一个铣床群组，同时弹出"刀路"选项卡。单击"刀路"选项卡"2D"面板中的"自动钻孔"按钮，系统弹出"刀路孔定义"对话框。

选择菜单栏中的"刀路"→"全圆铣削路径"→"自动钻孔"命令，系统弹出如图 12-50 所示的"自动圆弧钻孔"对话框，利用该对话框来设置钻孔参数。

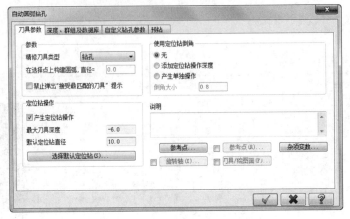

图 12-50　"自动圆弧钻孔"对话框

12.4.5　起始孔

"起始孔"命令能够根据所选择的二维加工操作特点自动计算需要增加的下刀孔，以使所选择的刀具平稳、安全地进入工件并进行切削操作。此加工命令对于没有中心切刃的刀具非常适用。

选择"机床"选项卡"机床类型"面板中的"铣床"→"默认"命令，在刀路管理器中会新增一个铣床群组，同时弹出"刀路"选项卡。单击"刀路"选项卡"2D"面板中的"起始孔"按钮，系统弹出如图 12-51 所示的"钻起始孔"对话框，利用该对话框来设置钻起始孔的参数。

✍ 技巧荟萃：执行"起始孔"命令时，必须有已经建立的其他程序。

图 12-51　"钻起始孔"对话框

第**13**章

曲面粗加工

　　粗加工的主要目的是去除残料，本章介绍曲面粗加工的8种方法。一般粗加工采用挖槽粗加工方法开粗，然后采用等高粗加工方法二次开粗。读者平时要多总结每种加工方法适合加工的工件形状，以提高编程速度。

知识点

☑　平行粗加工　　　　　　　☑　残料粗加工

☑　放射粗加工　　　　　　　☑　钻削式粗加工

☑　等高粗加工　　　　　　　☑　投影粗加工

☑　挖槽粗加工　　　　　　　☑　流线粗加工

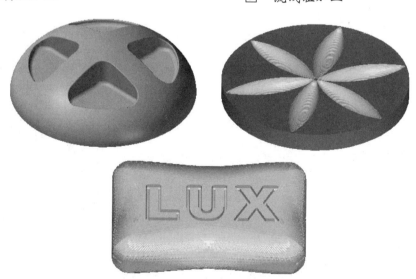

13.1 平行粗加工

平行粗加工即利用相互平行的刀路逐层进行加工，对于平坦曲面的铣削加工效果比较好，对于凸凹程度比较小的曲面也可以采用平行粗加工的方式来进行铣削加工。

13.1.1 设置平行粗加工参数

下面以加工直纹曲面为例来说明平行粗加工预留量和边界的设置，加工曲面如图 13-1 所示，刀具为 *D*=10mm 的球形铣刀。

（1）选择"机床"选项卡"机床类型"面板中的"铣床"→"默认"命令，在刀路管理器中会新增一个铣床群组，同时弹出"刀路"选项卡。单击"刀路"选项卡"3D"面板"粗切"栏中的"平行"按钮，弹出"选择工件形状"对话框，选择工件形状为"凹"，单击"确定"按钮。

（2）根据系统提示选择加工曲面，然后单击"结束选取"按钮 结束选取，弹出"刀路曲面选择"对话框，单击"切削范围"组中的"选择"按钮 ，弹出"线框串连"对话框，单击"串连"按钮 ，并选择绘图区中的串连图素，如图 13-2 所示。单击"确定"按钮 ，弹出"曲面粗切平行"对话框，新建直径为 10mm 的球形铣刀，设置参数如图 13-3 所示，单击"完成"按钮。

图 13-1 加工曲面

图 13-2 选择加工边界线

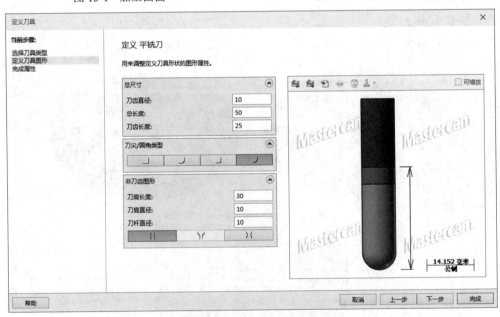

图 13-3 "定义刀具"对话框

（3）系统弹出"曲面粗切平行"对话框，在"刀具参数"选项卡中设置切削参数如图 13-4 所示，设置"曲面参数"如图 13-5 所示。

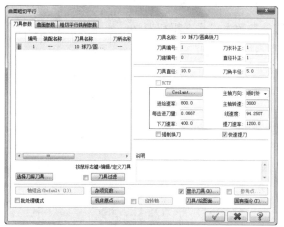

图 13-4 "刀具参数"选项卡

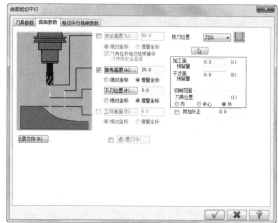

图 13-5 "曲面参数"选项卡

（4）将"曲面参数"选项卡中的"加工面预留量"设为"0.3"，表示在曲面上预留 0.3mm 的残料，留给下一步加工或精加工进行铣削。在"切削范围"选项组中选中"外"单选按钮，表示刀具的中心向曲面边界偏移一个刀具半径，这样就不会在边界留下毛刺或有切不到的地方。

（5）单击"确定"按钮，系统根据所设置的参数生成平行粗切刀路，如图 13-6 所示，刀路超过曲面边界。

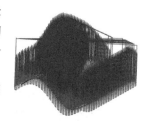

图 13-6 平行粗切刀路

13.1.2 设置平行粗加工下刀控制

下面以加工 V 形曲面为例来说明平行粗加工下刀控制选项的设置步骤，V 形曲面如图 13-7 所示。

（1）选择"机床"选项卡"机床类型"面板中的"铣床"→"默认"命令，在刀路管理器中会新增一个铣床群组，同时弹出"刀路"选项卡。单击"刀路"选项卡"3D"面板"粗切"栏中的"平行"按钮，弹出"选择工件形状"对话框，选择工件形状为"凸"，单击"确定"按钮。

（2）根据系统提示选择加工曲面，然后单击"结束选取"按钮，弹出"刀路曲面选择"对话框，单击"切削范围"组中的"选择"按钮，弹出"线框串连"对话框，单击"串连"按钮，并选择绘图区中的串连图素，如图 13-8 所示。单击"确定"按钮，完成曲面和串联图素的选择，然后单击"刀路曲面选择"对话框中的"确定"按钮，弹出"曲面粗切平行"对话框，新建直径为 10mm 的球形铣刀，利用该对话框来设置曲面相关参数和曲面加工范围。

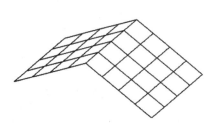

图 13-7 V 形曲面

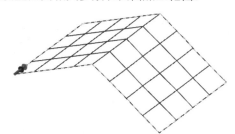

图 13-8 选择加工范围

Note

（3）在"曲面粗切平行"对话框中选择"粗切平行铣削参数"选项卡，在"下刀控制"选项组中选中"切削路径允许多次切入"单选按钮，并选中"允许沿面下降切削"和"允许沿面上升切削"复选框，如图 13-9 所示。

（4）单击"确定"按钮 ✓，系统根据所设置的参数生成平行粗切刀路，如图 13-10 所示。

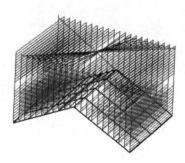

图 13-9　设置下刀控制参数　　　　　　　　　　图 13-10　平行粗切刀路

13.1.3　设置平行粗加工角度

在"曲面粗切平行"对话框"粗切平行铣削参数"选项卡的"加工角度"文本框中输入角度值，可以控制刀具切削方向相对于 X 轴的夹角。

下面以加工直纹面为例来说明设置"加工角度"参数的效果，直纹面如图 13-11 所示。

（1）选择"机床"选项卡"机床类型"面板中的"铣床"→"默认"命令，在刀路管理器中会新增一个铣床群组，同时弹出"刀路"选项卡。单击"刀路"选项卡"3D"面板"粗切"栏中的"平行"按钮，弹出"选择工件形状"对话框，选择工件形状为"未定义"，单击"确定"按钮 ✓。根据系统提示选择加工曲面，然后单击"结束选择"按钮 结束选择，弹出"刀路曲面选择"对话框，单击"切削范围"组中的"选择"按钮 ，弹出"线框串连"对话框，单击"串连"按钮 ，并选择绘图区中的串连图素，如图 13-12 所示，单击"确定"按钮 ✓，完成曲面和串连图素的选择，然后单击"刀路曲面选择"对话框中的"确定"按钮 ✓，弹出"曲面粗切平行"对话框，新建直径为 10mm 的球形铣刀，利用该对话框来设置曲面相关参数和曲面加工范围。

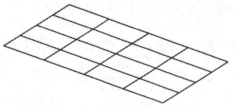

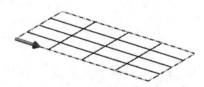

图 13-11　直纹面　　　　　　　　　　　　　图 13-12　选择加工边界线

（2）在"粗切平行铣削参数"选项卡中将"加工角度"设为"45"，表示切削方向与 X 轴的夹角为 45°，如图 13-13 所示。

（3）单击"确定"按钮 ，系统根据所设置的参数生成平行粗加工刀路，如图 13-14 所示。

图 13-13　设置加工角度参数

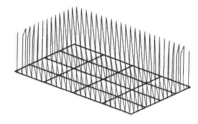

图 13-14　平行粗加工刀路

✍ **技巧荟萃**：一般在加工时将粗加工和精加工的刀路相互错开，这样铣削的效果要好一些。

13.1.4　实例——平行粗加工

本实例的基本思路是打开初始文件，设置毛坯材料，然后设置加工参数，进行模拟加工，加工流程如图 13-15 所示。

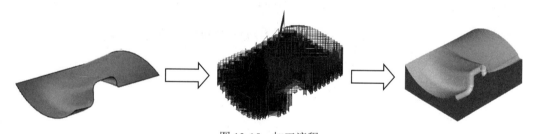

图 13-15　加工流程

视频讲解

操作步骤

（1）单击"快速访问"工具栏中的"打开"按钮 📂，在弹出的"打开"对话框中选择"初始文件\第 13 章\例 13-1"文件，单击"打开"按钮 打开(O)，完成文件的调取，加工图形如图 13-16 所示。

（2）单击"线框"选项卡"形状"面板中的"边界框"按钮 📦，弹出"边界框"对话框，利用框选选择所有图素，单击"结束选择"按钮 结束选择，返回到"边界框"对话框，单击"确定"按钮 ✅，生成边界框，如图 13-17 所示。

（3）单击"线框"选项卡"绘线"面板中的"连续线"按钮 ✏，选择边界框顶面的对角点绘制一条对角线，如图 13-18 所示。

（4）单击"转换"选项卡"位置"面板中的"移动到原点"按钮 ↗，选中对角线的中点，系统自动将中点移动到坐标原点。这样加工坐标系原点和系统坐标系原点重合，便于编程，结果如图 13-19 所示。单击"主页"选项卡"删除"面板中的"删除图素"按钮 ✖，删除边界框与绘制的直线。

（5）选择"机床"选项卡"机床类型"面板中的"铣床"→"默认"命令，在刀路管理器中会新增一个铣床群组，同时弹出"刀路"选项卡。单击"刀路"选项卡"3D"面板"粗切"栏中的"平行"按钮，系统弹出"选择工件形状"对话框。选择工件形状为"凹"，单击"确定"按钮，根据系统提示选择加工曲面，然后单击"结束选择"按钮，弹出"刀路曲面选择"对话框，单击"切削范围"组中的"选择"按钮，弹出"线框串连"对话框，单击"串连"按钮，并选择绘图区中的串连图素，如图 13-20 所示，单击"确定"按钮，完成曲面和串连图素的选择，然后单击"刀路曲面选择"对话框中的"确定"按钮，关闭对话框。

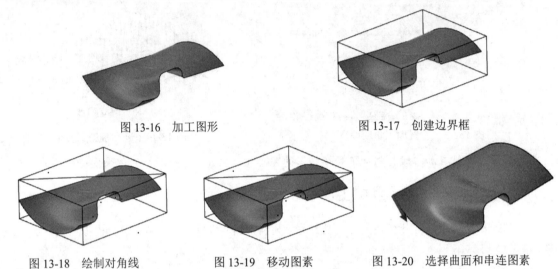

图 13-16　加工图形　　　　　　　图 13-17　创建边界框

图 13-18　绘制对角线　　　图 13-19　移动图素　　　图 13-20　选择曲面和串连图素

（6）系统弹出"曲面粗切平行"对话框，在刀具列表框的空白处右击，创建新刀具，后续操作过程与结果如图 13-21～图 13-25 所示。

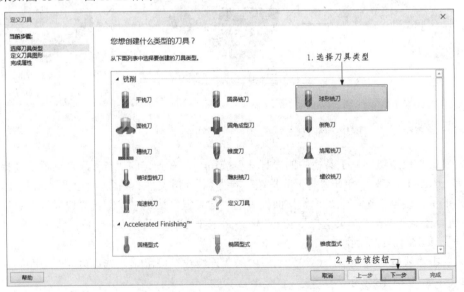

图 13-21　选择球形铣刀

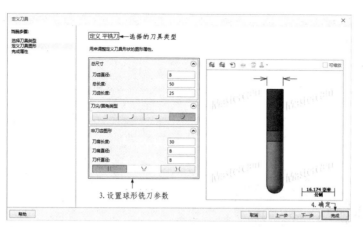

图 13-22　设置球形铣刀参数

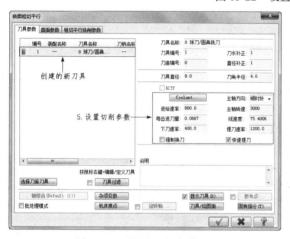

图 13-23　设置切削参数

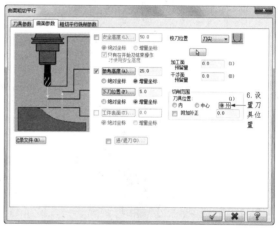

图 13-24　"曲面参数"选项卡

图 13-25　"粗切平行铣削参数"选项卡

（7）单击"确定"按钮 ，系统根据所设置的参数生成平行粗加工刀路，如图 13-26 所示。

（8）在刀路管理器中选择"属性"→"毛坯设置"命令，弹出"机床群组属性"对话框，在"毛坯设置"选项卡的"形状"选项组中选中"立方体"单选按钮，选择立方体作为毛坯，设置毛坯尺寸为 83×100×36，如图 13-27 所示，单击"确定"按钮 ，完成工件参数设置。

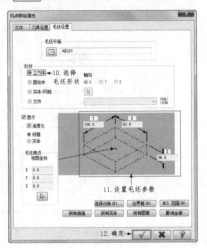

图 13-26　平行粗加工刀路　　　　　　图 13-27　"毛坯设置"选项卡

（9）毛坯材料设置完成，生成的毛坯如图 13-28 所示。

（10）在刀路管理器中单击"验证已选择的操作"按钮 ，然后在弹出的"验证"对话框中单击"播放"按钮 ，系统开始进行模拟，模拟结果如图 13-29 所示。

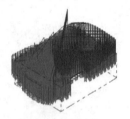　　　　　　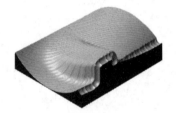

图 13-28　生成的毛坯　　　　　　　　图 13-29　模拟结果

（11）模拟检查无误后，在刀路管理器中单击"执行选择的操作进行后处理"按钮 ，生成的 G、M 代码如图 13-30 所示。

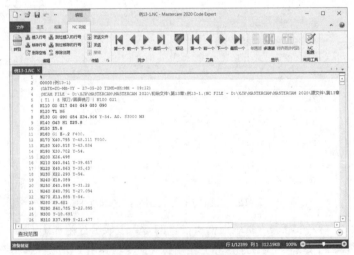

图 13-30　生成 G、M 代码

✍ **技巧荟萃**：此零件加工时刀路的角度设为 45°，主要是因为曲面凹槽不方便加工，采用 45° 加工能够将零件残料最大限度地去除。

13.2　放射粗加工

放射粗加工用来加工回转体或者类似于回转体的工件，是从中心一点向四周发散的加工方式。

13.2.1　设置放射粗加工参数

下面以加工草帽曲面为例来说明放射加工参数的设置步骤，草帽曲面如图 13-31 所示，刀具采用 *D*=10mm 的球形铣刀。

（1）选择"机床"选项卡"机床类型"面板中的"铣床"→"默认"命令，在刀路管理器中会新增一个铣床群组，同时弹出"刀路"选项卡。单击"刀路"选项卡"自定义"面板中的"粗切放射刀路"按钮 ，弹出"选择工件形状"对话框，选择工件形状为"凸"，单击"确定"按钮 ✓。

✍ **技巧荟萃**："自定义"面板为笔者自己定义的面板，因为默认的"刀路"选项卡中没有"粗切放射刀路""粗切等高外形加工""粗切残料加工""粗切流线加工"参数，通过自定义，用户可根据需要自己创建。

（2）根据系统提示选择草帽曲面作为加工曲面，然后单击"结束选择"按钮 （结束选择），弹出"刀路曲面选择"对话框，单击"选择放射中心点"组中的"选择"按钮，选择曲面顶点作为放射点，如图 13-32 所示，然后单击"刀路曲面选择"对话框中的"确定"按钮 ✓，弹出"曲面粗切放射"对话框，新建直径为 10mm 的球形铣刀，利用该对话框来设置曲面相关参数和曲面加工范围。

图 13-31　草帽曲面

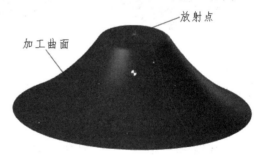

图 13-32　选择加工图素

（3）在"放射粗切参数"选项卡中设置"切削方向"为"双向"，并在"起始点"选项组中选中"由内而外"单选按钮；在"下刀的控制"选项组中选中"切削路径允许多次切入"单选按钮；"最大角度增量"设为"1"，表示放射刀路之间的夹角为 1°；"起始补正距离"设为"0"，表示从中心点开始加工，如图 13-33 所示。"起始角度"表示从某一角度开始加工，"扫描角度"表示放射加工所扫描的角度。

（4）单击"确定"按钮 ✓，系统根据所设置的参数生成放射粗切刀路，如图 13-34 所示。

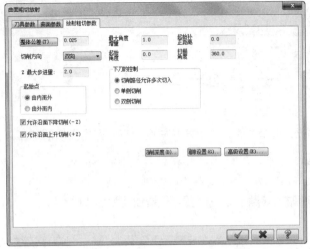

图 13-33 "放射粗切参数"选项卡

图 13-34 放射粗切刀路

13.2.2 实例——放射粗加工

本实例的基本思路是打开初始文件，设置毛坯材料，然后设置加工参数，进行模拟加工，加工流程如图 13-35 所示。

图 13-35 加工流程

操作步骤

（1）单击"快速访问"工具栏中的"打开"按钮，在弹出的"打开"对话框中选择"初始文件\第 13 章\例 13-2"文件，单击"打开"按钮 打开(O)，完成文件的调取，加工图形如图 13-36 所示。

（2）单击"线框"选项卡"形状"面板中的"边界框"按钮，弹出"边界框"对话框，框选所有的曲面图素，然后单击"结束选择"按钮 结束选择，单击"确定"按钮，生成边界框，如图 13-37 所示。

图 13-36 加工图形

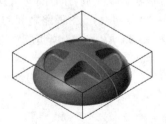

图 13-37 创建边界框

（3）单击"线框"选项卡"绘线"面板中的"连续线"按钮，选择边界框顶面的对角点绘制一条对角线，如图 13-38 所示。

（4）单击"转换"选项卡"位置"面板中的"移动到原点"按钮，选中对角线的中点，系统自动将中点移动到坐标原点，结果如图 13-39 所示。单击"主页"选项卡"删除"面板中的"删除图素"按钮，删除绘制的边界框与直线。

图 13-38 绘制对角线

图 13-39 移到图素

（5）选择"机床"选项卡"机床类型"面板中的"铣床"→"默认"命令，在刀路管理器中会新增一个铣床群组，同时弹出"刀路"选项卡。单击"刀路"选项卡"自定义"面板中的"粗切放射刀路"按钮，弹出"选择工件形状"对话框。选择工件形状为"凹"，单击"确定"按钮。选择所有加工曲面后，单击"结束选取"按钮，弹出"刀路曲面选择"对话框，单击"刀路曲面选择"对话框"选择放射中心点"组中的"选择"按钮，选择放射中心，选择完毕后单击"确定"按钮，如图 13-40 所示。

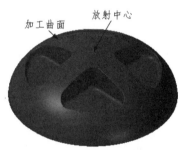

图 13-40 选择曲面和串连图素

（6）系统弹出"曲面粗切放射"对话框，在刀具列表框的空白处右击，创建新刀具，后续操作过程与结果如图 13-41～图 13-46 所示。

图 13-41 定义刀具类型

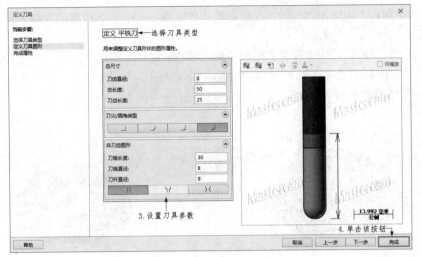

图 13-42 设置刀具参数

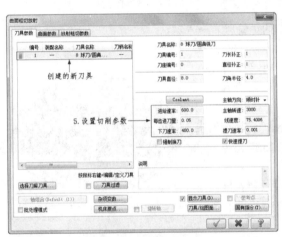

图 13-43 设置切削参数

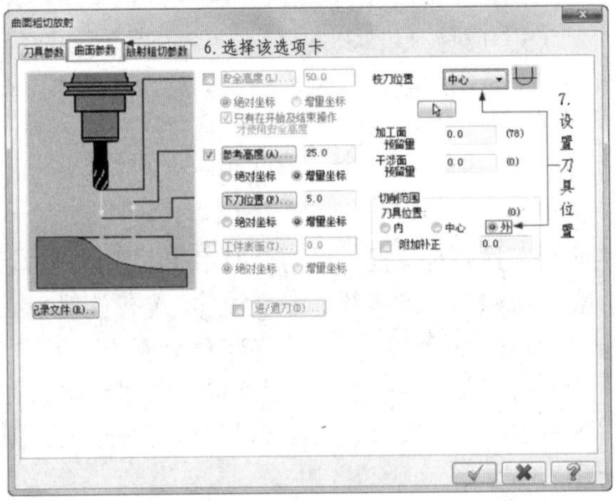

图 13-44 "曲面参数"选项卡

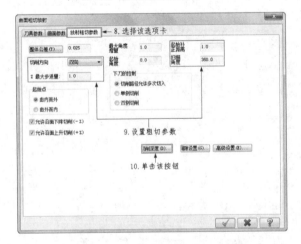

图 13-45 "放射粗切参数"选项卡

图 13-46 "切削深度设置"对话框

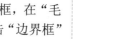

（7）单击"确定"按钮 ，系统根据所设置的参数生成放射粗切刀路，如图 13-47 所示。

（8）在刀路管理器中选择"属性"→"毛坯设置"命令，弹出"机床群组属性"对话框，在"毛坯设置"选项卡的"形状"选项组中选中"圆柱体"单选按钮，选择圆柱体作为毛坯。单击"边界框"按钮，打开"边界框"对话框，框选所有的曲面素材，单击"结束选择"按钮 结束选择 ，在"边界框"对话框中设置"轴心"为"Z"，然后单击"边界框"对话框中的"确定"按钮，返回到"机床群组属性"对话框，修改圆柱体工件的尺寸为 $\Phi100\times32$，Z 轴为定位轴，如图 13-48 所示，单击"确定"按钮 ，完成工件参数设置。

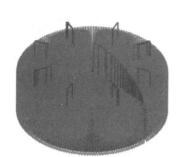

图 13-47　放射粗切刀路

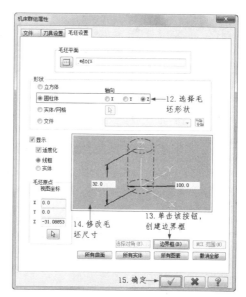

图 13-48　"毛坯设置"选项卡

（9）在刀路管理器中单击"切换显示已选择的刀路操作"按钮，隐藏刀路。材料设置完成，生成的毛坯如图 13-49 所示。

（10）在刀路管理器中单击"验证已选择的操作"按钮，然后在弹出的"验证"对话框中单击"播放"按钮，系统开始进行模拟，模拟结果如图 13-50 所示。

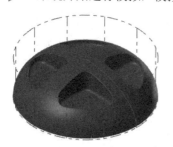

图 13-49　生成的毛坯

图 13-50　模拟结果

（11）模拟检查无误后，在刀路管理器中单击"执行选择的操作进行后处理"按钮 G1，生成的 G、M 代码如图 13-51 所示。

图 13-51　生成 G、M 代码

📝 **技巧荟萃**：放射粗加工中的放射中心点由于加工重复次数过多，一般很容易过切。另外，放射粗加工抬刀次数频繁，刀路内密外疏，加工效果不均匀，适用范围小，一般使用较少。

13.3　等高粗加工

等高粗加工方式是采用等高线的方式进行逐层加工，曲面越陡，等高加工效果越好。等高粗加工常作为二次开粗，或者用于铸件毛坯的开粗。

13.3.1　设置等高粗加工参数

下面以加工脸盆凸模为例来说明等高粗加工参数的设置步骤，加工图形如图 13-52 所示。

（1）选择"机床"选项卡"机床类型"面板中的"铣床"→"默认"命令，在刀路管理器中会新增一个铣床群组，同时弹出"刀路"选项卡。单击"刀路"选项卡"自定义"面板中的"粗切等高外形加工"按钮，根据系统提示选择图形中的所有曲面作为加工曲面，然后单击"结束选择"按钮，弹出"刀路曲面选择"对话框，采用默认设置，单击"确定"按钮，弹出"曲面粗切等高"对话框，利用该对话框来设置等高加工参数。

图 13-52　加工图形

（2）在"曲面粗切等高"对话框中的"等高粗切参数"选项卡中设置"Z 最大步进量"为"2"，

选中"进/退刀/切弧/切线"复选框，设置"圆弧半径"为"5"、"扫描角度"为"90"。

（3）将"两区段间路径过渡方式"设为"打断"，即在两区段间过渡时先提刀，再水平移动，避免撞刀，如图13-53所示。

（4）单击"确定"按钮 ，系统根据所设置的参数生成等高粗切刀路，如图13-54所示。

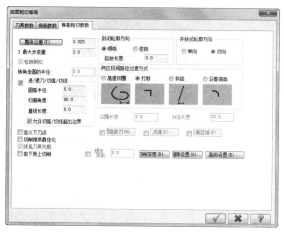

图13-53　"曲面粗切等高"对话框　　　　图13-54　等高粗切刀路

13.3.2　设置等高粗加工浅平面参数

下面以加工半球面为例来说明浅平面加工参数的设置步骤。

（1）选择"机床"选项卡"机床类型"面板中的"铣床"→"默认"命令，在刀路管理器中会新增一个铣床群组，同时弹出"刀路"选项卡。单击"刀路"选项卡"自定义"面板中的"粗切等高外形加工"按钮 ，根据系统提示选择半球面作为加工曲面，然后单击"结束选择"按钮 ，弹出"刀路曲面选择"对话框，采用默认设置，单击"确定"按钮 ，弹出"曲面粗切等高"对话框，利用该对话框来设置等高加工参数。

（2）在"等高粗切参数"选项卡中选中"浅滩"复选框，并设置对话框中的其他参数，如图13-55所示。

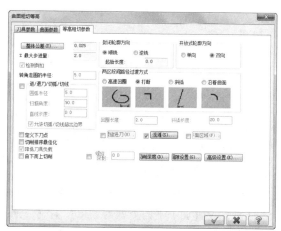

图13-55　设置加工参数

（3）单击"浅滩"按钮，系统弹出"浅滩加工"对话框，利用该对话框来设置浅平面加工参数，如图 13-56 所示。选中"添加浅滩区域刀路"单选按钮，设置"分层切削最小切削深度"为"0.1"，即增加部分的刀路 Z 轴方向分层为每层进给 0.1mm，单击"确定"按钮 ，完成参数设置。

（4）单击"确定"按钮 ，系统根据所设置的参数生成等高粗切刀路，如图 13-57 所示。

图 13-56 "浅滩加工"对话框

图 13-57 等高粗切刀路

13.3.3 设置等高粗加工平面区域参数

下面以加工半球面为例来说明平面区域加工参数的设置步骤。

（1）选择"机床"选项卡"机床类型"面板中的"铣床"→"默认"命令，在刀路管理器中会新增一个铣床群组，同时弹出"刀路"选项卡。单击"刀路"选项卡"自定义"面板中的"粗切等高外形加工"按钮，根据系统提示选择半球面作为加工曲面，然后单击"结束选择"按钮 ，弹出"刀路曲面选择"对话框，采用默认设置，单击"确定"按钮 ，弹出"曲面粗切等高"对话框，利用该对话框来设置等高加工参数。

（2）在"等高粗切参数"选项卡中选中"平面区域"按钮前的复选框，再设置对话框中其他加工所需的参数，如图 13-58 所示。

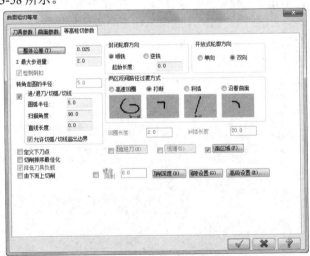

图 13-58 设置加工参数

（3）单击"平面区域"按钮，系统弹出"平面区域加工设置"对话框，利用该对话框来设置平面区域加工参数，如图 13-59 所示。设置加工平面类型为"3d"，即加工曲面是比较浅的 3D 曲面；设置"平面区域步进量"为 0.1，即浅平面区域上两路径之间的距离为 0.1mm，单击"确定"按钮 ，完成参数设置。

（4）系统根据所设置的参数生成等高粗切刀路，如图 13-60 所示。

图 13-59　"平面区区域加工设置"对话框

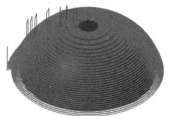

图 13-60　等高粗切刀路

13.3.4　实例——等高粗加工

本实例的基本思路是打开初始文件，设置毛坯材料，然后设置加工参数，进行模拟加工，加工流程如图 13-61 所示。

图 13-61　加工流程

视频讲解

操作步骤

（1）单击"快速访问"工具栏中的"打开"按钮，在弹出的"打开"对话框中选择"初始文件\第 13 章\例 13-3"文件，单击"打开"按钮打开(O)，完成文件的调取，加工图形如图 13-62 所示。

（2）单击"线框"选项卡"形状"面板中的"边界框"按钮，弹出"边界框"对话框，根据系统提示，框选所有的曲面图素，然后单击"结束选择"按钮结束选择，返回到"边界框"对话框，然后单击"确定"按钮，创建边界框，如图 13-63 所示。

图 13-62　加工图形

图 13-63　创建边界框

（3）单击"线框"选项卡"绘线"面板中的"连续线"按钮，选择边界框顶面的对角点绘制一条对角线，如图 13-64 所示。

（4）单击"转换"选项卡"位置"面板中的"移动到原点"按钮，选中对角线的中点，系统自动将中点移动到坐标原点，如图 13-65 所示。单击"主页"选项卡"删除"面板中的"删除图形"按钮，删除绘制的边界框与直线。

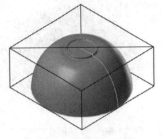

图 13-64　绘制对角线

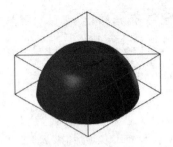

图 13-65　移动对象

（5）选择"机床"选项卡"机床类型"面板中的"铣床"→"默认"命令，在刀路管理器中会新增一个铣床群组，同时弹出"刀路"选项卡。单击"刀路"选项卡"自定义"面板中的"粗切等高外形加工"按钮，根据系统提示选择所有加工曲面，然后单击"结束选择"按钮，弹出"刀路曲面选择"对话框。单击"切削范围"组中的"选择"按钮，弹出"线框串连"对话框，单击"串连"按钮，在绘图区拾取边界范围线，单击"确定"按钮，返回到"刀路曲面选择"对话框，单击"确定"按钮，完成曲面和串连图素的选择。

（6）系统弹出"曲面粗切等高"对话框，在刀具列表框的空白处右击，创建新刀具，选择刀具类型为球形铣刀，后续操作过程与结果如图 13-66～图 13-70 所示。

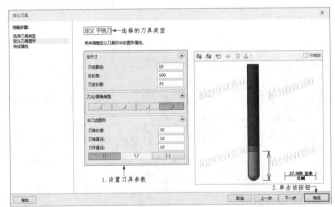

图 13-66　设置刀具参数

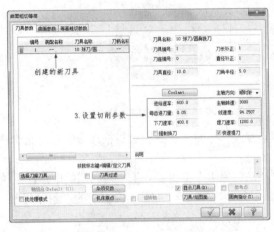

图 13-67　设置切削参数

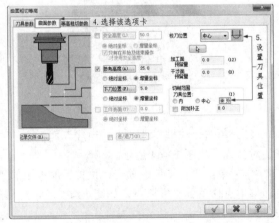

图 13-68　"曲面参数"选项卡

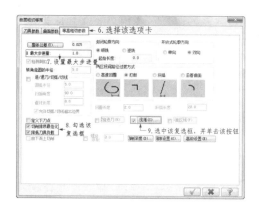

图 13-69　"等高粗切参数"选项卡

图 13-70　"浅滩加工"对话框

（7）单击"确定"按钮，系统根据所设置的参数生成等高粗切刀路，如图 13-71 所示。在刀路管理器中单击"切换显示已选择的刀路操作"按钮，隐藏刀路。

（8）单击"实体"选项卡"创建"面板中的"由曲面生成实体"按钮，根据系统提示框选所有的曲面，单击"结束选择"按钮，弹出"由曲面生成实体"对话框，选择"原始曲面"为"保留"，"实体的层别"设置为"2"，单击"确定"按钮，结果如图 13-72 所示。

图 13-71　等高粗切刀路

图 13-72　将曲面转为实体

（9）在刀路管理器中选择"属性"→"毛坯设置"命令，弹出"机床群组属性"对话框，在"毛坯设置"选项卡的"形状"选项组中选中"实体/网格"单选按钮，选择实体作为毛坯，如图 13-73 所示。

（10）在绘图区选择曲面边界拉伸实体，将实体设为毛坯。单击"确定"按钮，完成工件参数设置，生成的毛坯如图 13-74 所示。

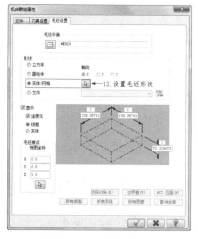

图 13-73　"毛坯设置"选项卡

图 13-74　生成的毛坯

Note

（11）在刀路管理器中单击"验证已选择的操作"按钮，弹出"验证"对话框，单击"播放"按钮，系统开始进行模拟，模拟结果如图 13-75 所示。

（12）模拟检查无误后，在刀路管理器中单击"执行选择的操作进行后处理"按钮，生成的 G、M 代码如图 13-76 所示。

图 13-75　模拟结果

图 13-76　生成 G、M 代码

✍ **技巧荟萃：** 等高粗加工在外形上只加工一层，一般不做首次开粗，可以作为铸件的开粗，或者一般工件的二次开粗。

13.4　挖槽粗加工

三维挖槽粗加工主要用于三维曲面开粗，一般用于曲面的首次开粗。挖槽刀路计算量比较小，去残料效率相对其他粗加工要高，因此是非常好的粗加工方式。

13.4.1　挖槽粗加工计算方式

假设有一个三维曲面，用垂直于 Z 轴的平面去剖切三维曲面，剖切所得到的交线即是挖槽的加工范围，而且每一层的加工都相当于二维挖槽加工，系统会利用最少的刀路以最快的方式将残料去除。三维挖槽粗加工在每一个剖切层上都可以看成是二维挖槽加工。

下面通过 3 个例子来说明挖槽加工的计算方式。如图 13-77 所示是一个凹槽形工件，它的剖切线是一个圆，相当于四周都有曲面来限定刀具范围，所以加工这种标准槽形不需要选择加工范围线。如图 13-78 所示是一个岛屿槽形工件，剖切线是两个封闭的环，挖槽时在外侧和内侧都有曲面作为限制，只能在两个曲面之间进行加工，因此不需要选择加工范围线。如图 13-79 所示是一个凸形工件，剖切线是一个封闭环，但是与槽形不一样的是，槽形是刀具切削范围在环内，而凸形的是刀具切削范围在环外，刀具只能在曲面外走刀，而且曲面外没有任何限制，此种情况如果不选择加工范围线将无法限制刀具，系统无法计算，挖槽刀路就会出现错误。挖槽加工从理论上可以说是万能的粗加工。

图 13-77　凹槽形工件

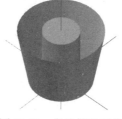

图 13-78　岛屿槽形工件

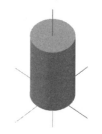

图 13-79　凸形工件

13.4.2　设置挖槽粗加工参数

挖槽粗加工除了需要设置刀具参数和曲面参数，还需要设置粗加工参数。此外，挖槽加工还需要设置挖槽参数。下面以加工圆台形曲面为例来说明挖槽加工参数的设置步骤，圆台形曲面如图 13-80 所示。

图 13-80　圆台形曲面

（1）选择"机床"选项卡"机床类型"面板中的"铣床"→"默认"命令，在刀路管理器中会新增一个铣床群组，同时弹出"刀路"选项卡。单击"刀路"选项卡"3D"面板"粗切"栏中的"挖槽"按钮，根据系统提示框选所有的曲面加工图素，然后单击"结束选择"按钮，弹出"刀路曲面选择"对话框，单击"确定"按钮，完成曲面的选择，弹出"曲面粗切挖槽"对话框。

（2）在"粗切参数"选项卡中将"Z 最大步进量"设为"1"，即每层进给 1mm，将加工方式设为"顺铣"，如图 13-81 所示。

（3）在"挖槽参数"选项卡的"切削方式"列表框中选择"等距环切"选项，将"切削间距（直径%）"设为"75"，即两刀路的间距为刀具直径的 75%，如图 13-82 所示。

图 13-81　"粗切参数"选项卡

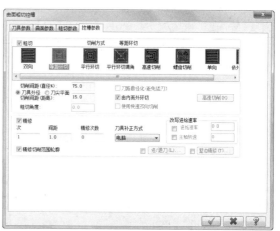

图 13-82　"挖槽参数"选项卡

（4）单击"确定"按钮，系统根据所设置的参数生成挖槽粗加工刀路，如图 13-83 所示。

图 13-83　挖槽粗加工刀路

13.4.3　设置挖槽平面

下面通过实例来说明平面加工参数的设置步骤，加工图形如图 13-84 所示。

（1）选择"机床"选项卡"机床类型"面板中的"铣床"→"默认"命令，在刀路管理器中会新增一个铣床群组，同时弹出"刀路"选项卡。单击"刀路"选项卡"3D"面板"粗切"栏中的"挖槽"按钮，根据系统提示框选所有曲面，单击"结束选择"按钮，弹出"刀路曲面选择"对话框，单击"切削范围"组中的"选择"按钮，弹出"线框串连"对话框，选择矩形边界作为加工范围线，如图 13-85 所示，单击"确定"按钮，完成曲面的选择，弹出"曲面粗切挖槽"对话框。

图 13-84　加工图形

图 13-85　选择加工范围线

（2）在"粗切参数"选项卡中选中"由切削范围外下刀"复选框，即刀具从曲面外进刀；再选中"铣平面"按钮前的复选框，如图 13-86 所示。

（3）在"粗切参数"选项卡中单击"铣平面"按钮，系统弹出"平面铣削加工参数"对话框。设置"平面边界延伸量"为"0"，如图 13-87 所示。

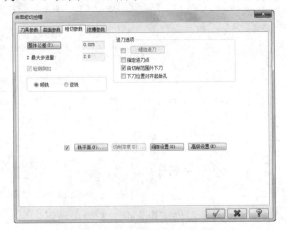

图 13-86　"粗切参数"选项卡

（4）单击"确定"按钮，完成参数设置，系统根据所设置的参数生成挖槽粗切刀路，如图 13-88 所示。

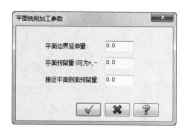

图 13-87　"平面铣削加工参数"对话框

图 13-88　挖槽粗切刀路

视频讲解

13.4.4　实例——挖槽粗加工

本实例的基本思路是打开初始文件，设置毛坯材料，然后设置加工参数，进行模拟加工，加工流程如图 13-89 所示。

图 13-89　加工流程

操作步骤

（1）单击"快速访问"工具栏中的"打开"按钮，在弹出的"打开"对话框中选择"初始文件\第 13 章\例 13-4"文件，单击"打开"按钮，完成文件的调取，挖槽加工图形如图 13-90 所示。

（2）选择"机床"选项卡"机床类型"面板中的"铣床"→"默认"命令，在刀路管理器中会新增一个铣床群组，同时弹出"刀路"选项卡。单击"刀路"选项卡"3D"面板"粗切"栏中的"挖槽"按钮，根据系统提示框选所有曲面图素，单击"结束选择"按钮，弹出"刀路曲面选择"对话框，如图 13-91 所示。单击"确定"按钮，完成曲面的选择。

图 13-90　挖槽加工图形

图 13-91　"刀路曲面选择"对话框

（3）系统弹出"曲面粗切挖槽"对话框，利用其中的"刀具参数"选项卡来设置刀具和切削参数。在"刀具参数"选项卡刀具列表框的空白处右击，然后在弹出的快捷菜单中选择"创建新刀具"命令，系统弹出"定义刀具"对话框。

（4）在"刀具类型"选项卡中选择"球形铣刀"，在弹出的"球形铣刀"选项卡中设置刀具参数，后续操作过程与结果如图 13-92～图 13-96 所示。

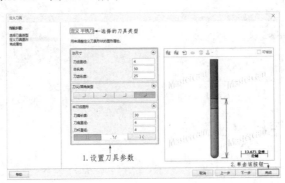

图 13-92　设置刀具参数

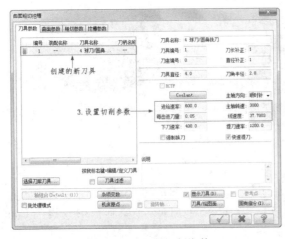

图 13-93　设置切削参数

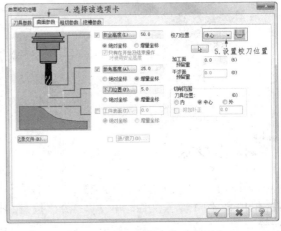

图 13-94　"曲面参数"选项卡

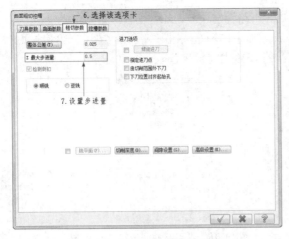

图 13-95　"粗切参数"选项卡

图 13-96　"挖槽参数"选项卡

Note

（5）单击"确定"按钮 ，系统根据所设置的参数生成曲面挖槽粗切刀路，如图 13-97 所示。

（6）在刀路管理器中选择"属性"→"毛坯设置"命令，弹出"机床群组属性"对话框，在"毛坯设置"选项卡的"形状"选项组中选中"圆柱体"单选按钮，选择圆柱体作为毛坯，设置轴向为"Z"，设置毛坯尺寸为 Φ100×10，原点坐标为（0，0，-10），单击"确定"按钮 ，完成工件参数设置，如图 13-98 所示。

图 13-97 挖槽粗切刀路

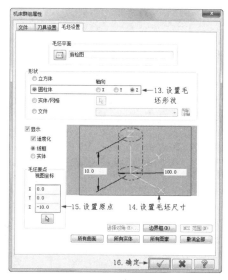

图 13-98 "毛坯设置"选项卡

（7）材料设置完成，生成的毛坯如图 13-99 所示。

（8）在刀路管理器中单击"验证已选择的操作"按钮 ，然后在弹出的"验证"对话框中单击"播放"按钮 ，系统开始进行模拟，模拟结果如图 13-100 所示。

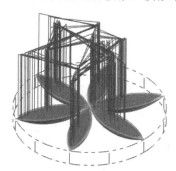

图 13-99 生成的毛坯

图 13-100 模拟结果

（9）模拟检查无误后，在刀路管理器中单击"执行选择的操作进行后处理"按钮 G1，生成的 G、M 代码如图 13-101 所示。

✍ **技巧荟萃**：挖槽粗加工在实际加工过程中使用的频率最高，可以算得上"万能粗加工"，其刀路小、效率高，在每一层上采用类似于二维挖槽的方式进行开粗，这是其他同类软件所做不到的。

图 13-101　生成 G、M 代码

13.5　残料粗加工

残料粗加工主要是对前一步操作或所有先前操作所留下来的局部大量余料进行清除。此外，由于开粗所用的刀具过大，导致某些较小的区域刀具无法进入而产生的残料也可以用残料粗加工进行铣削。残料粗加工一般用于二次开粗，但是由于计算量比较大，走刀不是很规则，所以一般用其他刀路代替。

13.5.1　设置残料粗加工参数

下面通过实例来说明残料加工参数的设置步骤，加工图形如图 13-102 所示。该图所示已经做好了粗加工，下面将对其进行残料加工。

（1）单击"刀路"选项卡"自定义"面板中的"粗切残料加工"按钮，根据系统提示框选所有加工曲面，如图 13-103 所示，单击"结束选择"按钮，弹出"刀路曲面选择"对话框，单击"确定"按钮，弹出"曲面残料粗切"对话框，利用该对话框来设置残料粗加工参数。

图 13-102　加工图形

图 13-103　加工曲面

（2）在"曲面残料粗切"对话框中选择"残料加工参数"选项卡，并在该选项卡中设置"Z 最大步进量"为"0.4"、"步进量"为"1"、"两区段间路径过渡方式"为"打断"，如图 13-104 所示。

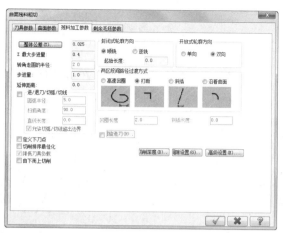

图 13-104 "残料加工参数"选项卡

（3）在"曲面残料粗切"对话框中选择"剩余毛坯参数"选项卡，在"计算剩余毛坯依照"选项组中选中"指定操作"单选按钮，并在右侧的列表框中选中挖槽粗加工刀路作为计算的依据，如图 13-105 所示。

（4）单击"确定"按钮 ，系统根据所设置的参数生成残料粗切刀路，如图 13-106 所示。

图 13-105 "剩余毛坯参数"选项卡

图 13-106 残料粗切刀路

13.5.2 实例——残料粗加工

本实例的基本思路是打开初始文件，设置毛坯材料，然后设置加工参数，进行模拟加工，加工流程如图 13-107 所示。

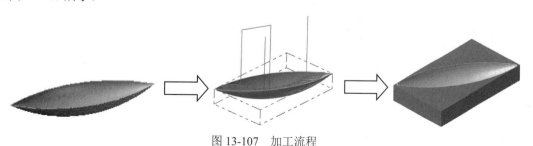

图 13-107 加工流程

视频讲解

操作步骤

（1）单击"快速访问"工具栏中的"打开"按钮，在弹出的"打开"对话框中选择"初始文件\第13章\例13-5"文件，单击"打开"按钮 打开(O)，完成文件的调取，加工图形如图13-108所示。

（2）单击"刀路"选项卡"自定义"面板中的"粗切残料加工"按钮，根据系统提示框选所有的曲面图素，如图13-109所示，然后单击"结束选择"按钮 结束选择。

图13-108　加工图形　　　　　　　　　图13-109　选择加工曲面

（3）弹出"刀路曲面选择"对话框，单击"切削范围"组中的"选择"按钮，弹出"线框串连"对话框，选择串连图素，如图13-110所示，单击"确定"按钮，完成加工边界的选择。

图13-110　选择加工边界

（4）系统弹出"曲面残料粗切"对话框，利用对话框中的"刀具参数"选项卡来设置刀具和切削参数。在"刀具参数"选项卡刀具列表框的空白处右击，然后在弹出的快捷菜单中选择"创建新刀具"命令，系统弹出"定义刀具"对话框。

（5）在"刀具类型"选项卡中选择"球形铣刀"，并在弹出的"定义 平铣刀"选项卡中设置刀具参数，后续操作过程与结果如图13-111~图13-115所示。

图13-111　设置刀具参数

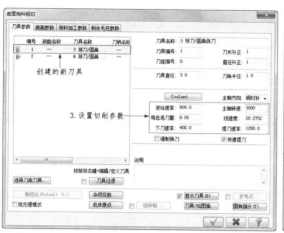

图 13-112　设置切削参数

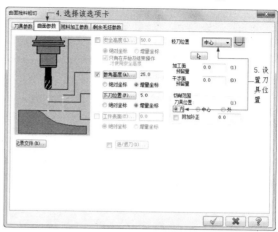

图 13-113　"曲面参数"选项卡

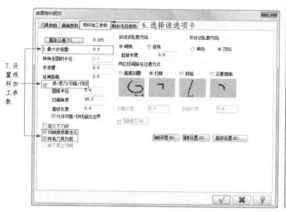

图 13-114　"残料加工参数"选项卡

图 13-115　"剩余毛坯参数"选项卡

（6）单击"确定"按钮 ，系统根据所设置的参数生成曲面残料粗加工刀路，如图 13-116 所示。

（7）在刀路管理器中选择"属性"→"毛坯设置"命令，弹出"机床群组属性"对话框，在"毛坯设置"选项卡的"形状"选项组中选中"立方体"单选按钮，选择立方体作为毛坯，单击"边界框"按钮创建边界框，如图 13-117 所示。

（8）单击"确定"按钮 ，完成工件参数设置，生成的毛坯如图 13-118 所示。

（9）在刀路管理器中单击"选择全部的操作"按钮 ，然后单击"验证已选择的操作"按钮 ，接着在弹出的"验证"对话框中单击"播放"按钮 ，系统开始进行模拟，模拟结果如图 13-119 所示。

（10）模拟检查无误后，在刀路管理器中单击"执行选择的操作进行后处理"按钮 G1，生成的 G、M 代码如图 13-120 所示。

图 13-116　曲面残料粗加工刀路

图 13-117　"毛坯设置"选项卡

图 13-118　生成的毛坯

图 13-119　模拟结果

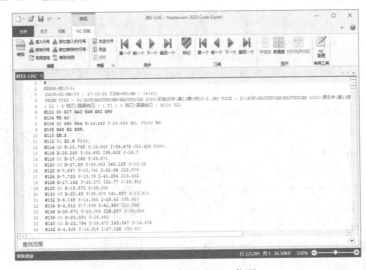

图 13-120　生成 G、M 代码

📝 **技巧荟萃**：残料粗加工主要用于在首次开粗后对局部区域过厚的残料进行清除，否则精加工中刀具很容易折断。残料粗加工刀路比较大，计算时间较长，一般情况下尽量少用或者不用。

13.6　钻削式粗加工

Note

钻削式粗加工主要是采用类似于钻孔的方式去除残料，对于比较深的槽形工件或较硬并且需要去除的残料比较多的工件较适合。钻削式粗加工需要采用专用钻削刀具，此处采用钻头代替。

13.6.1　设置钻削式粗加工参数

设置钻削式粗加工参数的具体操作步骤如下。

（1）选择"机床"选项卡"机床类型"面板中的"铣床"→"默认"命令，在刀路管理器中会新增一个铣床群组，同时弹出"刀路"选项卡。单击"刀路"选项卡"3D"面板"粗切"栏中的"钻销"按钮，根据系统提示框选所有加工曲面图素，然后单击"结束选择"按钮，弹出"刀路曲面选择"对话框。

（2）单击"确定"按钮，系统弹出如图 13-121 所示的"曲面粗切钻削"对话框，利用该对话框来设置钻削式粗加工的相关参数。

钻削式粗加工主要设置"Z 最大步进量"，一般根据实际加工经验进行设置，刀路之间的最大距离一般给定刀具直径的 60%即可。

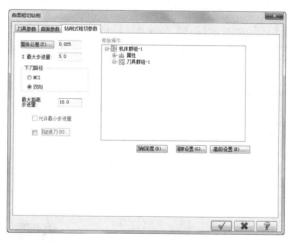

图 13-121　"曲面粗切钻削"对话框

13.6.2　实例——钻削式粗加工

本实例的基本思路是打开初始文件，设置毛坯材料，然后设置加工参数，进行模拟加工，加工流程如图 13-122 所示。

图 13-122　加工流程

视频讲解

Note

操作步骤

（1）单击"快速访问"工具栏中的"打开"按钮，在弹出的"打开"对话框中选择"初始文件\第 13 章\例 13-6"文件，单击"打开"按钮 打开(O)，完成文件的调取，加工图形如图 13-123 所示。

（2）选择"机床"选项卡"机床类型"面板中的"铣床"→"默认"命令，在刀路管理器中会新增一个铣床群组，同时弹出"刀路"选项卡。单击"刀路"选项卡"3D"面板"粗切"栏中的"钻销"按钮，根据系统提示，框选内部凹槽加工曲面图素，然后单击"结束选择"按钮 结束选择，弹出"刀路曲面选择"对话框，单击该对话框"网格"组中的"选择"按钮 ，选择加工图形上的对角点，如图 13-124 所示，单击"确定"按钮 ，完成曲面和对角点的选择。

图 13-123　加工图形

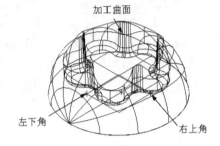

图 13-124　选择曲面和对角点

（3）系统弹出"曲面粗切钻削"对话框，利用对话框中的"刀具参数"选项卡来设置刀具和切削参数。在"刀具参数"选项卡刀具列表框的空白处右击，然后在弹出的快捷菜单中选择"创建新刀具"命令，系统弹出"定义刀具"对话框。

（4）在"刀具类型"选项卡中选择"钻头"刀具，单击"下一步"按钮 下一步，在"定义 钻头"选项卡"标准尺寸"组中选择直径为 16 的钻头，并设置钻头参数，后续操作过程与结果如图 13-125～图 13-128 所示。

图 13-125　设置刀具参数

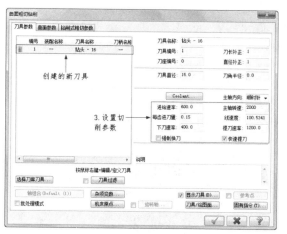

图 13-126 设置切削参数

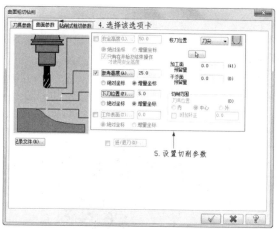

图 13-127 "曲面参数"选项卡

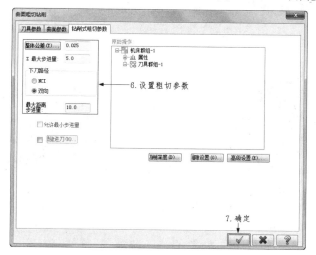

图 13-128 "钻削式粗切参数"选项卡

（5）单击"确定"按钮 ✔ ，系统根据所设置的参数生成曲面钻削式粗切刀路，如图 13-129 所示。

（6）单击状态栏中的"层别"按钮，弹出"层别"对话框，打开图层 2，将图层 2 中的实体进行显示，单击"确定"按钮 ✔ ，完成显示设置。

（7）在刀路管理器中选择"属性"→"毛坯设置"命令，弹出"机床群组属性"对话框，在"毛坯设置"选项卡的"形状"选项组中选中"实体/网格"单选按钮，单击"选择"按钮 ⬚ ，在绘图区选择显示的实体作为毛坯，如图 13-130 所示。

（8）单击"确定"按钮 ✔ ，完成工件参数设置，生成的毛坯如图 13-131 所示。

（9）在刀路管理器中单击"验证已选择的操作"按钮 ⬚ ，然后在弹出的"验证"对话框中单击"播放"按钮 ▶ ，系统开始进行模拟，模拟结果如图 13-132 所示。

（10）模拟检查无误后，在刀路管理器中单击"执行选择的操作进行后处理"按钮 G1，生成的 G、M 代码如图 13-133 所示。

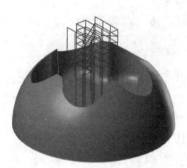

图 13-129　曲面钻削式粗切刀路

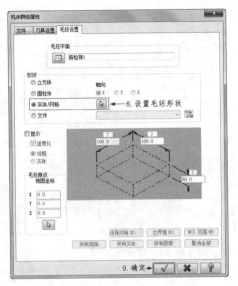

图 13-130　"毛坯设置"选项卡

图 13-131　生成的毛坯

图 13-132　模拟结果

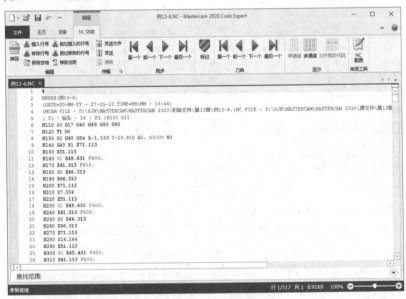

图 13-133　生成 G、M 代码

✍ **技巧荟萃**：钻削式粗加工刀路不能采用螺旋式下刀，因为本身采用的就是类似于钻头的专用刀具，可以直接下刀。如果采用螺旋式下刀，则刀路会出现错误。

13.7 投影粗加工

投影粗加工是将已经存在的刀路或几何图形投影到曲面上生成刀路。投影加工的类型有 NCI 文件投影加工、曲线投影加工和点集投影加工。

13.7.1 设置投影粗加工参数

设置投影粗加工参数的具体操作步骤如下。

（1）选择"机床"选项卡"机床类型"面板中的"铣床"→"默认"命令，在刀路管理器中会新增一个铣床群组，同时弹出"刀路"选项卡。单击"刀路"选项卡"3D"面板"粗切"栏中的"投影"按钮，系统弹出"选择工件形状"对话框。设置工件的形状后，单击"确定"按钮，根据系统提示框选所有加工曲面图素，然后单击"结束选择"按钮，弹出如图 13-134 所示的"刀路曲面选择"对话框，利用该对话框来选择加工面、干涉面、投影曲线等。

（2）选择加工曲面和投影曲线后，在"刀路曲面选择"对话框中单击"确定"按钮，系统弹出如图 13-135 所示的"曲面粗切投影"对话框，利用该对话框来设置投影加工参数。

图 13-134 "刀路曲面选择"对话框

图 13-135 "曲面粗切投影"对话框

13.7.2 实例——投影粗加工

本实例的基本思路是打开初始文件，设置毛坯材料，然后设置加工参数，进行模拟加工，加工流程如图 13-136 所示。

图 13-136 加工流程

视频讲解

操作步骤

（1）单击"快速访问"工具栏中的"打开"按钮，在弹出的"打开"对话框中选择"源文件\初始文件\第13章\例13-7"文件，单击"打开"按钮 打开(O) ，完成文件的调取，投影粗加工图形如图13-137所示。

（2）选择"机床"选项卡"机床类型"面板中的"铣床"→"默认"命令，在刀路管理器中会新增一个铣床群组，同时弹出"刀路"选项卡。单击"刀路"选项卡"3D"面板"粗切"栏中的"投影"按钮，系统弹出"选择工件形状"对话框。设置工件形状为"凹"，单击"确定"按钮，根据系统提示，选择曲面。单击"结束选择"按钮 结束选择 ，弹出"刀路曲面选择"对话框，选择加工曲面和投影曲线，如图13-138所示，单击"确定"按钮，完成选择。

图13-137 投影粗加工图形

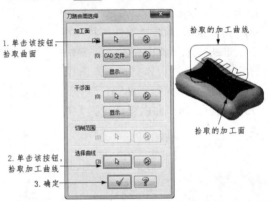

图13-138 选择加工曲面和投影曲线

（3）系统弹出"曲面粗切投影"对话框，利用对话框中的"刀具参数"选项卡来设置刀具和切削参数。在"刀具参数"选项卡的刀具列表框中右击，然后在弹出的快捷菜单中选择"创建新刀具"命令，弹出"定义刀具"对话框，利用该对话框选择刀具类型。

（4）在"刀具类型"选项卡中选择"球形铣刀"，在弹出的"球形铣刀"选项卡中设置刀具参数，后续操作过程与结果如图13-139～图13-142所示。

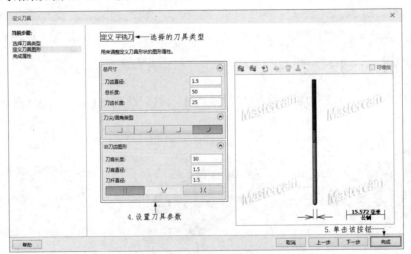

图13-139 设置刀具参数

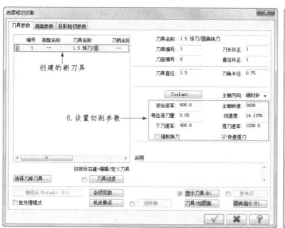

图 13-140　设置切削参数

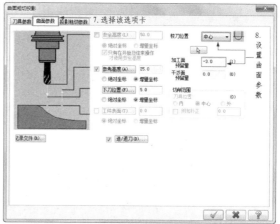

图 13-141　"曲面参数"选项卡

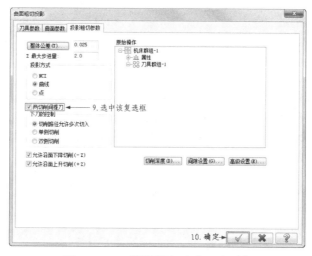

图 13-142　"投影粗切参数"选项卡

（5）系统根据用户所设置的参数生成投影粗加工刀路，如图 13-143 所示。

（6）单击"实体"选项卡"建立"面板中的"由曲面生成实体"按钮，根据系统提示，选择要转换的曲面，单击"结束选择"按钮，弹出"由曲面生成实体"对话框，设置"原始曲面"为保留，"实体的层别"为"2"，单击"确定"按钮，生成边界曲线，结果如图 13-144 所示。

图 13-143　投影粗加工刀路

图 13-144　生成边界曲线

（7）在刀路管理器中选择"属性"→"毛坯设置"命令，弹出"机床群组属性"对话框，在"毛坯设置"选项卡的"形状"选项组中选中"实体/网格"单选按钮，单击"选择"按钮，选择实体作为毛坯，如图 13-145 所示。

（8）单击"确定"按钮 ，完成工件参数设置，生成的毛坯如图 13-146 所示。

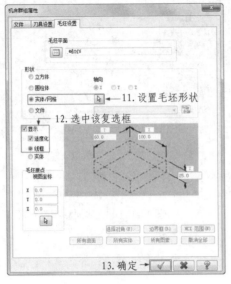

图 13-145　"毛坯设置"选项卡　　　　　　图 13-146　生成的毛坯

（9）在刀路管理器中单击"验证已选择的操作"按钮，然后在弹出的"验证"对话框中单击"播放"按钮 ，系统开始进行模拟，模拟结果如图 13-147 所示。

（10）模拟检查无误后，在刀路管理器中单击"执行选择的操作进行后处理"按钮 G1，生成的 G、M 代码如图 13-148 所示。

图 13-147　模拟结果　　　　　　图 13-148　生成 G、M 代码

13.8　流线粗加工

流线粗加工主要用于加工流线非常规律的曲面，能顺着曲面流线方向产生粗加工刀路。流线粗加工参数主要包括切削控制和截断方向的控制。用球形铣刀铣削曲面时，两刀路之间存在残脊，可以通过控制残脊高度来控制残料余量。另外，通过控制两切削路径之间的距离也可以控制残料余量。采用距离控制刀路之间的残料要更直接、更简单，因此一般采用此方法来控制残料余量。

13.8.1　设置流线粗加工参数

设置流线粗加工参数的具体操作步骤如下。

（1）选择"机床"选项卡"机床类型"面板中的"铣床"→"默认"命令，在刀路管理器中会新增一个铣床群组，同时弹出"刀路"选项卡。单击"刀路"选项卡"自定义"面板中的"粗切流线加工"按钮，系统弹出"选择工件形状"对话框。设置工件的形状后，单击"确定"按钮，根据系统提示框选所有加工曲面图素，然后单击"结束选择"按钮，弹出"刀路曲面选择"对话框，利用该对话框来选择加工面、干涉面、曲面流线等，单击"确定"按钮，弹出如图 13-149所示的"曲面粗切流线"对话框，利用该对话框来设置流线粗加工参数。

（2）单击"确定"按钮，完成参数设置，即可生成曲面流线粗加工刀路。

图 13-149　"曲面粗切流线"对话框

13.8.2　实例——流线粗加工

本实例的基本思路是打开初始文件，设置毛坯材料，然后设置加工参数，进行模拟加工，加工流程如图 13-150 所示。

视频讲解

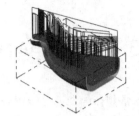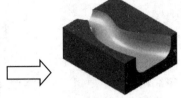

图 13-150　加工流程

操作步骤

（1）单击"快速访问"工具栏中的"打开"按钮，在弹出的"打开"对话框中选择"初始文件\第 13 章\例 13-8"文件，单击"打开"按钮 打开(O)，完成文件的调取，加工图形如图 13-151 所示。

（2）选择"机床"选项卡"机床类型"面板中的"铣床"→"默认"命令，在刀路管理器中会新增一个铣床群组，同时弹出"刀路"选项卡。单击"刀路"选项卡"自定义"面板中的"粗切流线加工"按钮，弹出"选择工件形状"对话框，设置工件型状为"凹"，单击"确定"按钮，根据系统提示，选择加工曲面，然后单击"结束选择"按钮 结束选择，弹出"刀路曲面选择"对话框，如图 13-152 所示。

图 13-151　加工图形

图 13-152　"刀路曲面选择"对话框

（3）单击"曲面流线"选项组中的"流线参数"按钮，弹出"曲面流线设置"对话框。设置切削方向和补正方向，如图 13-153 所示，单击"确定"按钮，完成流线选项设置。

（4）系统弹出"曲面粗切流线"对话框，利用对话框中的"刀具参数"选项卡来设置刀具和切削参数。在"刀具参数"选项卡刀具列表框的空白处右击，然后在弹出的快捷菜单中选择"创建新刀具"命令，系统弹出"定义刀具"对话框。

图 13-153　设置流线选项

（5）在"刀具类型"选项卡中选择"球形铣刀"，然后在弹出的"球形铣刀"选项卡中进行参数设置，后续操作过程与结果如图 13-154～图 13-157 所示。

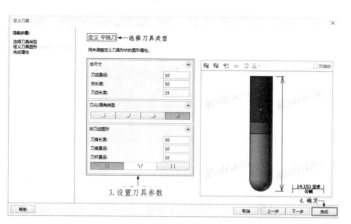

图 13-154 设置刀具参数

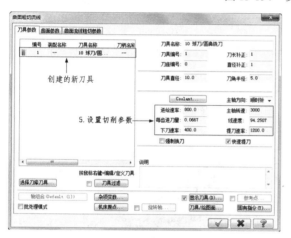

图 13-155 设置切削参数

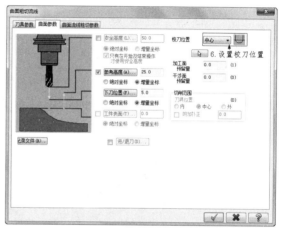

图 13-156 "曲面参数"选项卡

图 13-157 "曲面流线粗切参数"选项卡

（6）单击"确定"按钮 ，系统根据所设置的参数生成曲面流线粗切刀路，如图 13-158 所示。

（7）在刀路管理器中选择"属性"→"毛坯设置"命令，弹出"机床群组属性"对话框，在"毛坯设置"选项卡的"形状"选项组中选中"立方体"单选按钮，选择立方体作为毛坯，如图 13-159 所示。

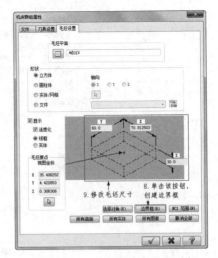

图 13-158　曲面流线粗切刀路　　　　　　　图 13-159　"毛坯设置"选项卡

（8）在"毛坯设置"选项卡中单击"边界框"按钮，采用边界框来设置工件参数。单击"确定"按钮，完成工件参数设置，生成的毛坯如图 13-160 所示。

（9）在刀路管理器中单击"验证已选择的操作"按钮，然后在弹出的"验证"对话框中单击"播放"按钮，系统开始进行模拟，模拟结果如图 13-161 所示。

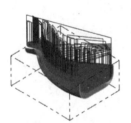

图 13-160　生成的毛坯　　　　　　　　　　图 13-161　模拟结果

（10）模拟检查无误后，在刀路管理器中单击"执行选择的操作进行后处理"按钮 G1，生成的 G、M 代码如图 13-162 所示。

图 13-162　生成 G、M 代码

13.9　综合实例——三维粗加工

本节通过实例来说明前面章节中所讲的三维粗加工方法之间的混合应用。在 8 种粗加工方法中，实际上常用的只有两三种，这几种常用的加工方法基本上能够满足实际加工需要。

下面对如图 13-163 所示的图形进行粗加工，加工结果如图 13-164 所示。

图 13-163　加工图形

图 13-164　加工结果

此例是加工挡铁凸模，通过分析可知，倒圆角曲面的最小圆角半径为 1.5mm，因此可以先用大刀开粗，再用小刀二次开粗，具体加工方案如下。

（1）使用 $D=20$、$R=5$ 的圆鼻刀，采用挖槽粗加工方法开粗。

（2）使用 $D=3$、$R=1$ 的圆鼻刀，采用等高粗加工方法进行二次开粗。

（3）使用 $D=3mm$ 的平底刀，采用挖槽粗加工方法铣削平面。

本实例的基本思路是打开初始文件，设置毛坯材料，然后设置加工参数，进行模拟加工，加工流程如图 13-165 所示。

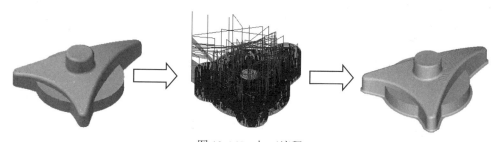
图 13-165　加工流程

操作步骤

（1）单击"快速访问"工具栏中的"打开"按钮，在弹出的"打开"对话框中选择"初始文件\第 13 章\例 13-9"，单击"确定"按钮，完成文件的调取，加工图形如图 13-166 所示。

（2）单击"线框"选项卡"曲线"面板中的"所有曲线边界"按钮，打开"创建所有曲面边界"对话框，根据系统提示单击拾取如图 13-167 所示的曲面，然后单击"结束选择"按钮。单击"确定"按钮，关闭对话框。

（3）单击"确定"按钮，生成曲面边界线，如图 13-168 所示。

（4）单击"转换"选项卡"位置"面板中的"移动到原点"按钮，选中圆的圆心，系统自动将圆心点移动到坐标原点，这样编程坐标系原点与系统坐标系原点重合，便于编程，结果如图 13-169 所示。

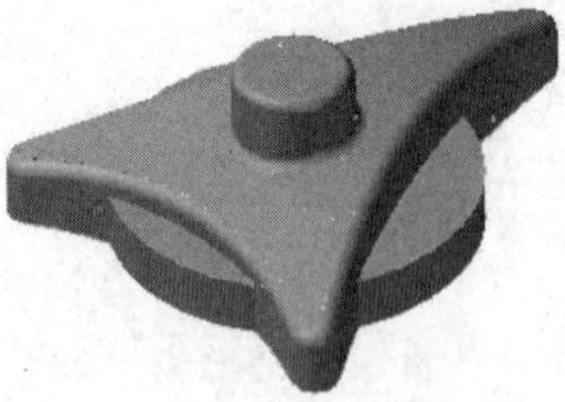

Note

图 13-166　加工图形

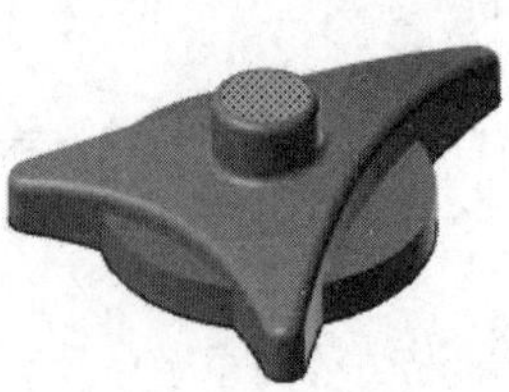

图 13-167　选择曲面

图 13-168　创建曲面边界线

图 13-169　平移结果

（5）选择"机床"选项卡"机床类型"面板中的"铣床"→"默认"命令，在刀路管理器中会新增一个铣床群组，同时弹出"刀路"选项卡。单击"刀路"选项卡"3D"面板"粗切"栏中的"挖槽"按钮，根据系统提示框选加工曲面后，单击 "结束选择"按钮 ，弹出"刀路曲面选择"对话框，单击"切削范围"组中的"选择"按钮 ，选择边界范围线，如图 13-170 所示，单击"确定"按钮 ，完成曲面和边界范围线的选择。

（6）系统弹出"曲面粗切挖槽"对话框，利用对话框中的"刀具参数"选项卡来设置刀具和切削参数。在"刀具参数"选项卡刀具列表框的空白处右击，然后在弹出的快捷菜单中选择"创建新刀具"命令，系统弹出"定义刀具"对话框。

图 13-170　选择曲面和边界范围线

（7）在"刀具类型"选项卡中选择"圆鼻铣刀"，单击"下一步"按钮，然后在弹出的"定义 平铣刀"选项卡中设置刀具参数，后续操作过程与结果如图 13-171～图 13-176 所示。

图 13-171　设置刀具参数

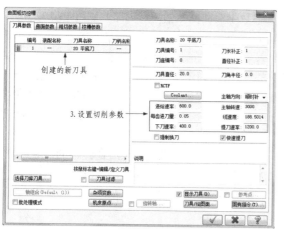

图 13-172　设置切削参数

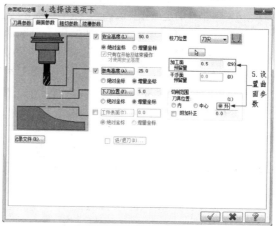

图 13-173　"曲面参数"选项卡

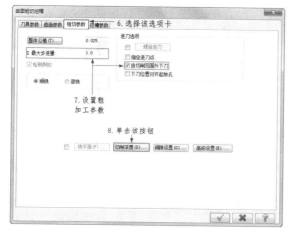

图 13-174　"粗切参数"选项卡

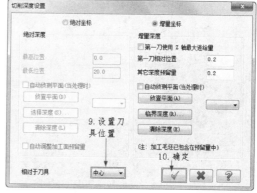

图 13-175　"切削深度设置"对话框

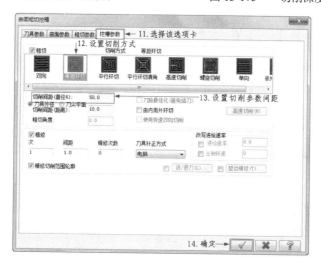

图 13-176　"挖槽参数"选项卡

Note

（8）单击"确定"按钮 ，系统根据所设置的参数生成曲面挖槽粗切刀路，如图 13-177 所示。

（9）在刀路管理器中单击"切换显示已选择的刀路操作"按钮≋，隐藏刀路。单击"刀路"选项卡"自定义"面板中的"粗切等高外向加工"按钮，根据系统提示选择加工曲面，然后单击"结束选择"按钮 结束选择 ，弹出"刀路曲面选择"对话框，单击"确定"按钮 ，完成曲面的选择。

（10）系统弹出"曲面粗切等高"对话框，利用对话框中的"刀具参数"选项卡来设置刀具和切削参数。在"刀具参数"选项卡刀具列表框的空白处右击，然后在弹出的快捷菜单中选择"创建新刀具"命令，系统弹出"定义刀具"对话框。

（11）在"刀具类型"选项卡中选择"圆鼻铣刀"，单击"下一步"按钮，然后在弹出的"定义 平铣刀"选项卡中进行参数设置，后续操作过程与结果如图 13-178～图 13-184 所示。

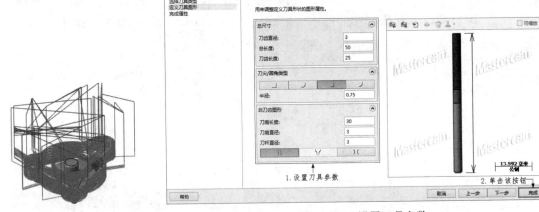

图 13-177　曲面挖槽粗切刀路　　　　　图 13-178　设置刀具参数

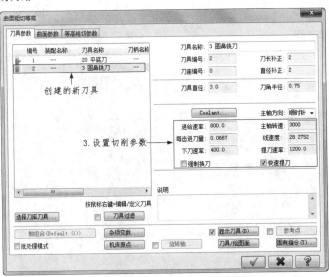

图 13-179　设置切削参数

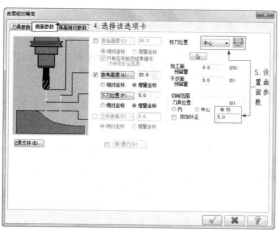

图 13-180 "曲面参数"选项卡

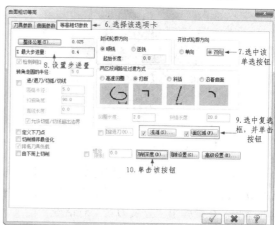

图 13-181 "等高粗切参数"选项卡

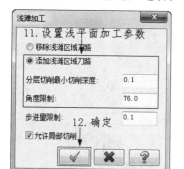

图 13-182 "浅滩加工"对话框

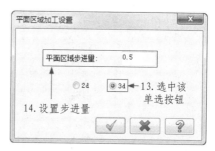

图 13-183 "平面区域加工设置"对话框

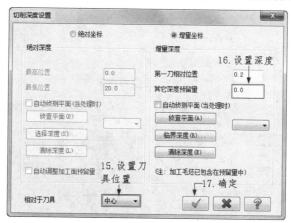

图 13-184 "切削深度设置"对话框

（12）单击"确定"按钮 ，系统根据所设置的参数生成曲面等高粗加工刀路，如图 13-185 所示。

（13）在刀路管理器中单击"切换显示已选择的刀路操作"按钮 ，隐藏刀路。单击"刀路"选项卡"3D"面板"粗切"栏中的"挖槽"按钮 ，根据系统提示选择加工曲面，然后单击"结束选择"按钮 ，弹出"刀路曲面选择"对话框。单击"切削范围"组中的"选择"按钮 ，选择边界范围线，如图 13-186 所示，单击"确定"按钮 ，完成加工曲面和边界范围线选择。

图 13-185   曲面等高粗加工刀路   图 13-186   选择加工曲面和边界范围线

（14）系统弹出"曲面粗切挖槽"对话框，利用对话框中的"刀具参数"选项卡来设置刀具和切削参数。在"刀具参数"选项卡刀具列表框的空白处右击，然后在弹出的快捷菜单中选择"创建新刀具"命令，系统弹出"定义刀具"对话框。

（15）在"刀具类型"选项卡中选择"平铣刀"，单击"下一步"按钮，然后在弹出的"定义 平铣刀"选项卡中进行参数设置，后续操作过程与结果如图 13-187～图 13-192 所示。

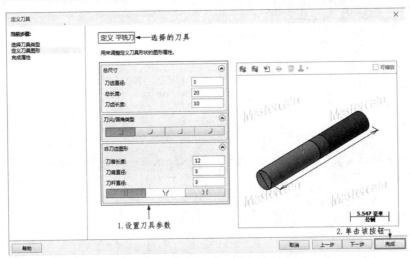

图 13-187   设置刀具参数

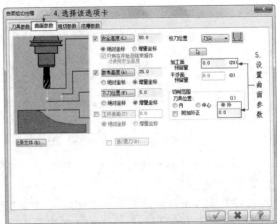

图 13-188   设置切削参数   图 13-189   "曲面参数"选项卡

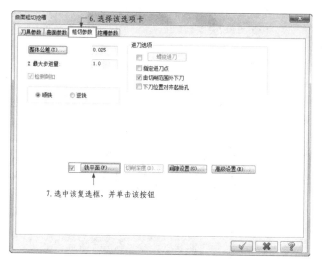

图 13-190　"粗切参数"选项卡

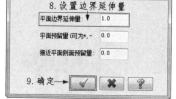

图 13-191　"平面铣削加工参数"对话框

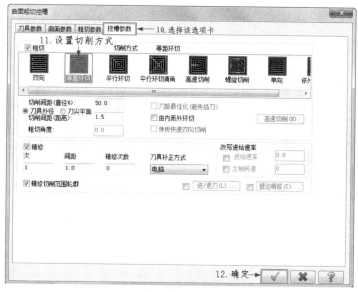

图 13-192　"挖槽参数"选项卡

（16）单击"确定"按钮 ，系统根据所设置的参数生成曲面挖槽粗加工刀路，如图 13-193 所示。

（17）在刀路管理器中选择"属性"→"毛坯设置"命令，弹出"机床群组属性"对话框，在"毛坯设置"选项卡的"形状"选项组中选中"立方体"单选按钮，选择立方体作为毛坯，如图 13-194 所示。单击"边界框"按钮创建边界框，修改立方体工件的尺寸为 60×75×24，单击"确定"按钮 ，完成工件参数设置。

（18）材料设置完毕，生成的毛坯如图 13-195 所示。

（19）在刀路管理器中单击"选择全部操作"按钮 ，然后单击"验证已选择的操作"按钮 ，接着在弹出的"验证"对话框中单击"播放"按钮 ，系统开始进行模拟，模拟结果如图 13-196 所示。

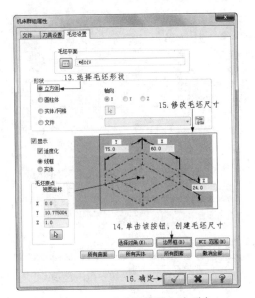

图 13-193　挖槽粗加工刀路

图 13-194　"毛坯设置"选项卡

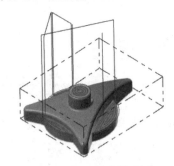

图 13-195　生成的毛坯

图 13-196　模拟结果

（20）模拟检查无误后，在刀路管理器中单击"执行选择的操作进行后处理"按钮G1，生成的 G、M 代码如图 13-197 所示。

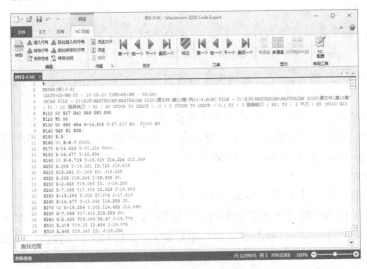

图 13-197　生成 G、M 代码

第14章

曲面精加工

本章主要讲解曲面精加工刀路的编制方法。曲面精加工的目的主要是获得产品所要求的精度和粗糙度，因此，通常要采用多种精加工方法来进行操作。在本章所讲述的精加工方法中，要重点掌握平行精加工、等高精加工、环绕等距精加工等加工方法，这几种精加工方法在实际加工中应用较多。

知识点

- ☑ 平行精加工
- ☑ 陡斜面精加工
- ☑ 放射状精加工
- ☑ 投影精加工
- ☑ 流线精加工
- ☑ 等高精加工

- ☑ 浅滩精加工
- ☑ 交线清角精加工
- ☑ 残料精加工
- ☑ 环绕等距精加工
- ☑ 熔接精加工

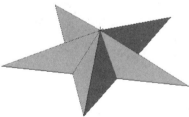
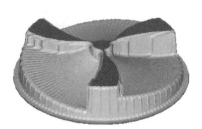

14.1 平行精加工

平行精加工与平行粗加工类似，不过平行精加工只加工一层，对于比较平坦的曲面加工效果比较好。另外，平行精加工刀路相互平行，加工精度比其他加工方法要高，因此，常用平行精加工方法来加工模具中比较平坦的曲面或重要的分型面。

14.1.1 设置平行精加工参数

选择"机床"选项卡"机床类型"面板中的"铣床"→"默认"命令，在刀路管理器中会新增一个铣床群组，同时弹出"刀路"选项卡。单击"刀路"选项卡"自定义"面板中的"精修平行铣削"按钮，根据系统提示选择加工曲面，然后单击"结束选取"按钮，弹出"刀路曲面选择"对话框，单击"确定"按钮，弹出如图 14-1 所示的"曲面精修平行"对话框，利用该对话框来设置精加工参数。

图 14-1 "曲面精修平行"对话框

14.1.2 实例——平行精加工

本实例的基本思路是打开初始文件，设置毛坯材料，然后设置加工参数，进行模拟加工，加工流程如图 14-2 所示。

图 14-2 加工流程

 操作步骤

（1）单击"快速访问"工具栏中的"打开"按钮，在弹出的"打开"对话框中选择"初始文

Note

件\第 14 章\例 14-1"文件，单击"打开"按钮 打开(O) ，完成文件的调取，加工图形如图 14-3 所示。

（2）单击"刀路"选项卡"自定义"面板中的"精修平行铣削"按钮 ，根据系统提示选择加工曲面，然后单击"结束选择"按钮 结束选择 ，弹出"刀路曲面选择"对话框，单击"切削范围"组中的"选择"按钮 ，弹出"线框串连"对话框，单击"串连"按钮 ，选择加工边界，如图 14-4 所示，单击"确定"按钮 ，返回到"刀路曲面选择"对话框，完成曲面和加工边界的选择，单击"完成"按钮 。

图 14-3　加工图形

图 14-4　选择加工边界

（3）系统弹出"曲面精修平行"对话框，后续操作过程与结果如图 14-5～图 14-10 所示。

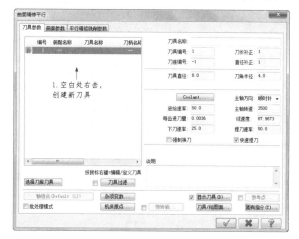

图 14-5　"刀具参数"选项卡

图 14-6　"定义刀具"对话框

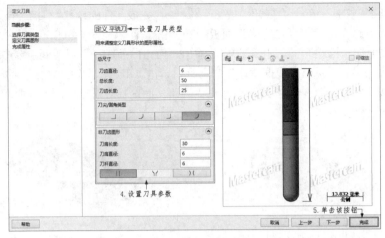

图 14-7　设置刀具参数

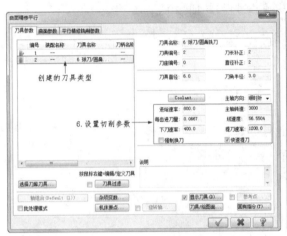

图 14-8　设置切削参数

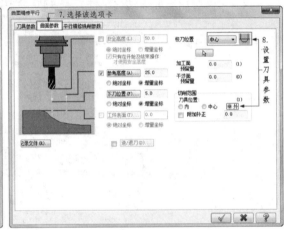

图 14-9　"曲面参数"选项卡

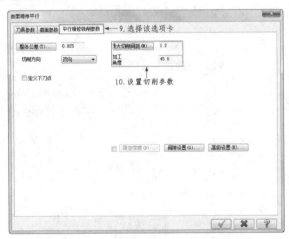

图 14-10　"平行精修铣削参数"选项卡

（4）单击"确定"按钮 ，系统根据所设置的参数生成平行精修刀路，如图 14-11 所示。

（5）在刀路管理器中选择"属性"→"毛坯设置"命令，弹出"机床群组属性"对话框，在"毛

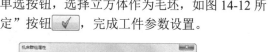

坯设置"选项卡的"形状"选项组中选中"立方体"单选按钮,选择立方体作为毛坯,如图 14-12 所示,设置立方体工件的尺寸为 82×100×50,单击"确定"按钮 ✓,完成工件参数设置。

图 14-11 平行精修刀路

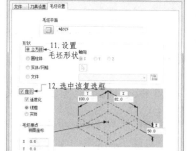

图 14-12 "毛坯设置"选项卡

（6）系统根据所设置的参数生成毛坯,如图 14-13 所示,虚线所示即为刚创建的毛坯工件。

（7）在刀路管理器中单击"选择全部操作"按钮 ,然后单击"验证已选择的操作"按钮 ,接着在弹出的"验证"对话框中单击"播放"按钮 ,系统开始进行模拟,模拟结果如图 14-14 所示。

图 14-13 生成的毛坯

图 14-14 模拟结果

（8）模拟检查无误后,在刀路管理器中单击"执行选择的操作进行后处理"按钮 G1,生成的 G、M 代码如图 14-15 所示。

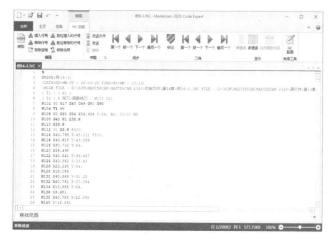

图 14-15 生成 G、M 代码

14.2 陡斜面精加工

陡斜面精加工主要用于对比较陡的曲面进行加工，加工刀路与平行精加工的刀路相似，以弥补平行精加工只能加工比较浅的曲面这一缺陷。

14.2.1 设置陡斜面精加工参数

下面以加工 V 形面为例来说明陡斜面精加工参数的设置步骤，V 形面如图 14-16 所示。

（1）选择"机床"选项卡"机床类型"面板中的"铣床"→"默认"命令，在刀路管理器中会新增一个铣床群组，同时弹出"刀路"选项卡。单击"刀路"选项卡"自定义"面板中的"精修平行陡斜面"按钮，根据系统提示选择加工曲面，然后单击"结束选择"按钮，弹出"刀路曲面选择"对话框，单击"确定"按钮，弹出"曲面精修平行式陡斜面"对话框，利用该对话框来设置陡斜面精加工参数。

（2）在"曲面精修平行式陡斜面"对话框的"陡斜面精修参数"选项卡中设置"加工角度"为"45"，即设置加工的方向与 X 轴成 45°角；设置"最大切削间距"为"0.5"，选择"切削方向"为"双向"；设置"陡斜面范围"为 10°～45°，即在此角度范围内的曲面被认为是陡斜面，系统对此曲面进行加工，超出此范围的曲面不进行加工，如图 14-17 所示。

图 14-16　V 形面　　　　　　　图 14-17　"陡斜面精修参数"选项卡

（3）单击"确定"按钮，系统根据所设置的参数生成陡斜面精加工刀路，如图 14-18 所示。

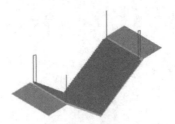

图 14-18　陡斜面精加工刀路

14.2.2　实例——陡斜面精加工

本实例的基本思路是打开初始文件，设置毛坯材料，然后设置加工参数，进行模拟加工，加工流程如图 14-19 所示。

图 14-19　加工流程

![]操作步骤

（1）单击"快速访问"工具栏中的"打开"按钮，在弹出的"打开"对话框中选择"初始文件\第 14 章\例 14-2"文件，单击"打开"按钮 打开(O)，完成文件的调取，加工图形如图 14-20 所示。

（2）选择"机床"选项卡"机床类型"面板中的"铣床"→"默认"命令，在刀路管理器中会新增一个铣床群组，同时弹出"刀路"选项卡。单击"刀路"选项卡"自定义"面板中的"精修平行陡斜面"按钮，根据系统提示选择加工曲面，如图 14-21 所示，然后单击"结束选择"按钮 结束选择，弹出"刀路曲面选择"对话框，单击"确定"按钮，完成曲面的选择。

图 14-20　加工图形

图 14-21　选择曲面

（3）系统弹出"曲面精修平行式陡斜面"对话框，在"刀具参数"选项卡刀具列表框的空白处右击，然后在弹出的快捷菜单中选择"创建新刀具"命令。

（4）系统弹出"定义刀具"对话框，后续操作过程与结果如图 14-22～图 14-25 所示。

（5）单击"确定"按钮，系统根据所设置的参数生成陡斜面精加工刀路，如图 14-26 所示。

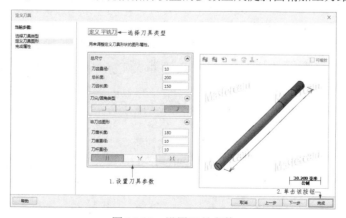

图 14-22　设置刀具参数

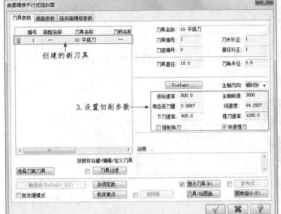

图 14-23　设置切削参数

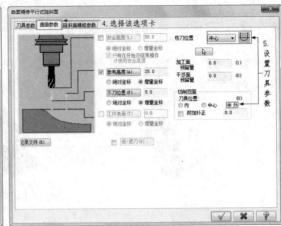

图 14-24　"曲面参数"选项卡

图 14-25　"陡斜面精修参数"选项卡

图 14-26　陡斜面精加工刀路

（6）在刀路管理器中选择"属性"→"毛坯设置"命令，弹出"机床群组属性"对话框，在"毛坯设置"选项卡的"形状"选项组中选中"立方体"单选按钮，选择立方体作为毛坯，如图 14-27 所示。单击"边界框"按钮，打开"边界框"对话框，根据系统提示，选择所有图素，然后单击"结束选择"按钮（ 结束选择 ），返回到"边界框"对话框，单击"确定"按钮 ，创建边界框。设置立方体工件的尺寸，单击"确定"按钮 ，完成工件参数设置。

（7）系统根据所设置的参数生成毛坯，如图 14-28 所示，虚线所示即为刚创建的毛坯工件。

（8）在刀路管理器中单击"验证已选择的操作"按钮 ，然后在弹出的"验证"对话框中单击"播放"按钮 ，系统开始进行模拟，模拟结果如图 14-29 所示。

图 14-27　"毛坯设置"选项卡

Note

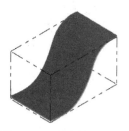

图 14-28　生成的毛坯

图 14-29　模拟结果

（9）模拟检查无误后，在刀路管理器中单击"执行选择的操作进行后处理"按钮 **G1**，生成的 G、M 代码如图 14-30 所示。

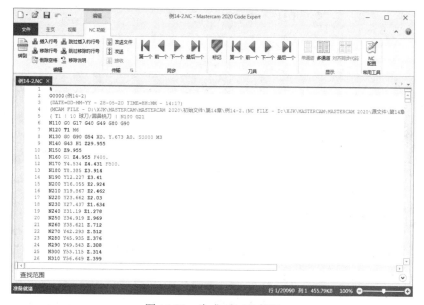

图 14-30　生成 G、M 代码

✎ **技巧荟萃**：陡斜面精加工适合比较陡的斜面，对于陡斜面中间部分的浅滩往往加工不到，在"陡斜面精修参数"选项卡中选中"包含外部切削"复选框，即可切削浅滩部分。

14.3　放射状精加工

放射状精加工是从中心一点向四周发散的加工方式，也称径向加工，主要用于对回转体或类似回转体进行精加工。放射状精加工在实际应用过程中主要针对回转体工件进行加工，有时可用车床加工代替。

14.3.1　设置放射状精加工参数

下面通过实例来说明放射状精加工参数的设置步骤，加工曲面如图 14-31 所示。

（1）选择"机床"选项卡"机床类型"面板中的"铣床"→"默认"命令，在刀路管理器中会

新增一个铣床群组，同时弹出"刀路"选项卡。单击"刀路"选项卡"自定义"面板中的"精修放射"按钮 ，根据系统提示选择加工曲面，然后单击"结束选择"按钮 结束选择，弹出"刀路曲面选择"对话框，单击对话框中的"选择放射中心点"组中的"选择"按钮 ，根据系统提示，选择中心点，然后单击"确定"按钮 ，弹出如图 14-32 所示的"曲面精修放射"对话框，该对话框主要用来设置放射状精加工参数。

（2）在"放射精修参数"选项卡中设置"切削方向"为"双向"、"最大角度增量"为"1"；"起始补正距离"为"5"，即从放射中心点开始切削；放射"起始角度"为"0"、"扫描角度"为"360"，如图 14-32 所示。

（3）单击"确定"按钮 ，系统根据所设置的参数生成放射状精加工刀路，如图 14-33 所示。

图 14-31　加工图形　　　　图 14-32　"放射精修参数"选项卡　　　图 14-33　放射状精加工刀路

14.3.2　实例——放射状精加工

本实例的基本思路是打开初始文件，设置毛坯材料，然后设置加工参数，进行模拟加工，加工流程如图 14-34 所示。

图 14-34　加工流程

 操作步骤

（1）单击"快速访问"工具栏中的"打开"按钮 ，在弹出的"打开"对话框中选择"初始文件\第 14 章\例 14-3"文件，单击"打开"按钮 打开(O)，完成文件的调取，加工图形如图 14-35 所示。

（2）单击"刀路"选项卡"自定义"面板中的"精修放射"按钮 ，根据系统提示选择加工曲面，然后单击"结束选择"按钮 结束选择，弹出"刀路曲面选择"对话框，单击对话框中的"选择放射中心点"组中的"选择"按钮 ，

图 14-35　加工图形

根据系统提示，选择中心点，单击"确定"按钮 ，完成曲面的选择。

（3）系统弹出"曲面精修放射"对话框，利用对话框中的"刀具参数"选项卡来设置刀具和切削参数。在"刀具参数"选项卡刀具列表框的空白处右击，然后在弹出的快捷菜单中选择"创建新刀具"命令。

（4）系统弹出"定义刀具"对话框，后续操作过程与结果如图14-36～图14-39所示。

（5）单击"确定"按钮 ，系统根据所设置的参数生成曲面放射状精加工刀路，如图 14-40 所示。

（6）在刀路管理器中选择"属性"→"毛坯设置"命令，弹出"机床群组属性"对话框，在"毛坯设置"选项卡的"形状"选项组中选中"圆柱体"单选按钮，选择圆柱体作为毛坯，如图14-41所示。单击"边界框"按钮，弹出"边界框"对话框，根据系统提示，选择所有图素，单击"结束选择"按钮 ，返回到"边界框"对话框，单击"确定"按钮，创建毛坯尺寸，然后将尺寸修改为所需的值，单击"确定"按钮 ，完成工件参数设置。

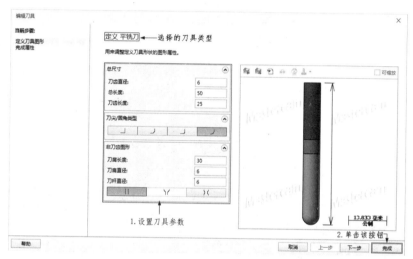

图 14-36　设置刀具参数

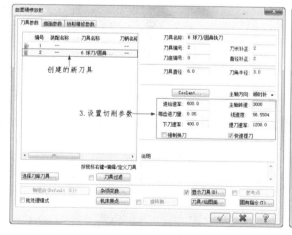

图 14-37　设置切削参数

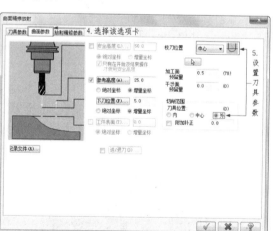

图 14-38　"曲面参数"选项卡

Note

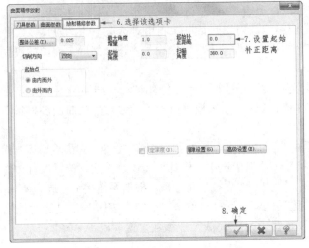

图 14-39 "放射精修参数"选项卡

图 14-40 曲面放射状精加工刀路

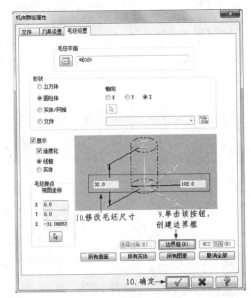

图 14-41 "毛坯设置"选项卡

（7）参数设置完成后，生成的毛坯如图 14-42 所示。

（8）在刀路管理器中单击"选择全部操作"按钮，然后单击"验证已选择的操作"按钮，接着在弹出的"验证"对话框中单击"播放"按钮，系统开始进行模拟，模拟结果如图 14-43 所示。

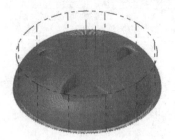

图 14-42 生成的毛坯

图 14-43 模拟结果

（9）模拟检查无误后，在刀路管理器中单击"执行选择的操作进行后处理"按钮 **G1**，生成的 G、M 代码如图 14-44 所示。

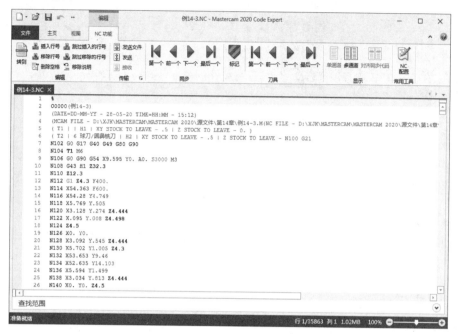

图 14-44　生成 G、M 代码

14.4　投影精加工

投影精加工主要用于三维产品的雕刻、绣花等。投影精加工包括刀路投影（NCI 投影）、曲线投影和点投影 3 种形式。与其他精加工方法不同的是，投影精加工的预留量必须设为负值。

14.4.1　设置投影精加工参数

下面以 NCI 投影精加工为例来说明投影精加工参数的设置步骤，加工图形如图 14-45 所示（先前已经进行过外形加工）。

（1）单击"刀路"选项卡"自定义"面板中的"精修投影加工"按钮，根据系统提示选择加工曲面，然后单击"结束选择"按钮，弹出"刀路曲面选择"对话框，单击"选择曲线"组中的"选择"按钮，弹出"线框串连"对话框，单击对话框中的"窗选"按钮，选择投影曲线，然后根据系统提示选择草图起始点，单击"确定"按钮，返回到"刀路曲面选择"对话框，单击"确定"按钮，弹出"曲面精修投影"对话框，该对话框主要用来设置投影精加工参数。

图 14-45　加工图形

（2）在"曲面参数"选项卡中设置"加工面预留量"为"−1"，如图 14-46 所示。

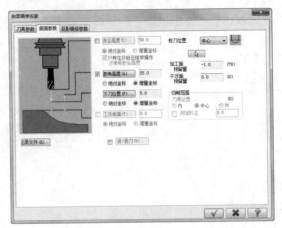

图 14-46 "曲面参数"选项卡

（3）在"投影精修参数"选项卡中选中"两切削间提刀"复选框，在"投影方式"选项组中选中"曲线"单选按钮，并选中右侧列表框中的外形铣削刀路作为投影的依据，如图 14-47 所示。

（4）单击"确定"按钮 ，系统根据所设置的参数生成投影精加工刀路，如图 14-48 所示。

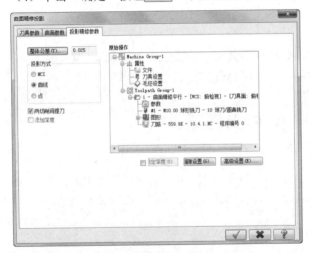

图 14-47　"投影精修参数"选项卡

图 14-48　投影精加工刀路

14.4.2　实例——投影精加工

本实例的基本思路是打开初始文件，设置毛坯材料，然后设置加工参数，进行模拟加工，加工流程如图 14-49 所示。

图 14-49　加工流程

 操作步骤

（1）单击"快速访问"工具栏中的"打开"按钮，在弹出的"打开"对话框中选择"初始文件\第 14 章\例 14-4"文件，单击"打开"按钮 打开(O)，完成文件的调取，加工图形如图 14-50 所示。

（2）选择"机床"选项卡"机床类型"面板中的"铣床"→"默认"命令，在刀路管理器中会新增一个铣床群组，同时弹出"刀路"选项卡。单击"刀路"选项卡"自定义"面板中的"精修投影加工"按钮，根据系统提示选择加工曲面，如图 14-51 所示，然后单击"结束选择"按钮 结束选择，弹出"刀路曲面选择"对话框，单击"选择曲线"组中的"选择"按钮，弹出"线框串连"对话框，单击"窗选"按钮，选择投影曲线和草图起始点，单击"确定"按钮，返回到"刀路曲面选择"对话框，单击"确定"按钮。

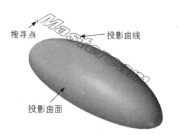

图 14-50 加工图形　　　　图 14-51 选择投影曲面和投影曲线

（3）系统弹出"曲面精修投影"对话框，利用对话框中的"刀具参数"选项卡来设置刀具和切削参数。在"刀具参数"选项卡刀具列表框的空白处右击，然后在弹出的快捷菜单中选择"创建新刀具"命令。

（4）系统弹出"定义刀具"对话框，后续操作过程与结果如图 14-52～图 14-55 所示。

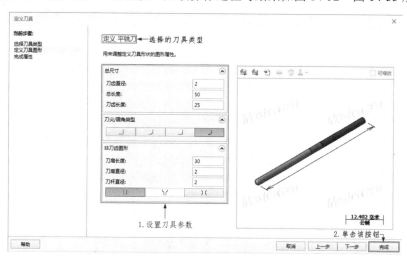

图 14-52 设置刀具参数

（5）单击"确定"按钮，系统根据所设置的参数生成曲面投影精加工刀路，如图 14-56 所示。

（6）在刀路管理器中选择"属性"→"毛坯设置"命令，弹出"机床群组属性"对话框，在"毛坯设置"选项卡的"形状"选项组中选中"实体/网格"单选按钮，如图 14-57 所示。

Note

图 14-53　设置切削参数

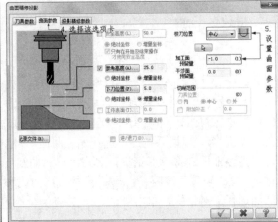

图 14-54　"曲面参数"选项卡

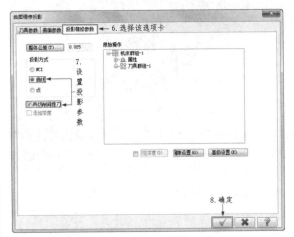

图 14-55　"投影精修参数"选项卡

图 14-56　曲面投影精加工刀路

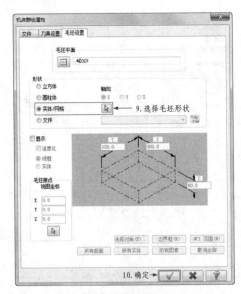

图 14-57　"毛坯设置"选项卡

（7）单击"实体/网格"单选按钮右侧的"选择"按钮，返回绘图区选择实体，单击状态栏中的"层别"按钮，打开图层 3 中的实体文件。选择该实体，单击"确定"按钮，完成工件参数设置，生成的毛坯如图 14-58 所示。

（8）在刀路管理器中单击"验证已选择的操作"按钮，然后在弹出的"验证"对话框中单击"播放"按钮，系统开始进行模拟，模拟结果如图 14-59 所示。

图 14-58　生成的毛坯　　　　　　　图 14-59　模拟结果

（9）模拟检查无误后，在刀路管理器中单击"执行选择的操作进行后处理"按钮，生成的 G、M 代码如图 14-60 所示。

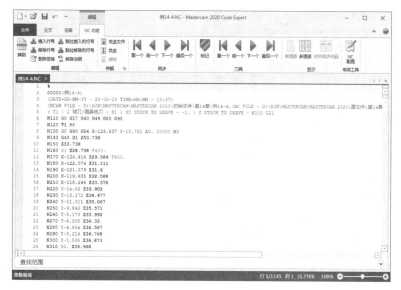

图 14-60　生成 G、M 代码

技巧荟萃：由于精加工已经将产品加工到位，投影精加工必须在此基础上再切削部分材料，因此，投影精加工中的预留量需要设成负值。

14.5　流线精加工

流线精加工主要用于加工流线非常规律的曲面。对于多个曲面，当流线相互交错时，用曲面流线精加工方法加工不太适合。

14.5.1　设置流线精加工参数

选择"机床"选项卡"机床类型"面板中的"铣床"→"默认"命令，在刀路管理器中会新增一个铣床群组，同时弹出"刀路"选项卡。单击"刀路"选项卡"3D"面板"精切"组中的"流线"按钮，根据系统提示选择加工曲面，然后单击"结束选择"按钮，弹出"刀路曲面选择"对话框，单击"确定"按钮，弹出如图 14-61 所示的"曲面精修流线"对话框，利用该对话框来设置流线精加工参数。

图 14-61 "曲面精修流线"对话框

流线精加工参数主要包括切削控制和截断方向的控制，切削控制一般采用误差控制。机床一般将切削方向的曲线刀路转化成小段直线来进行近似切削。误差设置得越大，转化成直线的误差也就越大，计算也越快，加工结果与原曲面之间的误差越大；误差设置得越小，计算越慢，加工结果与原曲面之间的误差越小，一般给定为 0.025～0.15。截断方向的控制方式有两种，一种是距离，另一种是残脊高度。对于用球形铣刀铣削曲面时在两刀路之间生成的残脊，可以通过控制残脊高度来控制残料余量。另外，也可以通过控制两切削路径之间的距离来控制残料余量。通过距离控制刀路之间的残料余量更直接、更简单，因此一般采用该方法来控制残料余量。

14.5.2 实例——流线精加工

本实例的基本思路是打开初始文件，设置毛坯材料，然后设置加工参数，进行模拟加工，加工流程如图 14-62 所示。

图 14-62 加工流程

操作步骤

（1）单击"快速访问"工具栏中的"打开"按钮，在弹出的"打开"对话框中选择"初始文

件\第 14 章\例 14-5"文件，单击"打开"按钮 ，完成文件的调取，加工图形如图 14-63 所示。

（2）选择"机床"选项卡"机床类型"面板中的"铣床"→"默认"命令，在刀路管理器中会新增一个铣床群组，同时弹出"刀路"选项卡。单击"刀路"选项卡"3D"面板"精切"组中的"流线"按钮 ，根据系统提示选择加工曲面，然后单击"结束选择"按钮 ，弹出"刀路曲面选择"对话框，如图 14-64 所示，单击"曲面流线"组中的"流线参数"按钮 ，弹出"曲面流线设置"对话框。

（3）选择圆柱面作为加工面，设置切削方向和补正方向，如图 14-65 所示，单击"确定"按钮 ，完成流线选项设置。

図 14-63　加工图形　　　　　图 14-64　刀路曲面选择　　　　図 14-65　设置流线选项

（4）系统弹出"曲面精修流线"对话框，利用对话框中的"刀具参数"选项卡来设置刀具和切削参数。在"刀具参数"选项卡刀具列表框的空白处右击，然后在弹出的快捷菜单中选择"创建新刀具"命令，系统弹出"定义刀具"对话框。

（5）在"刀具类型"选项卡中选择"平铣刀"，后续操作过程与结果如图 14-66～图 14-69 所示。

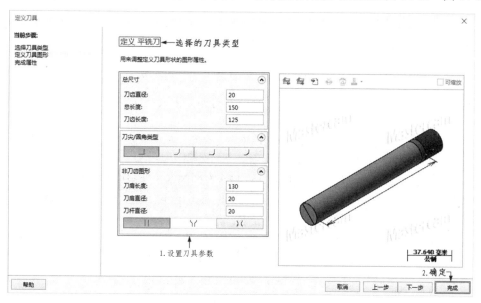

图 14-66　设置刀具参数

图 14-67 设置切削参数

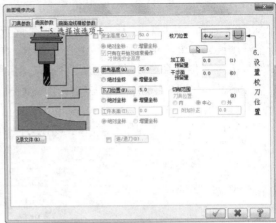

图 14-68 "曲面参数"选项卡

图 14-69 "曲面流线精修参数"选项卡

（6）单击"确定"按钮 ，系统根据所设置的参数生成曲面流线精加工刀路，如图 14-70 所示。

（7）在刀路管理器中选择"属性"→"毛坯设置"命令，弹出"机床群组属性"对话框，在"毛坯设置"选项卡的"形状"选项组中选中"立方体"单选按钮，选择立方体作为毛坯。单击"边界框"按钮，弹出"边界框"对话框，根据系统提示，选择所有的图素，然后单击"结束选择"按钮，再单击"边界框"对话框中的"确定"按钮，返回"机床群组属性"对话框，立方体的尺寸如图 14-71 所示，单击"确定"按钮，完成毛坯材料设置。

（8）完成工件参数设置后，生成的毛坯如图 14-72 所示。

（9）在刀路管理器中单击"验证已选择的操作"按钮，然后在弹出的"验证"对话框中单击"播放"按钮，系统开始进行模拟，模拟结果如图 14-73 所示。

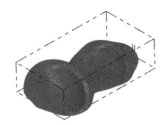

图 14-70　流线精修刀路

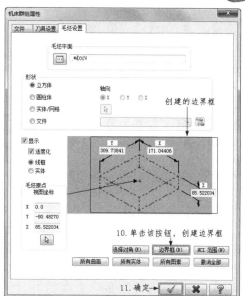

图 14-71　"毛坯设置"选项卡

图 14-72　生成的毛坯

图 14-73　模拟结果

（10）模拟检查无误后，在刀路管理器中单击"执行选择的操作进行后处理"按钮 G1，生成的 G、M 代码如图 14-74 所示。

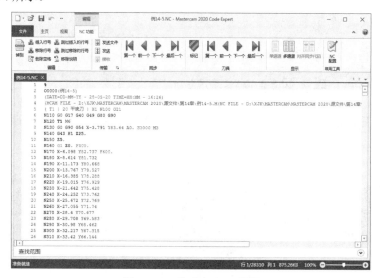

图 14-74　生成 G、M 代码

14.6 等高精加工

等高精加工采用等高线的方式进行逐层加工,包括沿 Z 轴等分和沿外形等分两种方式。沿 Z 轴等分选择的是加工范围线;沿外形等分选择的是外形线,并将外形线进行等分加工。等高精加工主要用于对比较陡的曲面进行精加工,加工效果较好,是目前应用比较广泛的加工方法之一。

14.6.1 设置等高精加工参数

选择"机床"选项卡"机床类型"面板中的"铣床"→"默认"命令,在刀路管理器中会新增一个铣床群组,同时弹出"刀路"选项卡。单击"刀路"选项卡"3D"面板"精修"组中的"传统等高"按钮,根据系统提示选择加工曲面,然后单击"结束选择"按钮 ,弹出"刀路曲面选择"对话框,单击"确定"按钮 ,弹出"曲面精修等高"对话框,利用该对话框来设置精加工参数,如图 14-75 所示。

由于等高精加工的参数与等高粗加工的参数基本相同,在此不再赘述。

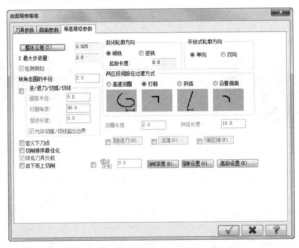

图 14-75 "曲面精修等高"对话框

14.6.2 实例——沿 Z 轴等分等高精加工

本实例的基本思路是打开初始文件,设置毛坯材料,然后设置加工参数,进行模拟加工,加工流程如图 14-76 所示。

图 14-76 加工流程

操作步骤

（1）单击"快速访问"工具栏中的"打开"按钮，在弹出的"打开"对话框中选择"初始文件\第14章\例14-6"文件，单击"打开"按钮 打开(O) ，完成文件的调取，加工图形如图14-77所示。

（2）选择"机床"选项卡"机床类型"面板中的"铣床"→"默认"命令，在刀路管理器中会新增一个铣床群组，同时弹出"刀路"选项卡。单击"刀路"选项卡"3D"面板"精修"组中的"传统等高"按钮，根据系统提示选择加工曲面，然后单击"结束选择"按钮 结束选择 ，弹出"刀路曲面选择"对话框，单击"切削范围"组中的"选择"按钮，弹出"线框串连"对话框，单击"串连"按钮，选择加工边界，如图14-78所示，单击"确定"按钮，完成加工边界的选择。

图14-77 加工图形

图14-78 选择加工边界

（3）系统弹出"曲面精修等高"对话框，利用对话框中的"刀具参数"选项卡来设置刀具和切削参数。在"刀具参数"选项卡刀具列表框的空白处右击，然后在弹出的快捷菜单中选择"创建新刀具"命令，系统弹出"定义刀具"对话框。

（4）在"刀具类型"选项卡中选择"球形铣刀"，后续操作过程与结果如图14-79~图14-83所示。

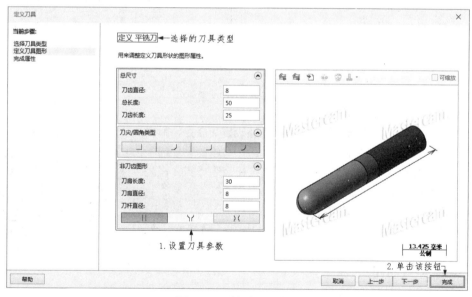
图14-79 设置刀具参数

Note

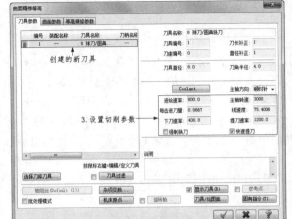

图 14-80　设置切削参数

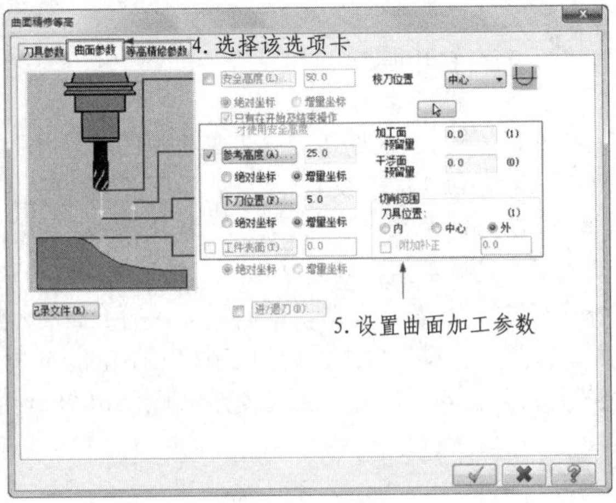

图 14-81　"曲面参数"选项卡

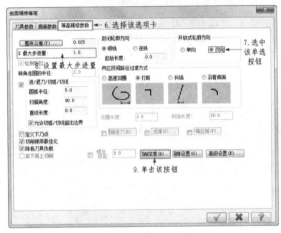

图 14-82　"等高精修参数"选项卡

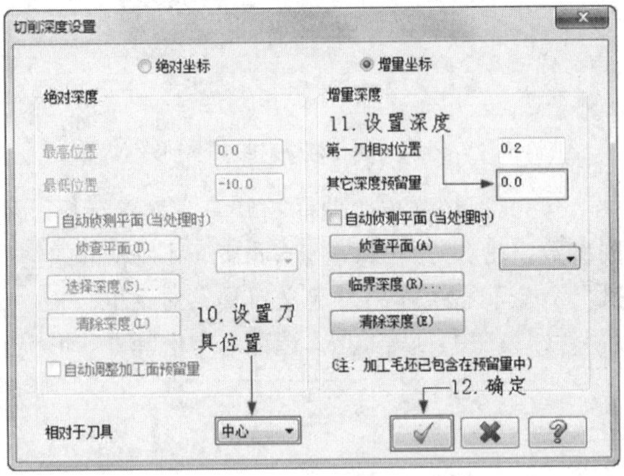

图 14-83　"切削深度设置"对话框

（5）单击"确定"按钮 ，系统根据所设置的参数生成曲面等高精加工刀路，如图 14-84 所示。

（6）在刀路管理器中选择"属性"→"毛坯设置"命令，弹出"机床群组属性"对话框，如图 14-85 所示，在"毛坯设置"选项卡的"形状"选项组中选中"实体/网格"单选按钮，选择实体作为毛坯，单击"确定"按钮 ，完成毛坯材料设置。

（7）材料设置完毕后，生成的毛坯如图 14-86 所示。

（8）在刀路管理器中单击"验证已选择的操作"按钮 ，然后在弹出的"验证"对话框中单击"播放"按钮 ，系统开始进行模拟，模拟结果如图 14-87 所示。

图 14-84　曲面等高精加工刀路

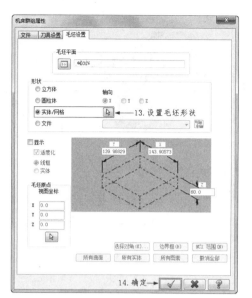

图 14-85　"机床群组属性"对话框

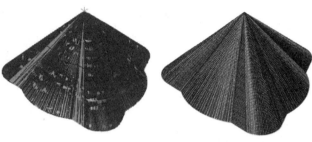

图 14-86　生成的毛坯　　　　图 14-87　模拟结果

14.6.3　实例——沿外形等分等高精加工

为了弥补沿 Z 轴等分等高加工方式的不足,Mastercam 提供了等高外形精加工的另外一种方式,即沿外形等分等高精加工,以外形线等分进行铣削。下面通过实例来说明沿外形等分等高精加工方式的加工步骤。

本实例的基本思路是打开初始文件,设置毛坯材料,然后设置加工参数,进行模拟加工,加工流程如图 14-88 所示。

图 14-88　加工流程

操作步骤

（1）单击"快速访问"工具栏中的"打开"按钮，在弹出的"打开"对话框中选择"初始文件\第 14 章\例 14-7"文件,单击"打开"按钮，完成文件的调取,加工图形如图 14-89 所示。

（2）选择"机床"选项卡"机床类型"面板中的"铣床"→"默认"命令,在刀路管理器中会新增一个铣床群组,同时弹出"刀路"选项卡。单击"刀路"选项卡"3D"面板"精修"组中的"传统等高"按钮，根据系统提示选择加工曲面,然后单击"结束选择"按钮，弹出"刀路曲面选择"对话框,单击"切削范围"组中的"选择"按钮，弹出"线框串连"对话框,单击"串连"按钮，选择等分外形线,如图 14-90 所示,单击"确定"按钮，完成加工面和等分外形线的选择。

图 14-89 加工图形   图 14-90 选择加工面和等分外形线

（3）系统弹出"曲面精修等高"对话框，利用对话框中的"刀具参数"选项卡来设置刀具和切削参数。在"刀具参数"选项卡刀具列表框的空白处右击，然后在弹出的快捷菜单中选择"创建新刀具"命令，系统弹出"定义刀具"对话框。

（4）在"刀具类型"选项卡中选择"球形铣刀"，后续操作过程与结果如图 14-91～图 14-94 所示。

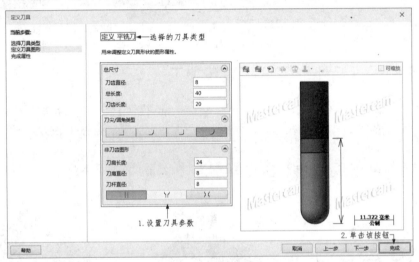

图 14-91 设置刀具参数

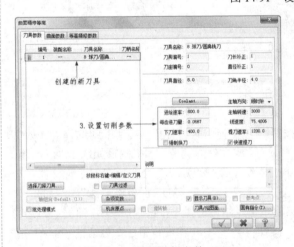

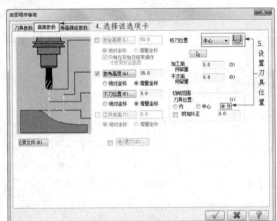

图 14-92 设置切削参数   图 14-93 "曲面参数"选项卡

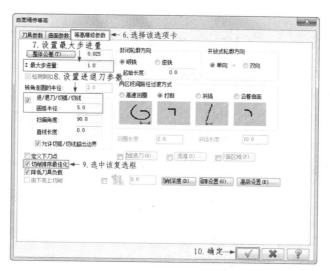

图 14-94　"等高精修参数"选项卡

（5）单击"确定"按钮 ✓，系统根据所设置的参数生成曲面等高精加工刀路，如图 14-95 所示。

（6）在刀路管理器中选择"属性"→"毛坯设置"命令，弹出"机床群组属性"对话框，如图 14-96 所示。在"毛坯设置"选项卡的"形状"选项组中选中"实体/网格"单选按钮，返回绘图区选择实体作为毛坯，单击"确定"按钮 ✓，完成毛坯材料设置。

（7）完成刀路设置以后，接下来就可以通过刀路模拟来观察刀路是否合适。在刀路管理器中单击"验证已选择的操作"按钮 ，即可完成工件的加工仿真，模拟结果如图 14-97 所示。

图 14-95　曲面等高精加工刀路

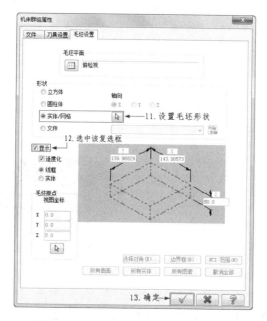

图 14-96　"机床群组属性"对话框

图 14-97　模拟结果

14.7 浅滩精加工

浅滩精加工主要用于对比较浅的曲面进行铣削加工，较浅的曲面是相对于陡斜面而言的。对于比较平坦的曲面，用浅滩精加工方法进行精加工的效果比较好。浅滩精加工提供了多种走刀方式来满足不同类型曲面的加工，下面将进行具体介绍。

14.7.1 设置浅滩精加工参数

下面通过对如图 14-98 所示的图形进行浅滩精加工，来介绍"从倾斜角度"和"到倾斜角度"两个参数的应用，具体操作步骤如下。

（1）选择"机床"选项卡"机床类型"面板中的"铣床"→"默认"命令，在刀路管理器中会新增一个铣床群组，同时弹出"刀路"选项卡。单击"刀路"选项卡"自定义"面板中的"精修浅滩加工"按钮，根据系统提示选择如图 14-98 所示的曲面作为加工曲面，然后单击"结束选择"按钮，弹出"刀路曲面选择"对话框，单击"确定"按钮，弹出如图 14-99 所示的"曲面精修浅滩"对话框，利用该对话框来设置浅滩加工参数。

图 14-98　加工曲面

（2）在"浅滩精修参数"选项卡的"加工方向"选项组中选中"顺时针"单选按钮，将"最大切削间距"设为"1"，"切削方向"设为"3D 环绕"，浅滩加工倾斜角度设为 0°～30°，即大于 30°的曲面不予加工，如图 14-99 所示。

（3）单击"确定"按钮，系统根据所设置的参数生成浅滩精加工刀路，如图 14-100 所示。

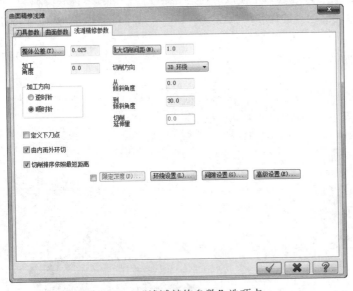

图 14-99　"浅滩精修参数"选项卡

图 14-100　浅滩精加工刀路

14.7.2 实例——浅滩精加工

本实例的基本思路是打开初始文件，设置毛坯材料，然后设置加工参数，进行模拟加工，加工流程如图 14-101 所示。

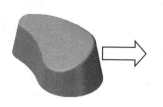

图 14-101　加工流程

Note

操作步骤

（1）单击"快速访问"工具栏中的"打开"按钮，在弹出的"打开"对话框中选择"初始文件\第 14 章\例 14-8"文件，单击"打开"按钮 打开(O) ，完成文件的调取，加工图形如图 14-102 所示。

（2）选择"机床"选项卡"机床类型"面板中的"铣床"→"默认"命令，在刀路管理器中会新增一个铣床群组，同时弹出"刀路"选项卡。单击"刀路"选项卡"自定义"面板中的"精修浅滩加工"按钮，根据系统提示选择加工曲面，然后单击"结束选择"按钮 结束选择 ，弹出"刀路曲面选择"对话框，单击"确定"按钮，完成曲面的选择。

图 14-102　加工图形

（3）系统弹出"曲面精修浅滩"对话框，利用对话框中的"刀具参数"选项卡来设置刀具和切削参数。在"刀具参数"选项卡刀具列表框的空白处右击，然后在弹出的快捷菜单中选择"创建新刀具"命令，系统弹出"定义刀具"对话框。

（4）在"刀具类型"选项卡中选择"球形铣刀"，后续操作过程与结果如图 14-103～图 14-106 所示。

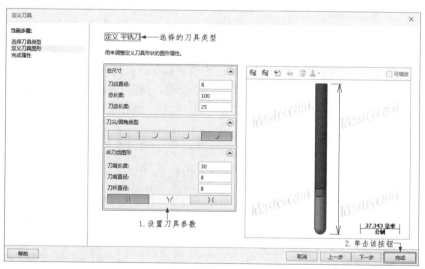

图 14-103　设置刀具参数

Note

图 14-104　设置切削参数

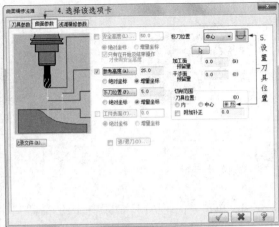

图 14-105　"曲面参数"选项卡

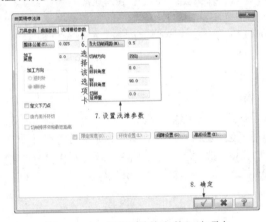

图 14-106　"浅滩精修参数"选项卡

（5）单击"确定"按钮 ，系统根据所设置的参数生成浅滩精加工刀路，如图 14-107 所示。

（6）在刀路管理器中选择"属性"→"毛坯设置"命令，弹出"机床群组属性"对话框，在"毛坯设置"选项卡的"形状"选项组中选中"实体/网格"单选按钮，选择实体作为毛坯，如图 14-108 所示。

图 14-107　浅滩精加工刀路

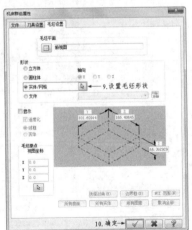

图 14-108　"毛坯设置"选项卡

（7）在"毛坯设置"选项卡的"形状"选项组中单击"选择"按钮 ，并选择绘图区中的实体作为毛坯。单击"确定"按钮 ✅，完成工件参数设置，生成的毛坯如图 14-109 所示。

（8）在刀路管理器中单击"验证已选择的操作"按钮 ，然后在弹出的"验证"对话框中单击"播放"按钮 ▶，系统开始进行模拟，模拟结果如图 14-110 所示。

图 14-109　生成的毛坯

图 14-110　模拟结果

（9）模拟检查无误后，在刀路管理器中单击"执行选择的操作进行后处理"按钮 G1，生成的 G、M 代码如图 14-111 所示。

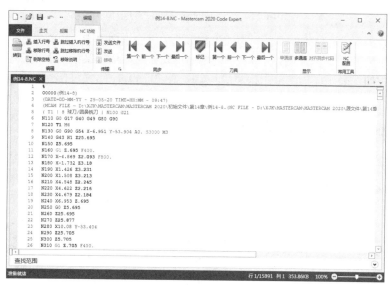

图 14-111　生成 G、M 代码

✍ **技巧荟萃**：浅滩精加工用于对坡度较小的曲面进行加工生成精加工刀路，常配合等高外形加工方式或配合陡斜面精加工方式进行加工。

14.8　交线清角精加工

交线清角精加工主要用于两曲面交线处的精加工。由于刀具无法进入两曲面交线处，会产生部分残料，因此可以采用交线清角精加工方式清除残料。

14.8.1　设置交线清角精加工参数

选择"机床"选项卡"机床类型"面板中的"铣床"→"默认"命令，在刀路管理器中会新增一

Note

个铣床群组，同时弹出"刀路"选项卡。单击"刀路"选项卡"自定义"面板中的"精修清角加工"按钮，根据系统提示选择加工曲面，然后单击"结束选择"按钮，弹出"刀路曲面选择"对话框，单击"确定"按钮，弹出如图 14-112 所示的"曲面精修清角"对话框，利用该对话框来设置交线清角精加工的相关参数。

图 14-112 "曲面精修清角"对话框

在"清角精修参数"选项卡的"平行加工次数"选项组中选中"无"单选按钮，表示生成一刀式刀路；选中"单侧加工次数"单选按钮，表示需要用户输入次数值，系统生成平行的多次刀路；选中"无限制"单选按钮，表示在加工范围内生成与第一刀平行的多次清角刀路。"清角曲面最大夹角"一般给定 160°。

14.8.2 实例——交线清角精加工

本实例的基本思路是打开初始文件，设置毛坯材料，然后设置加工参数，进行模拟加工，加工流程如图 14-113 所示。

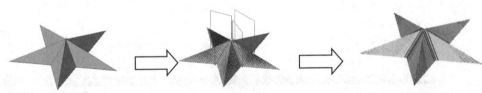

图 14-113 加工流程

 操作步骤

（1）单击"快速访问"工具栏中的"打开"按钮，在弹出的"打开"对话框中选择"初始文件\第 14 章\例 14-9"文件，单击"确定"按钮，完成文件的调取，加工图形如图 14-114 所示。

（2）单击"刀路"选项卡"自定义"面板中的"精修清角加工"按钮，根据系统提示选择加工曲面，然后单击"结束选择"按钮，弹出"刀路曲面选择"对话框，单击"确定"按钮，完成曲面的选择。

（3）系统弹出"曲面精修清角"对话框，利用对话框中的"刀具参数"选项卡来设置刀具和切削参数。在"刀具参数"选项卡刀具列表框的空白处右击，然后在弹出的快捷菜单中选择"创建新刀具"命令，系统弹出"定义刀具"对话框。

（4）在"刀具类型"选项卡中选择"球形铣刀"，后续操作过程与结果如图 14-115～图 14-119 所示。

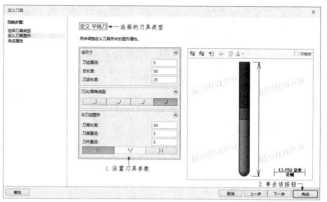

图 14-114　加工图形

图 14-115　设置刀具参数

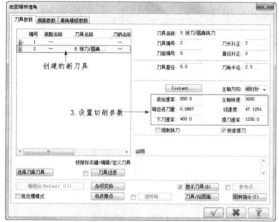

图 14-116　设置切削参数

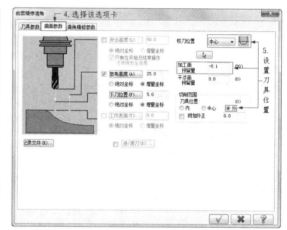

图 14-117　"曲面参数"选项卡

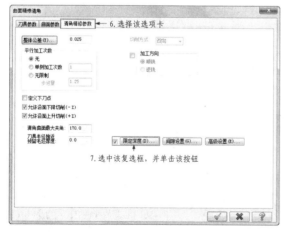

图 14-118　"清角精修参数"选项卡

图 14-119　"限定深度"对话框

（5）单击"确定"按钮 ，系统根据所设置的参数生成交线清角精加工刀路，如图 14-120 所示。

（6）单击状态栏中的"层别"按钮，打开关闭的图层 2。在刀路管理器中选择"属性"→"毛坯设置"命令，弹出"机床群组属性"对话框，在"毛坯设置"选项卡的"形状"选项组中选中"实体/网格"单选按钮，选择实体作为毛坯，如图 14-121 所示。

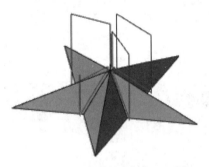

图 14-120　交线清角精加工刀路

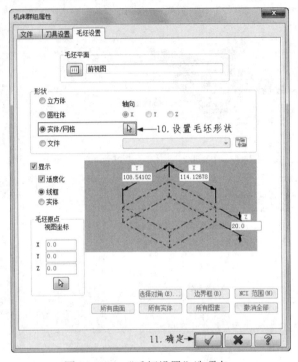

图 14-121　"毛坯设置"选项卡

（7）在"毛坯设置"选项卡中单击"选择"按钮 ，并选择绘图区中的实体作为毛坯，单击"确定"按钮 ，完成工件参数设置，生成的毛坯如图 14-122 所示。

（8）在刀路管理器中单击"选择全部操作"按钮 ，然后单击"验证已选择的操作"按钮 ，接着在弹出的"验证"对话框中单击"播放"按钮 ，系统开始进行模拟，模拟结果如图 14-123 所示。

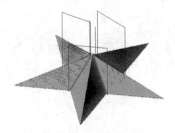

图 14-122　生成的毛坯

图 14-123　模拟结果

（9）模拟检查无误后，在刀路管理器中单击"执行选择的操作进行后处理"按钮 G1，生成的 G、M 代码如图 14-124 所示。

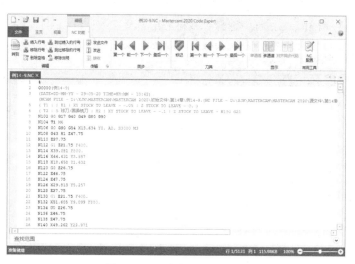

图 14-124　生成 G、M 代码

14.9　残料精加工

残料精加工主要用于去除前面操作所遗留下来的残料。在加工过程中，为了提高加工效率，通常采用大直径的刀具进行加工，从而导致局部区域刀具无法进入，因此需要采用残料精加工方式清除残料。残料精加工参数有两部分，一部分是残料清角精加工参数，另一部分是残料清角的材料参数。

14.9.1　设置残料精加工参数

选择"机床"选项卡"机床类型"面板中的"铣床"→"默认"命令，在刀路管理器中会新增一个铣床群组，同时弹出"刀路"选项卡。单击"刀路"选项卡"自定义"面板中的"残料"按钮，根据系统提示选择加工曲面，然后单击"结束选择"按钮，弹出"刀路曲面选择"对话框，单击"确定"按钮，弹出如图 14-125 所示的"曲面精修残料清角"对话框，利用该对话框来设置残料精加工的相关参数。

图 14-125　"曲面精修残料清角"对话框

在"曲面精修残料清角"对话框中选择"残料清角材料参数"选项卡，如图 14-126 所示，该选项卡主要用来设置粗铣刀具的直径，系统会根据粗铣刀的直径来计算由此刀具加工剩余的残料。

图 14-126　"残料清角材料参数"选项卡

14.9.2　实例——残料精加工

本实例的基本思路是打开初始文件，设置毛坯材料，然后设置加工参数，进行模拟加工，加工流程如图 14-127 所示。

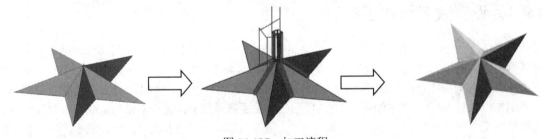

图 14-127　加工流程

操作步骤

（1）单击"快速访问"工具栏中的"打开"按钮，在弹出的"打开"对话框中选择"初始文件\第 14 章\例 14-10"文件，单击"确定"按钮，完成文件的调取，加工图形如图 14-128 所示。

（2）单击"刀路"选项卡"自定义"面板中的"残料"按钮，根据系统提示选择加工曲面，然后单击"结束选择"按钮，弹出"刀路曲面选择"对话框，单击"确定"按钮，完成曲面和边界的选择。

（3）系统弹出"曲面精修残料清角"对话框，利用对话框中的"刀具参数"选项卡来设置刀具和切削参数。在"刀具参数"选项卡刀具列表框的空白处右击，然后在弹出的快捷菜单中选择"创建新刀具"命令，系统弹出"定义刀具"对话框。

（4）在"刀具类型"选项卡中选择"圆鼻铣刀"，后续操作过程与结果如图14-129～图14-133所示。

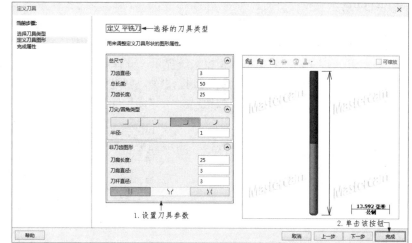

图 14-128　加工图形 　　　　　　　　　　　　图 14-129　设置刀具参数

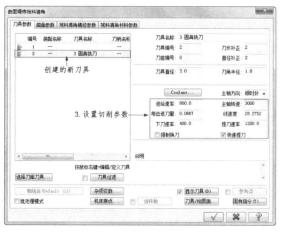

图 14-130　设置切削参数

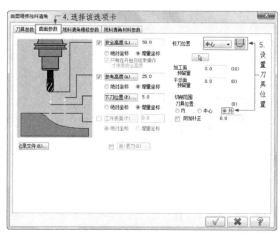

图 14-131　"曲面参数"选项卡

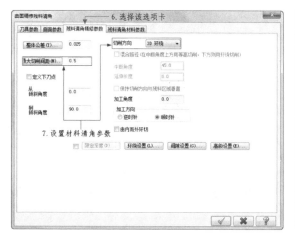

图 14-132　"残料清角精修参数"选项卡

图 14-133　"残料清角材料参数"选项卡

（5）单击"确定"按钮，完成参数设置，系统根据设置的参数生成残料清角精修刀路，如图 14-134 所示。

（6）在刀路管理器中选择"属性"→"毛坯设置"命令，弹出"机床群组属性"对话框，在"毛坯设置"选项卡的"形状"选项组中选中"圆柱体"单选按钮，选择圆柱体作为毛坯。单击"边界框"按钮，打开"边界框"对话框，根据系统提示，选择所有素材，单击"结束选择"按钮 结束选择 ，返回到"边界框"对话框，单击"确定"按钮，创建边界框，如图 14-135 所示，设置圆柱体工件的尺寸为Φ120×20，单击"确定"按钮，完成工件参数设置。

图 14-134　残料清角精修刀路　　　　　图 14-135　"毛坯设置"选项卡

（7）材料设置完毕后，生成的毛坯如图 14-136 所示。

（8）在刀路管理器中单击"选择全部操作"按钮，然后单击"验证已选择的操作"按钮，接着在弹出的"验证"对话框中单击"播放"按钮，系统开始进行模拟，模拟结果如图 14-137 所示。

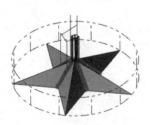

图 14-136　生成的毛坯　　　　　图 14-137　模拟结果

（9）模拟检查无误后，在刀路管理器中单击"执行选择的操作进行后处理"按钮G1，生成的 G、M 代码如图 14-138 所示。

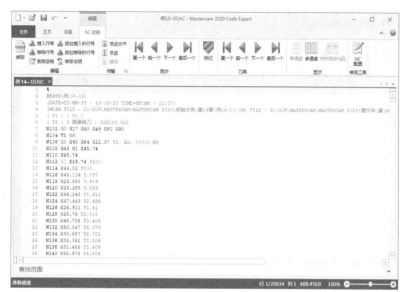

图 14-138 生成 G、M 代码

14.10 环绕等距精加工

环绕等距精加工适合于陡斜面和浅滩，刀路等间距排列，加工工件的精度较高，是非常好的精加工方法。

14.10.1 设置环绕等距精加工参数

下面通过实例来说明环绕等距精加工参数的设置步骤，加工图形如图 14-139 所示。

（1）选择"机床"选项卡"机床类型"面板中的"铣床"→"默认"命令，在刀路管理器中便新增一个铣床群组，同时弹出"刀路"选项卡。单击"刀路"选项卡"自定义"面板中的"精修环绕等距加工"按钮，根据系统提示选择加工曲面，然后单击"结束选择"按钮 ，弹出"刀路曲面选择"对话框，单击"确定"按钮 ，弹出如图 14-140 所示的"曲面精修环绕等距"对话框，利用该对话框来设置环绕等距精加工的相关参数。

图 14-139 加工图形

（2）在"环绕等距精修参数"选项卡的"最大切削间距"文本框中输入"0.3"，选择"加工方向"为"顺时针"，并选中"由内而外环切"和"切削排序依照最短距离"复选框，如图 14-140 所示，单击"确定"按钮 ，完成参数设置。

（3）系统根据所设置的参数生成环绕等距精加工刀路，如图 14-141 所示。

图 14-140 "环绕等距精修参数"选项卡 图 14-141 环绕等距精加工刀路

14.10.2 实例——环绕等距精加工

本实例的基本思路是打开初始文件，设置毛坯材料，然后设置加工参数，进行模拟加工，加工流程如图 14-142 所示。

图 14-142 加工流程

操作步骤

（1）单击"快速访问"工具栏中的"打开"按钮，在弹出的"打开"对话框中选择"初始文件\第 14 章\例 14-11"文件，单击"打开"按钮 打开(O)，完成文件的调取，加工图形如图 14-143 所示。

（2）选择"机床"选项卡"机床类型"面板中的"铣床"→"默认"命令，在刀路管理器中会新增一个铣床群组，同时弹出"刀路"选项卡。单击"刀路"选项卡"自定义"面板中的"精修环绕等距加工"按钮，根据系统提示选择加工曲面，然后单击"结束选择"按钮 结束选择，弹出"刀路曲面选择"对话框，单击"切削范围"组中的"选择"按钮，弹出"线框串连"对话框，单击"串连"按钮，选择加工边界，如图 14-144 所示，单击"确定"按钮，完成加工面和加工范围的选择。

（3）系统弹出"曲面精修环绕等距"对话框，利用对话框中的"刀具参数"选项卡来设置刀具和切削参数。在"刀具参数"选项卡刀具列表框的空白处右击，然后在弹出的快捷菜单中选择"创建新刀具"命令，系统弹出"定义刀具"对话框。

图 14-143　加工图形

图 14-144　选择加工面和加工范围

（4）在"刀具类型"选项卡中选择"球形铣刀"，在弹出的"平铣刀"选项卡中设置刀具参数，后续操作过程与结果如图 14-145～图 14-148 所示。

图 14-145　设置刀具参数

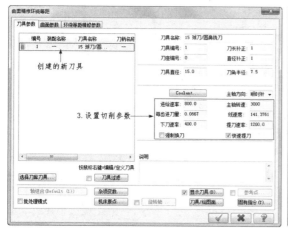

图 14-146　设置切削参数

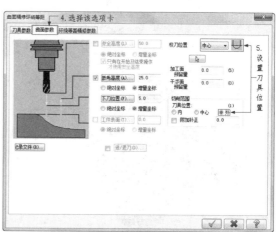

图 14-147　"曲面参数"选项卡

图 14-148　"环绕等距精修参数"选项卡

（5）单击"确定"按钮，系统根据所设置的参数生成环绕等距精加工刀路，如图 14-149 所示。

（6）在刀路管理器中选择"属性"→"毛坯设置"命令，弹出"机床群组属性"对话框，在"毛坯设置"选项卡的"形状"选项组中选中"文件"单选按钮，然后选择已经设置好的形状文件，如图 14-150 所示，单击"确定"按钮，完成工件参数设置。

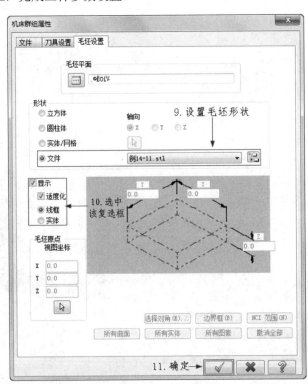

图 14-149　环绕等距精修刀路　　　　　图 14-150　"毛坯设置"选项卡

（7）材料设置完毕，生成的毛坯如图 14-151 所示。

（8）在刀路管理器中单击"验证已选择的操作"按钮，接着在弹出的"验证"对话框中单击"播放"按钮，系统开始进行模拟，模拟结果如图 14-152 所示。

图 14-151　生成的毛坯

图 14-152　模拟结果

（9）模拟检查无误后，在刀路管理器中单击"执行选择的操作进行后处理"按钮G1，生成的 G、M 代码如图 14-153 所示。

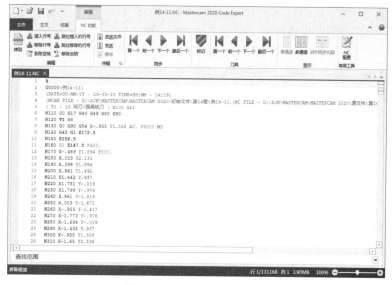

图 14-153　生成 G、M 代码

✍ **技巧荟萃**：环绕等距精加工可以加工有多个曲面的零件，刀路沿曲面环绕并且相互等距，即残留高度固定，适合曲面变化较大的零件，用于最后一刀的精加工操作。

14.11　熔接精加工

熔接精加工也称混合精加工，在两条熔接曲线内部生成刀路，再投影到曲面上生成混合精加工刀路。熔接精加工是由以前版本中的双线投影精加工演变而来的，Mastercam X6 将此功能单独列了出来。

14.11.1　设置熔接精加工熔接曲线

选择"机床"选项卡"机床类型"面板中的"铣床"→"默认"命令，在刀路管理器中会新增一个铣床群组，同时弹出"刀路"选项卡。单击"刀路"选项卡"自定义"面板中的"熔接"按钮，根据系统提示选择加工曲面，然后单击"结束选择"按钮，弹出如图 14-154 所示的"刀路曲面选择"对话框，单击"选择熔接曲线"组中的"选择"按钮，弹出"线框串连"对话框，单击"串连"按钮，即可设置熔接曲线。

熔接曲线必须是两条曲线，曲线类型不限，可以是直线、圆弧、曲面曲线等。另外，还可以利用等效的思维，将点看作点圆，即直径为零的圆，因此，也可以选择曲线和点作为熔接曲线，但是不能选择两点作为熔接曲线。

14.11.2　设置熔接精加工参数

下面以加工锥形面为例来说明熔接精加工参数的设置步骤，加工图形如图 14-155 所示。

（1）选择"机床"选项卡"机床类型"面板中的"铣床"→"默认"命令，在刀路管理器中会新增一个铣床群组，同时弹出"刀路"选项卡。单击"刀路"选项卡"自定义"面板中的"熔接"按钮，根据系统提示选择锥形面作为加工面，然后单击"结束选择"按钮，弹出"刀路曲面选择"对话框，单击"选择熔接曲线"组中的"选择"按钮，弹出"线框串连"对话框，单击"串连"按钮，选择两个圆作为熔接曲线，如图 14-156 所示，单击"确定"按钮，弹出"曲面精修熔接"对话框，该对话框主要用来设置熔接精加工参数。

图 14-154　"刀路曲面选择"对话框

图 14-155　加工图形

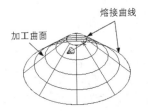

图 14-156　选择加工面和熔接曲线

（2）在"熔接精修参数"选项卡中设置"最大步进量"为"1.2"，选择"切削方式"为"双向"，并选中"引导方向"单选按钮，如图 14-157 所示。

（3）在"熔接精修参数"选项卡中单击"熔接设置"按钮，弹出如图 14-158 所示的"引导方向熔接设置"对话框，利用该对话框来定义熔接间距。

图 14-157　"熔接精修参数"选项卡

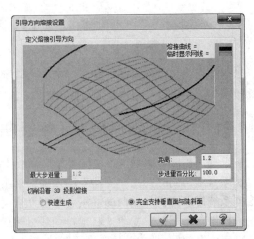

图 14-158　"引导方向熔接设置"对话框

（4）单击"确定"按钮 ，系统根据所设置的参数生成熔接精修刀路，如图 14-159 所示。

图 14-159　熔接精修刀路

14.11.3　实例——熔接精加工

本实例的基本思路是打开初始文件，设置毛坯材料，然后设置加工参数，进行模拟加工，加工流程如图 14-160 所示。

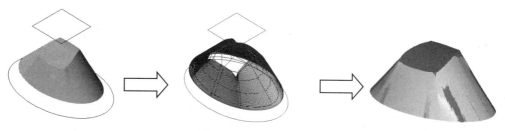

图 14-160　加工流程

 操作步骤

（1）单击"快速访问"工具栏中的"打开"按钮，在弹出的"打开"对话框中选择"初始文件\第 14 章\例 14-12"文件，单击"打开"按钮 打开(O)，完成文件的调取，加工图形如图 14-161 所示。

（2）选择"机床"选项卡"机床类型"面板中的"铣床"→"默认"命令，在刀路管理器中会新增一个铣床群组，同时弹出"刀路"选项卡。单击"刀路"选项卡"自定义"面板中的"熔接"按钮，根据系统提示选择加工曲面，然后单击"结束选择"按钮 结束选择，弹出"刀路曲面选择"对话框，单击"选择熔接曲线"组中的"选择"按钮，弹出"线框串连"对话框，单击"串连"按钮，选择熔接曲线，如图 14-162 所示，单击"确定"按钮，完成加工曲面和熔接曲线的选择。

图 14-161　加工图形

图 14-162　选择加工面和熔接曲线

（3）系统弹出"曲面精修熔接"对话框，利用对话框中的"刀具参数"选项卡来设置刀具和切削参数。在"刀具参数"选项卡刀具列表框的空白处右击，然后在弹出的快捷菜单中选择"创建新刀具"命令，系统弹出"定义刀具"对话框。

（4）在"刀具类型"选项卡中选择"球形铣刀"，然后在弹出的"平铣刀"选项卡中设置刀具参数，后续操作过程和结果如图 14-163～图 14-167 所示。

图 14-163　设置刀具参数

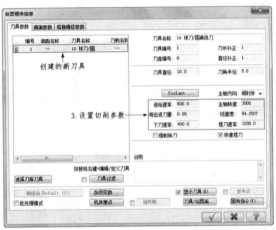

图 14-164　设置切削参数

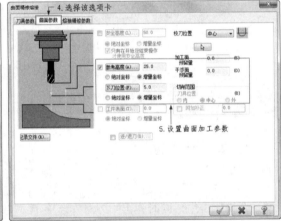

图 14-165　"曲面参数"选项卡

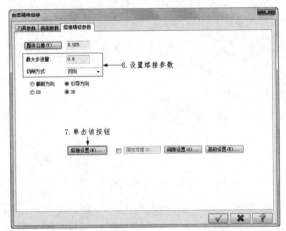

图 14-166　"熔接精修参数"选项卡

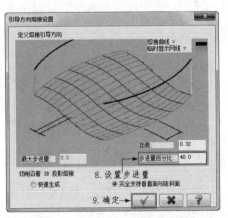

图 14-167　"引导方向熔接设置"对话框

（5）单击"确定"按钮 ，系统根据所设置的参数生成曲面熔接精加工刀路，如图 14-168
所示。

（6）在刀路管理器中选择"属性"→"毛坯设置"命令，弹出"机床群组属性"对话框，在"毛
坯设置"选项卡的"形状"选项组中选中"实体/网格"单选按钮，并单击"选择"按钮 ，在绘图
区选择被加工实体，单击"确定"按钮 ，完成工件参数设置，如图 14-169 所示。

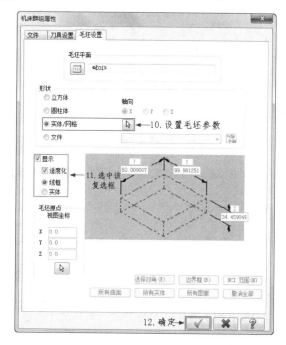

图 14-168 曲面熔接精加工刀路　　　　　　　　图 14-169 "毛坯设置"选项卡

（7）参数设置完成后，生成的毛坯如图 14-170 所示。

（8）在刀路管理器中单击"验证已选择的操作"按钮 ，然后在弹出的"验证"对话框中单击
"播放"按钮 ，系统开始进行模拟，模拟结果如图 14-171 所示。

图 14-170 生成的毛坯　　　　　　　　图 14-171 模拟结果

（9）模拟检查无误后，在刀路管理器中单击"执行选择的操作进行后处理"按钮 G1，生成的 G、
M 代码如图 14-172 所示。

图 14-172　生成 G、M 代码

14.12　综合实例——三维精加工

视频讲解

精加工的主要目的是将工件加工到接近或达到所要求的精度和粗糙度，因此，有时候会牺牲效率来满足精度要求。加工时往往不是使用一种精加工方法，而是多种方法配合使用。下面通过实例来说明精加工方法的综合运用。

本实例是对粗加工后的叶轮凸模模型进行精加工，可以先半精加工曲面，然后精加工曲面和平面，具体加工方案如下。

（1）使用 D=20mm、R=2mm 的圆鼻刀，采用等高精加工方法半精加工曲面。

（2）使用 D=10mm 的球形铣刀，采用环绕等距精加工方法精加工曲面。

（3）使用 D=10、R=2mm 的圆鼻刀，采用浅滩精加工方法精加工浅滩。

（4）使用 D=40mm 的钻头，采用钻孔加工方法加工中心孔。

本实例的基本思路是打开初始文件，设置毛坯材料，然后设置加工参数，进行模拟加工，加工流程如图 14-173 所示。

图 14-173　加工流程

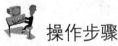 操作步骤

（1）单击"快速访问"工具栏中的"打开"按钮，在弹出的"打开"对话框中选择"初始文

件\第 14 章\例 14-13"文件，单击"确定"按钮 ，完成文件的调取，加工图形如图 14-174 所示。

（2）单击"刀路"选项卡"自定义"面板中的"精修放射"按钮 ，根据系统提示选择除内孔面外的所有曲面作为加工曲面，如图 14-175 所示，然后单击"结束选择"按钮 ，弹出"刀路曲面选择"对话框，单击"选择放射中心点"组中的"选择"按钮 ，选择放射中心，单击"确定"按钮 ，完成加工曲面的选择。

图 14-174　加工图形

图 14-175　选择加工曲面

（3）系统弹出"曲面精修放射"对话框，后续操作过程与结果如图 14-176～图 14-181 所示。

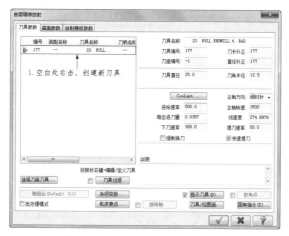

图 14-176　"刀具参数"选项卡

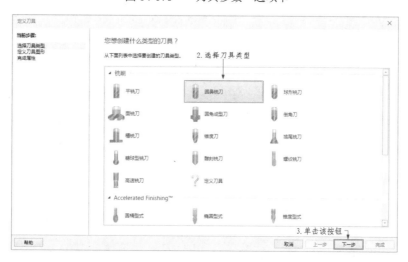

图 14-177　"定义刀具"对话框

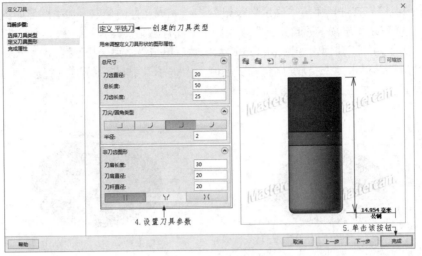

图 14-178　设置圆鼻刀参数

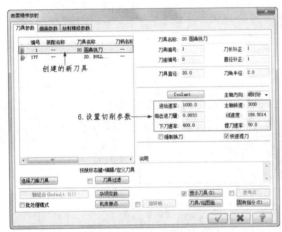

图 14-179　设置圆鼻刀切削参数

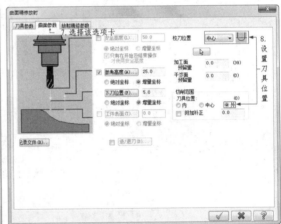

图 14-180　"曲面参数"选项卡

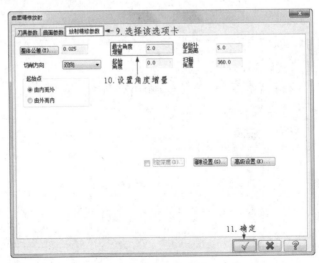

图 14-181　"放射精修参数"选项卡

（4）单击"确定"按钮 ，系统根据所设置的参数生成曲面放射精加工刀路，如图 14-182 所示。

（5）在刀路管理器中单击"切换显示已选择的刀路操作"按钮 ，隐藏刀路。单击"刀路"选项卡"自定义"面板中的"精修环绕等距加工"按钮 ，根据系统提示选择除内孔面以外的所有曲面作为加工曲面，如图 14-183 所示，然后单击"结束选择"按钮 （结束选择），弹出"刀路曲面选择"对话框，单击"确定"按钮 ，完成曲面的选择。

图 14-182　曲面放射精修刀路

图 14-183　选择加工曲面

（6）系统弹出"曲面精修环绕等距"对话框，后续操作过程与结果如图 14-184～图 14-188 所示。

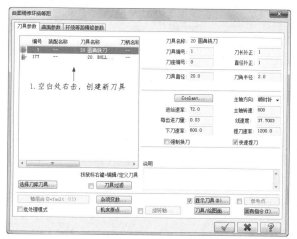

图 14-184　"刀路参数"选项卡

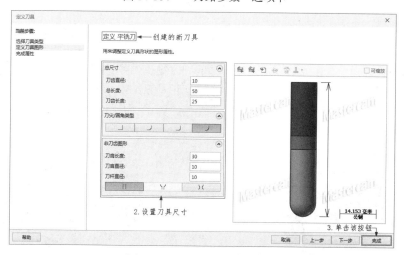

图 14-185　设置球形铣刀参数

Note

图 14-186　设置球形铣刀切削参数

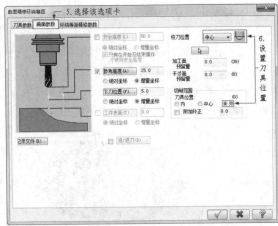

图 14-187　"曲面参数"选项卡

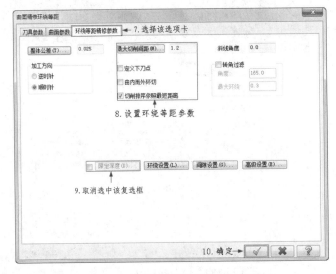

图 14-188　"环绕等距精修参数"选项卡

（7）单击"确定"按钮 ，系统根据所设置的参数生成环绕等距精加工刀路，如图 14-189 所示。

（8）在刀路管理器中单击"切换显示已选择的刀路操作"按钮，隐藏刀路。单击"刀路"选项卡"自定义"面板中的"精修浅滩加工"按钮，根据系统提示选择除内孔面以外的所有曲面，如图 14-190 所示，然后单击"结束选择"按钮 ，弹出"刀路曲面选择"对话框，单击"确定"按钮 ，完成曲面的选择。

图 14-189　环绕等距精修刀路

图 14-190　选择曲面

（9）系统弹出"曲面精修浅滩"对话框，后续操作过程与结果如图 14-191～图 14-195 所示。

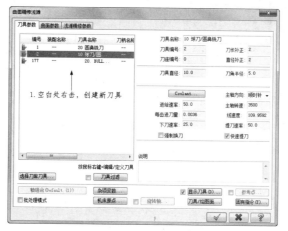

图 14-191　"刀路参数"选项卡

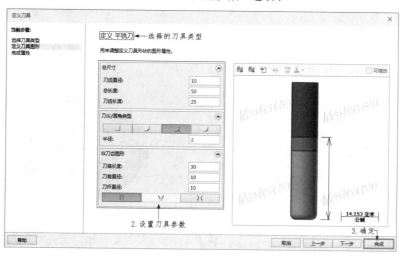

图 14-192　设置圆鼻刀参数

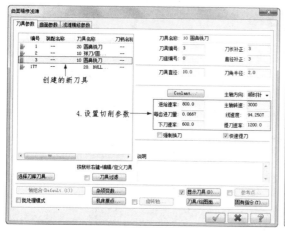

图 14-193　设置切削参数

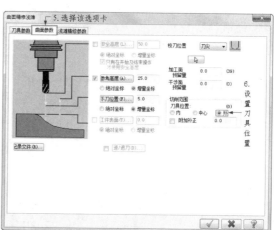

图 14-194　"曲面参数"选项卡

图 14-195　"浅滩精修参数"选项卡

（10）单击"确定"按钮 ，生成浅滩精加工刀路，如图 14-196 所示。

（11）在刀路管理器中单击"切换显示已选择的刀路操作"按钮≈，隐藏刀路。单击"刀路"选项卡"2D"面板中的"钻孔"按钮，弹出"刀路孔定义"对话框，根据系统提示选择钻孔点，如图 14-197 所示。单击"确定"按钮，完成拾取操作。

图 14-196　浅滩精加工刀路

图 14-197　选取钻孔点

（12）系统弹出"2D 刀路-钻孔/全圆铣削 深孔钻-无啄孔"对话框，选择"刀具"选项卡，后续操作步骤与结果如图 14-198～图 14-203 所示。

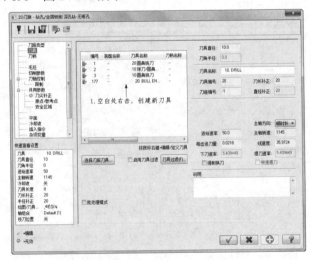

图 14-198　"刀具"选项卡

Note

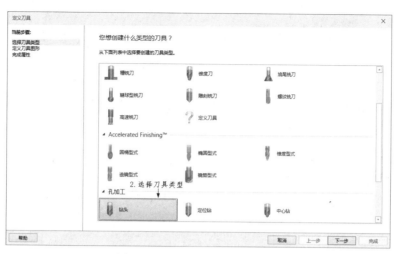

图 14-199   "定义刀具"对话框

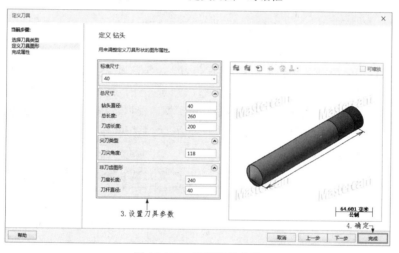

图 14-200   设置钻头参数

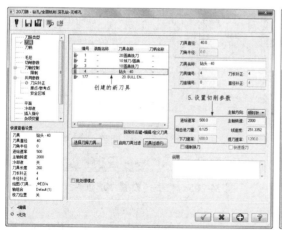

图 14-201   设置切削参数

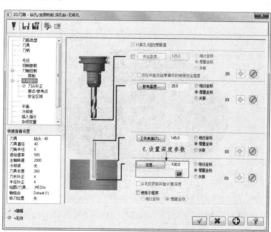

图 14-202   "共同参数"选项卡

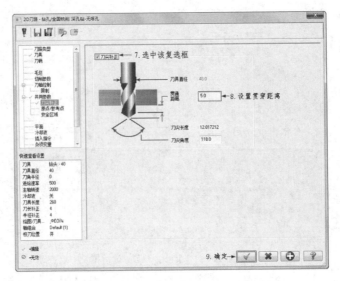

图 14-203　"刀尖补正"选项卡

　　（13）单击"确定"按钮 ，生成的钻孔刀路如图 14-204 所示。

　　（14）在刀路管理器中选择"属性"→"毛坯设置"命令，弹出"机床群组属性"对话框，在"毛坯设置"选项卡的"形状"选项组中选中"圆柱体"单选按钮，选择圆柱体作为毛坯，如图 14-205 所示。单击"边界框"按钮，系统弹出"边界框"对话框，根据系统提示，框选所有的图素，然后单击"结束选择"按钮 <kbd>结束选择</kbd>，返回到"边界框"对话框，系统即根据边界框尺寸形成毛坯形状，单击"确定"按钮 ，完成工件参数设置。

图 14-204　生成钻孔刀路

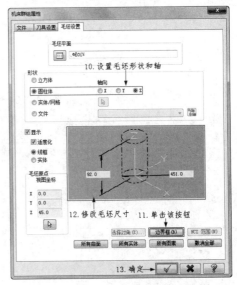

图 14-205　"毛坯设置"选项卡

　　（15）材料设置完成后，生成的毛坯如图 14-206 所示。

　　（16）在刀路管理器中单击"选择全部操作"按钮，然后单击"验证已选择的操作"按钮，接着在弹出的"验证"对话框中单击"播放"按钮，系统开始进行模拟，模拟结果如图 14-207 所示。

图 14-206　生成的毛坯

图 14-207　模拟结果

Note

（17）模拟检查无误后，在刀路管理器中单击"执行选择的操作进行后处理"按钮G1，生成的 G、M 代码如图 14-208 所示。

图 14-208　生成 G、M 代码

第15章

刀路编辑

本章主要讲解刀路的编辑方法，包括刀路的平移、旋转、镜像和修剪。刀路的平移、旋转和镜像操作作用于加工某些复杂的、具有多个类似特征的零件，避免重复编程。对于铸件毛坯，通常情况下并不是矩形，所以刀具路径可能会有很大部分不进行加工，此时可以将刀路进行裁剪，以裁剪掉不需要的部分。在加工模具时，由于模型不是标准立方体形，而是采用线切割分割开的，所以当分型面是曲面时，依然需要裁剪刀路。

知识点

☑ 刀路转换
☑ 刀路修剪

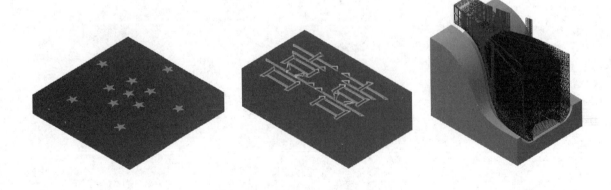

15.1 刀 路 转 换

刀路转换即通过对某一刀路进行转换操作生成多个相同的刀路。转换刀路的方式包括平移刀路、镜像刀路和旋转刀路 3 种，下面将分别进行介绍。

15.1.1 设置平移刀路参数

平移刀路是对已有的操作进行平移转换操作，用于产生一个零件中具有相同形状，且这些形状是可以任意排列的刀路。此方法只需生成一个或一组刀路，然后用平移转换的方法生成多个或多组刀路。设置平移刀路参数的具体操作步骤如下。

（1）选择"机床"选项卡"机床类型"面板中的"铣床"→"默认"命令，在刀路管理器中会新增一个铣床群组，同时弹出"刀路"选项卡。单击"刀路"选项卡"工具"面板中的"刀路转换"按钮，系统弹出如图 15-1 所示的"转换操作参数设置"对话框，利用该对话框来设置刀路转换参数。在"刀路转换类型与方式"选项卡中选中"平移"单选按钮，表示设置转换类型为平移刀路。

图 15-1 "转换操作参数设置"对话框

（2）在"转换操作参数设置"对话框中选择"平移"选项卡，如图 15-2 所示，该选项卡用来设置平移参数。在"平移方式"选项组中选中"直角坐标"单选按钮，表示平移方式为在直角坐标内平移；将"直角坐标"选项组中的"X"向坐标设为"100"，"实例"选项组中的"X"向平移次数设为"3"，表示在 X 方向复制两个刀路，相邻两个刀路之间的距离为 60。

（3）单击"确定"按钮，完成刀路的平移，结果如图 15-3 所示。

图 15-2 "平移"选项卡

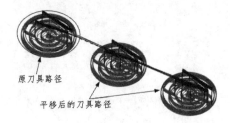

原刀具路径

平移后的刀具路径

图 15-3　平移刀路结果

15.1.2　实例——刀路平移

本例的基本思路是打开初始文件，设置加工参数，然后选择毛坯材料进行模拟加工，加工流程如图 15-4 所示。

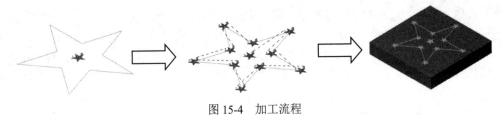

图 15-4　加工流程

 操作步骤

（1）单击"快速访问"工具栏中的"打开"按钮，在弹出的"打开"对话框中选择"初始文件\第 15 章\例 15-1"文件，单击"打开"按钮 打开(O)，完成文件的调取，加工图形如图 15-5 所示。

（2）单击"刀路"选项卡"工具"面板中的"刀路转换"按钮，系统弹出"转换操作参数设置"对话框，在"刀路转换类型与方式"选项卡中将"类型"设置为"平移"，选中"原始操作"列表框中创建的刀路，然后将"来源"设置为"NCI"。

（3）在"转换操作参数设置"对话框中选择"平移"选项卡，在该选项卡中设置转换参数，如图 15-6 所示。

图 15-5　加工图形

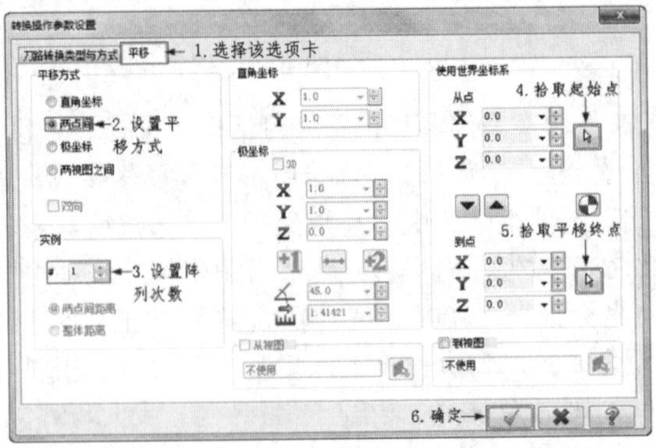

图 15-6　设置转换参数

（4）在"平移"选项卡中单击"从点"按钮，选择图形中心点 P_1（原点）作为平移起点，再单击"到点"按钮，选择点 P_2 作为平移终点，单击"确定"按钮，完成刀路的平移，平移转

换结果如图 15-7 所示。

（5）按照步骤（2）～（4）的操作依次平移到点 P_3～P_{11}，结果如图 15-8 所示。

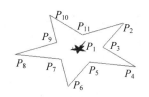

图 15-7 平移转换结果

图 15-8 平移最终结果

（6）在刀路管理器中选中所有刀路，如图 15-9 所示。

（7）在刀路管理器中选择"属性"→"毛坯设置"命令，系统弹出"机床群组属性"对话框，在"毛坯设置"选项卡的"形状"选项组中设置工件类型为立方体，并设置工件的大小为 1200×1200×200，如图 15-10 所示，单击"确定"按钮 ，完成工件参数设置。

图 15-9 选中所有刀路

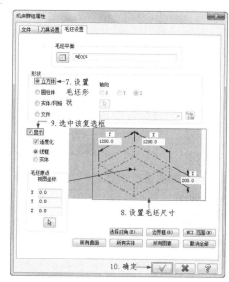

图 15-10 "毛坯设置"选项卡

（8）系统根据所设置的参数生成毛坯，如图 15-11 所示。

（9）在刀路管理器中选中所有刀路，并单击"验证已选择的操作"按钮 ，模拟加工结果如图 15-12 所示。

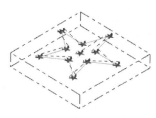

图 15-11 生成的毛坯

图 15-12 模拟加工结果

15.1.3　设置镜像刀路参数

镜像刀路主要用于加工具有对称性的零件。此方法只需生成一个或一组刀路，然后用镜像的方法生成另一个或另一组与其对称的刀路。设置镜像刀路参数的具体操作步骤如下。

（1）选择"机床"选项卡"机床类型"面板中的"铣床"→"默认"命令，在刀路管理器中会新增一个铣床群组，同时弹出"刀路"选项卡。单击"刀路"选项卡"工具"面板中的"刀路转换"按钮，系统弹出"转换操作参数设置"对话框，在"刀路转换类型与方式"选项卡中选中"镜像"单选按钮，如图 15-13 所示。

图 15-13　"转换操作参数设置"对话框

（2）在"转换操作参数设置"对话框中选择"镜像"选项卡，如图 15-14 所示，利用该选项卡来设置镜像转换参数。在"镜像方式"选项组中选中"X"单选按钮，表示以 Y 轴作为镜像轴。

（3）单击"确定"按钮，完成刀路的镜像，结果如图 15-15 所示。

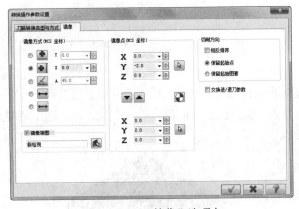

图 15-14　"镜像"选项卡

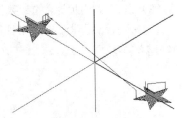

图 15-15　镜像转换结果

15.1.4　实例——刀路镜像

镜像刀路的特点是两刀路以镜像轴对称。下面通过实例来说明镜像刀路参数的设置步骤。

本例的基本思路是打开初始文件，设置毛坯材料，然后设置加工参数，进行模拟加工，加工流程如图 15-16 所示。

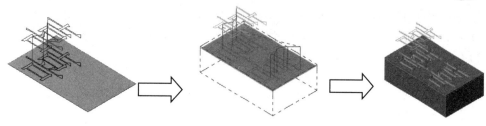

图 15-16 加工流程

 操作步骤

（1）单击"快速访问"工具栏中的"打开"按钮 ，在弹出的"打开"对话框中选择"初始文件\第 15 章\例 15-2"文件，单击"打开"按钮 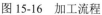，完成文件的调取，加工图形如图 15-17 所示。

（2）单击"刀路"选项卡"工具"面板中的"刀路转换"按钮，系统弹出"转换操作参数设置"对话框，在"刀路转换类型与方式"选项卡中将"类型"设置为"镜像"，"来源"设置为"NCI"，选中"原始操作"列表框中创建的刀路。

（3）在"转换操作参数设置"对话框中选择"镜像"选项卡，在"镜像方式"选项组中选中"X"单选按钮，表示以 Y 轴作为镜像轴，如图 15-18 所示。

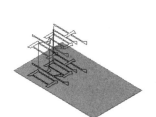

图 15-17 加工图形

图 15-18 "镜像"选项卡

（4）单击"确定"按钮，完成参数设置，得到的镜像转换结果如图 15-19 所示。

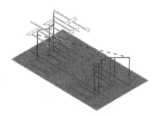

图 15-19 镜像转换结果

（5）在刀路管理器中选择"属性"→"毛坯设置"命令，系统弹出"机床群组属性"对话框，在"素材设置"选项卡的"形状"选项组中设置工件类型为"立方体"，并设置工件大小为 100×60×30，毛坯原点为（0, 0, 2），如图 15-20 所示，单击"确定"按钮，完成工件参数设置。

（6）系统根据所设置的参数生成毛坯，如图 15-21 所示。

（7）在刀路管理器中选中所有刀路，然后单击"验证已选择的操作"按钮，模拟加工结果如图 15-22 所示。

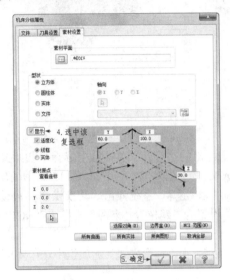

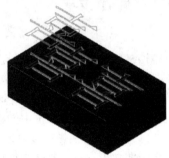

图 15-20　"素材设置"选项卡　　图 15-21　生成的毛坯　　图 15-22　模拟加工结果

15.1.5　设置刀路旋转参数

刀路的旋转用于生成具有绕某一点旋转形状特征零件的刀路。此方法只需生成一个或一组刀路，然后用旋转转换的方法生成多个或多组刀路。设置刀路旋转参数的具体操作步骤如下。

（1）单击"刀路"选项卡"工具"面板中的"刀路转换"按钮，系统弹出"转换操作参数设置"对话框，在"刀路转换类型与方式"选项卡的"类型"选项组中选中"旋转"单选按钮，如图 15-23 所示。

图 15-23　"刀路转换类型与方式"选项卡

（2）在"转换操作参数设置"对话框中选择"旋转"选项卡，在"实例"选项组中选中"定义中心（点）旋转"单选按钮，选择旋转中心点，在"次"文本框中输入"3"，在"起始角度"文本框中输入"90"，在"旋转角度"文本框中输入"90"，如图 15-24 所示。

（3）单击"确定"按钮，完成刀路的旋转，旋转转换结果如图 15-25 所示。

图 15-24　"旋转"选项卡

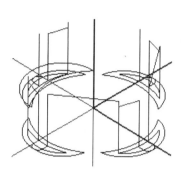

图 15-25　刀路旋转转换结果

15.1.6　实例——刀路旋转

本例的基本思路是打开初始文件，设置毛坯材料，然后设置加工参数，进行模拟加工，加工流程如图 15-26 所示。

图 15-26　加工流程

操作步骤

（1）单击"快速访问"工具栏中的"打开"按钮，在弹出的"打开"对话框中选择"初始文件\第 15 章\例 15-3"文件，单击"打开"按钮，完成文件的调取，加工图形如图 15-27 所示。

（2）单击"视图"选项卡"外观"面板中的"线框"按钮，将图形进行线框显示。单击"刀路"选项卡"工具"面板中的"刀路转换"按钮，系统弹出"转换操作参数设置"对话框。在"刀路转换类型与方式"选项卡中将"类型"设置为"旋转"，"来源"设置为"NCI"，选中"原始操作"列表框中的"曲面精修投影"刀路。

（3）在"转换操作参数设置"对话框中选择"旋转"选项卡，在"实例"选项组中选中"定义中心（点）旋转"单选按钮，选择中心点；在"次"文本框中输入"7"，在"起始角度"文本框中输入"45"，在"旋转角度"文本框中输入"45"，如图 15-28 所示。

（4）单击"确定"按钮，完成参数设置，旋转转换结果如图 15-29 所示。

（5）在刀路管理器中选择"属性"→"毛坯设置"命令，系统弹出"机床群组属性"对话框，在"毛坯设置"选项卡的"形状"选项组中设置工件类型为"实体/网格"，并单击"选择"按钮，如图 15-30 所示。返回绘图区，单击状态栏中的"层别"按钮，将隐藏的图层 2 打开，根据系统提示拾取实体，单击"确定"按钮，完成工件参数设置。

图 15-27　加工图形　　　　　　　　　图 15-28　"旋转"选项卡

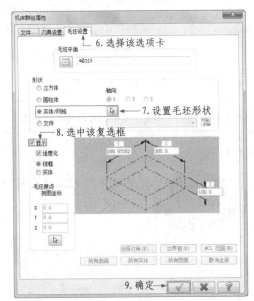

图 15-29　旋转转换结果　　　　　　　图 15-30　"毛坯设置"选项卡

（6）系统根据所设置的参数生成毛坯，如图 15-31 所示。

（7）在刀路管理器中选中所有刀路，然后单击"验证已选择的操作"按钮，模拟加工结果如图 15-32 所示。

图 15-31　生成的毛坯　　　　　　　　图 15-32　模拟加工结果

15.2　刀路修剪

　　刀路修剪主要是对已有的刀路进行剪切，将不需要的刀路剪掉。刀路修剪只修剪切削路径，不修剪快速定位刀路，即 G00 刀路。下面将讲解刀路修剪的具体操作步骤。

15.2.1　设置刀路修剪参数

　　下面以如图 15-33 所示的图形为例来说明刀路修剪的步骤，将正六边形外面的挖槽粗加工刀路修剪掉。

　　（1）单击"刀路"选项卡"工具"面板下拉菜单中的"刀路修剪"按钮，系统弹出"线框串连"对话框，选择如图 15-33 所示的正六边形作为修剪串连图素，系统提示"在要保留路径的一侧选取一点"，选取六边形内部的一点。

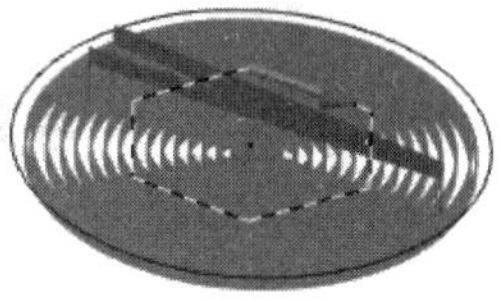

图 15-33　加工图形

　　（2）系统弹出如图 15-34 所示的"修剪刀路"对话框，选择 2D 挖槽（标准）刀路作为要修剪的路径，选择中心点作为"保留的位置"，即保留圆内部的刀路，在"刀具在修剪边界位置"选项组中选中"不提刀"单选按钮。

　　（3）单击"确定"按钮，完成参数设置，刀路修剪结果如图 15-35 所示。

图 15-34　"修剪刀路"对话框

图 15-35　刀路修剪结果

15.2.2　实例——刀路修剪

　　本例的基本思路是打开初始文件，设置毛坯材料，然后设置加工参数，进行模拟加工，加工流程如图 15-36 所示。

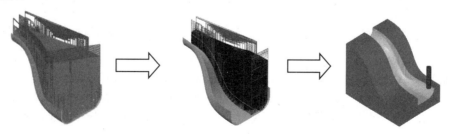

图 15-36　加工流程

视 频 讲 解

操作步骤

（1）单击"快速访问"工具栏中的"打开"按钮📂，在弹出的"打开"对话框中选择"初始文件\第15章\例15-4"文件，单击"打开"按钮✓，完成文件的调取，要修剪的刀路如图15-37所示。

（2）在刀路管理器中单击"切换显示已选择的刀路操作"按钮≈，隐藏刀路。单击"刀路"选项卡"工具"面板下拉菜单中的"刀路修剪"按钮▨，系统弹出"线框串连"对话框，选择用来修剪刀路的串连图素，如图15-38所示。单击"确定"按钮✓，根据系统提示选择要保留侧的一点。

图 15-37　要修剪的刀路　　　　　　　图 15-38　选择修剪串连图素

（3）系统弹出"修剪刀路"对话框，选择曲面粗切流线刀路作为要修剪的路径，选中修剪串连图素一侧的一点作为要保留的位置，即修剪串连图素一侧的刀路，如图15-39所示。

（4）在"修剪刀路"对话框中单击"刀具/绘图面"按钮，系统弹出如图15-40所示的"刀具面/绘图面设置"对话框，利用该对话框来设置工作坐标系、刀具平面和绘图平面。在对话框中单击"刀具平面"和"绘图平面"选项组中的"视角选择"按钮▦。

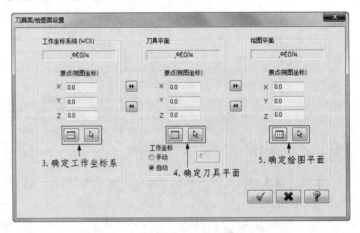

图 15-39　"修剪刀路"对话框　　　　　　图 15-40　"刀具面/绘图面设置"对话框

（5）单击"确定"按钮✓，生成刀路，然后单击"选择全部操作"按钮▶，接着单击"切换显示已选择的刀路操作"按钮≈，显示修剪后的刀路，如图15-41所示。

（6）在刀路管理器中选择"属性"→"毛坯设置"命令，系统弹出"机床群组属性"对话框，在"毛坯设置"选项卡的"形状"选项组中选中"实体/网格"单选按钮，如图15-42所示。

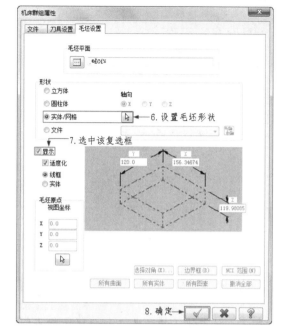

图 15-41　刀路修剪结果

图 15-42　"毛坯设置"选项卡

（7）单击"选择"按钮，打开图层 2，选择如图 15-43 所示的实体毛坯，单击"确定"按钮。

（8）系统根据所设置的参数生成毛坯，如图 15-44 所示。

（9）在刀路管理器中单击"验证已选择的操作"按钮，系统弹出"验证"对话框，单击"播放"按钮，系统开始模拟，模拟结果如图 15-45 所示。

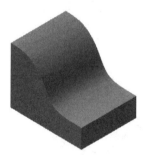

图 15-43　实体毛坯

图 15-44　生成的毛坯

图 15-45　模拟结果

✎ **技巧荟萃**：刀路修剪功能用于修剪多余的刀路，尤其适用于不规则的毛坯，将那些不用于切削的刀路修剪掉，使加工效率大大提高。

第16章

多轴加工

多轴加工不仅解决了特殊曲面和曲线的加工问题，而且使加工精度大大提高，因而近年来被广泛应用于工业自由曲面加工中。

知识点

- ☑ 曲线多轴加工
- ☑ 沿边多轴加工
- ☑ 曲面五轴加工
- ☑ 沿面多轴加工
- ☑ 旋转五轴加工

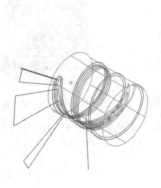

16.1 曲线多轴加工

曲线多轴加工多用于加工 3D 曲线或曲面的边界，根据刀具轴的不同控制，可以生成三轴、四轴或五轴加工。

16.1.1 设置曲线五轴加工参数

设置曲线五轴加工参数的具体操作步骤如下。

（1）选择"机床"选项卡"机床类型"面板中的"铣床"→"默认"命令，在刀路管理器中会新增一个铣床群组，同时弹出"刀路"选项卡。单击"刀路"选项卡"多轴加工"面板"基本模型"组中的"曲线"按钮，弹出"多轴刀路-曲线"对话框。

（2）在"多轴刀路-曲线"对话框中选择"刀轴控制"选项卡，如图 16-1 所示；设置"刀轴控制"为"曲面"，单击"选择"按钮，根据系统提示选取如图 16-2 所示的刀具轴向参考曲面，然后单击"结束选择"按钮，系统返回"多轴刀路-曲线"对话框。

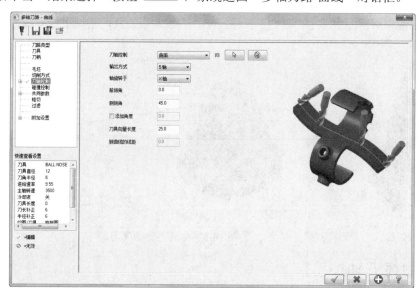

图 16-1 "刀轴控制"选项卡

图 16-2 选择曲面

（3）在"多轴刀路-曲线"对话框中选择"切削方式"选项卡，如图 16-3 所示；设置"曲线类型"为"3D 曲线"，单击"选择"按钮，系统弹出"线框串连"对话框，在绘图区中选取如图 16-4 所示的曲线，单击"确定"按钮，系统返回"多轴刀路-曲线"对话框；设置曲线五轴加工的投影方式为"曲面法向"，并在"最大距离"文本框中输入"1"。

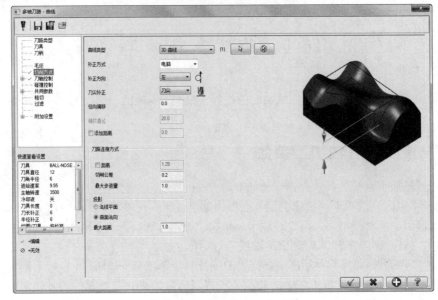

图 16-3　"切削方式"选项卡

（4）在"多轴刀路-曲线"对话框中单击"确定"按钮，完成参数设置，系统根据所设置的参数生成曲线五轴加工刀路，如图 16-5 所示。

图 16-4　拾取曲线

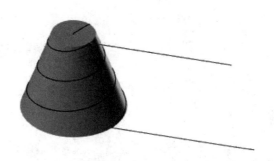

图 16-5　曲线五轴加工刀路

16.1.2　实例——曲线五轴加工

本实例的基本思路是打开初始文件，然后设置加工参数，生成刀路，进行模拟加工，其加工流程如图 16-6 所示。

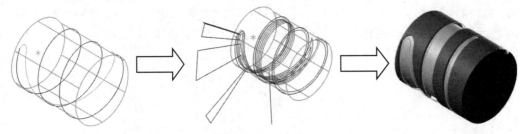

图 16-6　加工流程

操作步骤

（1）单击"快速访问"工具栏中的"打开"按钮，在弹出的"打开"
对话框中选择"初始文件\第16章\例16-1"文件，单击"打开"按钮 打开(O) ，
完成文件的调取，单击"视图"选项卡"外观"面板中的"线框"按钮，
显示实体的线架结构，加工图形如图16-7所示。

（2）选择"机床"选项卡"机床类型"面板中的"铣床"→"默认"命
令，在刀路管理器中会新增一个铣床群组，同时弹出"刀路"选项卡。单击
"刀路"选项卡"多轴加工"面板"基本模型"组中的"曲线"按钮，系
统弹出"多轴刀路-曲线"对话框。

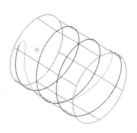

图16-7 加工图形

（3）后续操作过程与结果如图16-8～图16-12所示。

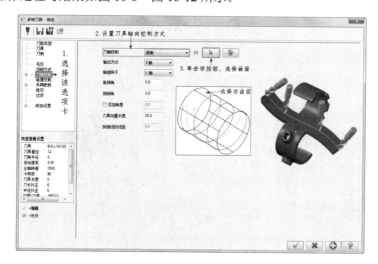

图16-8 "刀轴控制"选项卡

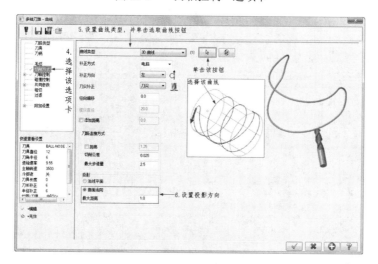

图16-9 "切削方式"选项卡

Note

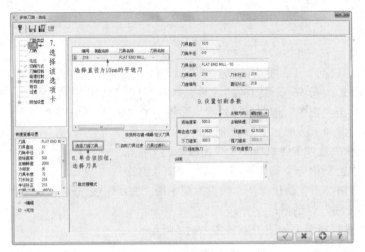

图 16-10　"刀具"选项卡

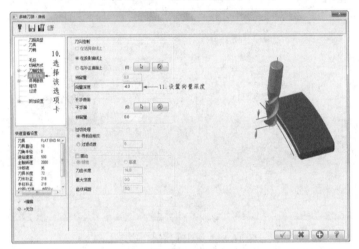

图 16-11　"碰撞控制"选项卡

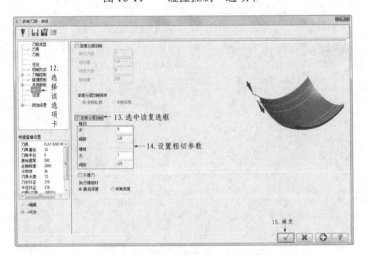

图 16-12　"粗切"选项卡

（4）设置完成后，单击"多轴刀路-曲线"对话框中的"确定"按钮 ，系统即可在绘图区生成曲线五轴加工刀路，如图 16-13 所示。

（5）在刀路管理器中选择"属性"→"毛坯设置"命令，弹出"机床群组属性"对话框，在"毛坯设置"选项卡的"形状"选项组中选中"实体/网格"单选按钮，然后单击"选择"按钮 ，如图 16-14 所示，选择实体，单击"确定"按钮 ，完成毛坯材料设置。

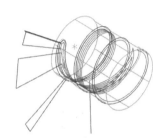

图 16-13　曲线五轴加工刀路

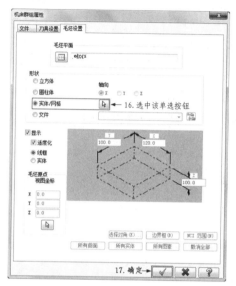

图 16-14　"机床群组属性"对话框

（6）在刀具管理器中单击"验证已选择的操作"按钮，然后在弹出的"验证"对话框中单击"播放"按钮，系统进行模拟，模拟结果如图 16-15 所示。

（7）模拟检查无误后，在刀路管理器中单击"执行选择的操作进行后处理"按钮，生成的 G、M 代码如图 16-16 所示。

图 16-15　模拟结果

图 16-16　生成 G、M 代码

16.2　沿边多轴加工

沿边多轴加工是指利用刀具的侧刃来对工件的侧壁进行加工。根据刀具轴的不同控制，该模组可以生成四轴或五轴侧壁铣削加工刀路。

16.2.1　设置沿边五轴加工参数

（1）选择"机床"选项卡"机床类型"面板中的"铣床"→"默认"命令，在刀路管理器中会新增一个铣床群组，同时弹出"刀路"选项卡。单击"刀路"选项卡"多轴加工"面板"扩展应用"组中的"沿边"按钮，系统弹出"多轴刀路-沿边"对话框，选择"切削方式"选项卡，如图 16-17 所示。

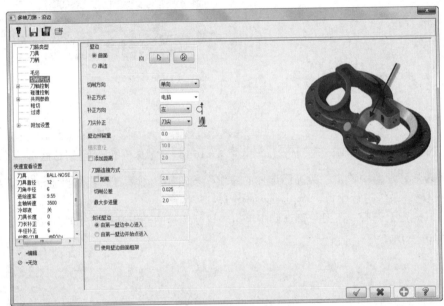

图 16-17　"切削方式"选项卡

（2）该选项卡中的"壁边"选项组用于设置侧壁的类型，在 Mastercam 中可以选择曲面作为侧壁，也可以通过选取两个曲线串连来定义侧壁，如表 16-1 所示。

表 16-1　壁边选项的含义

选　项	含　义
曲面	选择该选项后，可以选择已有的曲面作为侧壁来生成刀路。单击"选择"按钮，系统返回至绘图区，选取曲面后按 Enter 键；接着根据系统提示指定第一个加工曲面并在该曲面上定义侧壁的下沿，此时系统弹出"设置边界方向"对话框；设置相应的参数后单击"确定"按钮，返回"多轴刀路-沿边"对话框
串连	选择该选项后，可以选择两个曲线串连来定义侧壁。单击"选择"按钮，系统返回至绘图区，首先选取作为侧壁下沿的串连图素，接着选取作为侧壁上沿的串连图素，单击"确定"按钮，返回"多轴刀路-沿边"对话框

（3）在"多轴刀路-沿边"对话框中选择"刀轴控制"选项卡，对话框显示如图 16-18 所示，在五轴沿边铣削加工中，刀具轴沿侧壁方向。当选中"扇形切削方式"复选框时，则在每一个侧壁的终点处按"扇形距离"文本框中设置的距离展开。

（4）在"多轴刀路-沿边"对话框中选择"碰撞控制"选项卡，对话框显示如图 16-19 所示。

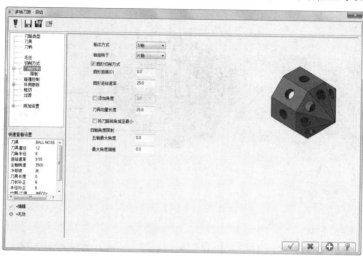

图 16-18　"刀轴控制"选项卡

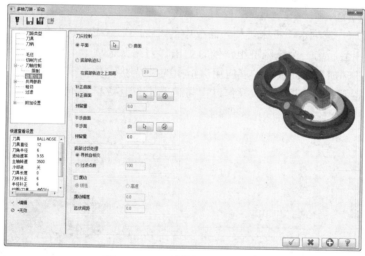

图 16-19　"碰撞控制"选项卡

对于沿边多轴加工，Mastercam 提供了 3 种刀尖的控制方式，如表 16-2 所示。

表 16-2　刀尖控制选项的含义

选　项	含　义
平面	选择该选项后，用一个平面作为刀路的下底面。单击"选择"按钮 返回绘图区设置平面
曲面	选择该选项后，用一个曲面作为刀路的下底面。单击"选择"按钮 返回绘图区设置曲面
底部轨迹	选择该选项后，将侧壁的下沿上移或下移，以"刀中心与轨迹的距离"文本框中的输入值作为刀具的顶点位置。当在"在底部轨迹之上距离"文本框中输入正值时，顶点位置上移；输入负值时，顶点位置下移

视频讲解

16.2.2 实例——沿边多轴加工

本实例的基本思路是打开初始文件，设置边界框，然后设置加工参数，进行模拟加工，其加工流程如图 16-20 所示。

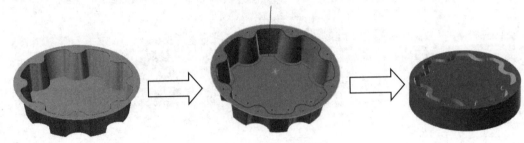

图 16-20 加工流程

操作步骤

（1）单击"快速访问"工具栏中的"打开"按钮，在弹出的"打开"对话框中选择"初始文件\第 16 章\例 16-2"文件，单击"打开"按钮 打开(O)，完成文件的调取，加工图形如图 16-21 所示。

（2）选择"机床"选项卡"机床类型"面板中的"铣床"→"默认"命令，在刀路管理器中会新增一个铣床群组，同时弹出"刀路"选项卡。单击"刀路"选项卡"多轴加工"面板"扩展应用"组中的"沿边"按钮，系统弹出"多轴刀路-沿边"对话框，后续操作过程与结果如图 16-22～图 16-25 所示。

图 16-21 加工图形

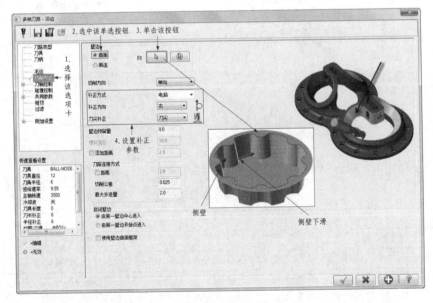

图 16-22 "切削方式"选项卡

8. 选择该曲面

图 16-23 "碰撞控制"选项卡　　　　　　　　图 16-24 选取曲面

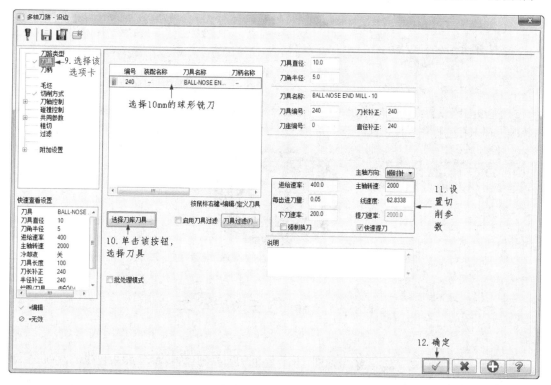

图 16-25 "刀具"选项卡

（3）设置完成后，单击"多轴刀路-沿边"对话框中的"确定"按钮 ✔ ，系统立即在绘图区生成刀路，如图 16-26 所示。

（4）在刀路管理器中选择"属性"→"毛坯设置"命令，系统弹出"机床群组属性"对话框，在"毛坯设置"选项卡中单击"边界框"按钮，弹出"边界框"对话框，根据系统提示，选择所有曲面，单击"结束选择"按钮 ⊘结束选择 ，系统即生成边界框作为工件材料，最后单击对话框中的"确定"

按钮 ✅，完成毛坯的参数设置，如图 16-27 所示。

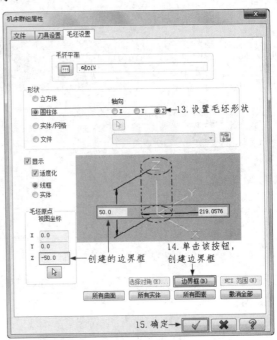

图 16-26　沿边刀路　　　　　图 16-27　"机床群组属性"对话框

（5）完成刀路设置后，接下来就可以通过刀路模拟来观察刀路设置是否合适。在刀路管理器中单击"验证已选择的操作"按钮 🔲，即可完成工件的加工仿真，刀路加工模拟效果如图 16-28 所示。

图 16-28　刀路加工模拟效果

16.3　曲面五轴加工

五轴多曲面加工适于一次加工多个曲面。根据不同的刀具轴控制，该模组可以生成四轴或五轴多曲面多轴加工刀路。

16.3.1　设置曲面五轴加工参数

（1）选择"机床"选项卡"机床类型"面板中的"铣床"→"默认"命令，在刀路管理器中会新增一个铣床群组，同时弹出"刀路"选项卡。单击"刀路"选项卡"多轴加工"面板"基本模型"组中的"多曲面"按钮 🐚，系统弹出"多轴刀路-多曲面"对话框，选择"切削方式"选项卡，对话框显示如图 16-29 所示。"模型选项"下拉列表框中的选项用于设置五轴曲面加工模组的加工样板，加工样板既可以是已有的 3D 曲面，也可以定义为圆柱体、球形或立方体。

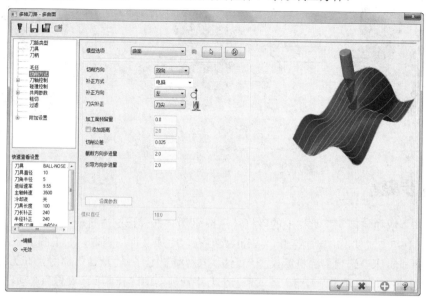

图 16-29 "切削方式"选项卡

（2）选择"刀轴控制"选项卡，如图 16-30 所示，其中"刀轴控制"下拉列表框中包括直线、曲面、平面、从点、到点、曲线、边界等控制方式。

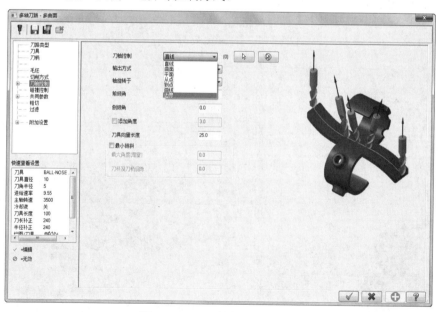

图 16-30 "刀轴控制"选项卡

16.3.2 实例——曲面五轴加工

本实例的基本思路是打开初始文件，设置毛坯材料，然后设置加工参数，进行模拟加工，其加工流程如图 16-31 所示。

视频讲解

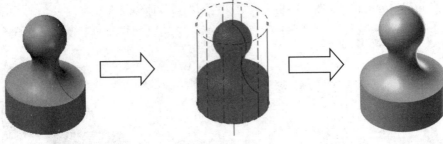

图 16-31　加工流程

 操作步骤

（1）单击"快速访问"工具栏中的"打开"按钮，在弹出的"打开"对话框中选择"初始文件\第 16 章\例 16-3"文件，单击"打开"按钮 打开(O)，完成文件的调取，加工图形如图 16-32 所示。

（2）选择"机床"选项卡"机床类型"面板中的"铣床"→"默认"命令，在刀路管理器中会新增一个铣床群组，同时弹出"刀路"选项卡。在刀路管理器中选择"毛坯设置"选项，系统弹出"机床群组属性"对话框，在"毛坯设置"选项卡的"形状"选项组中设置工件材料的形状为"圆柱体"，如图 16-33 所示。设置圆柱体的中心轴为 Z，单击"边界框"按钮，打开"边界框"对话框，根据系统提示，框选图形，然后单击"结束选择"按钮 结束选择，返回到"边界框"对话框，单击"确定"按钮，创建边界框，完成毛坯的参数设置。

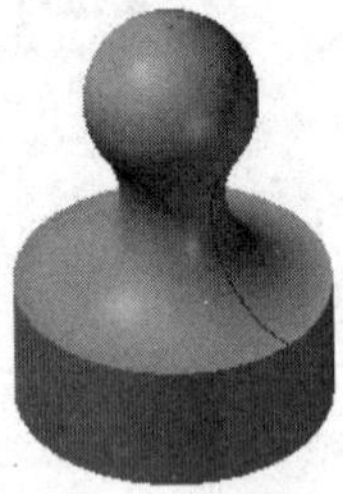

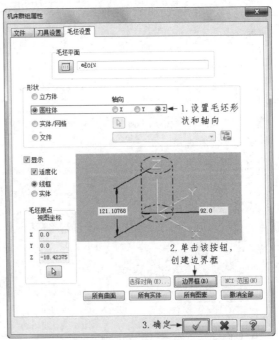

图 16-32　加工图形

图 16-33　"机床群组属性"对话框

（3）单击"刀路"选项卡"多轴加工"面板"基本模型"组中的"多曲面"按钮，系统弹出"多轴刀路-多曲面"对话框，后续操作过程与结果如图 16-34～图 16-37 所示。

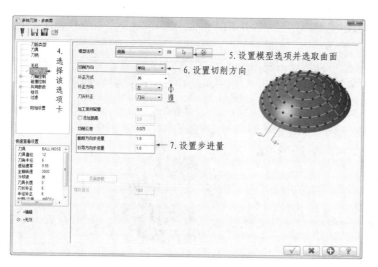

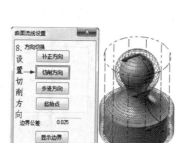

图 16-34   "切削方式"选项卡

图 16-35   曲面流线设置

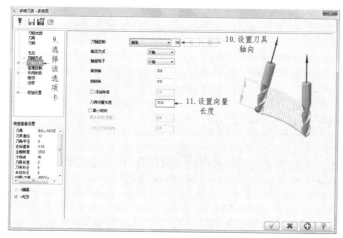

图 16-36   "刀轴控制"选项卡

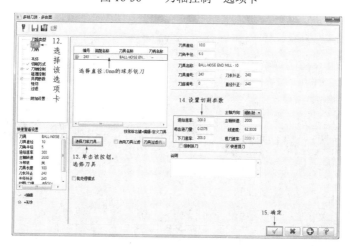

图 16-37   "刀具"选项卡

（4）设置完成后，单击"多轴刀路-多曲面"对话框中的"确定"按钮 ，系统立即在绘图区生成多曲面加工刀路，如图 16-38 所示。

（5）完成刀路设置以后，接下来就可以通过刀路模拟来观察刀路设置是否合适。在刀路管理器中单击"验证已选择的操作"按钮 ，即可完成工件的加工仿真，刀路加工模拟效果如图 16-39 所示。

图 16-38　多曲面加工刀路

图 16-39　刀路加工模拟效果

16.4　沿面多轴加工

沿面多轴加工用于生成多轴沿面刀路。该模组与曲面的流线加工模组相似，但其刀具的轴为曲面的法线方向。用户可以通过控制残脊高度和进刀量来生成精确、平滑的精加工刀路。

16.4.1　设置沿面五轴加工参数

选择"机床"选项卡"机床类型"面板中的"铣床"→"默认"命令，在刀路管理器中会新增一个铣床群组，同时弹出"刀路"选项卡。单击"刀路"选项卡"多轴加工"面板"基本模型"组中的"沿面"按钮 ，系统弹出"多轴刀路-沿面"对话框，选择"刀轴控制"选项卡，如图 16-40 所示，在该选项卡中可以设置一组五轴沿面加工刀路特有的参数，如表 16-3 所示。

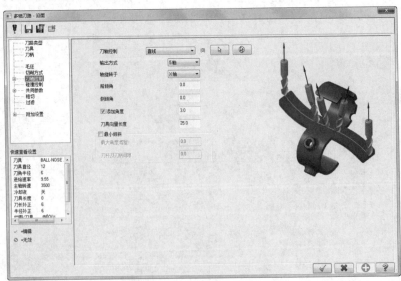

图 16-40　"刀轴控制"选项卡

表 16-3　图素类型选项的含义

选　　项	含　　义	示　意　图
前倾角	"前倾角"文本框用来输入前倾或后倾角度。当输入值大于 0 时，刀具前倾；当输入值小于 0 时，刀具后倾	
侧倾角	"侧倾角"文本框用来输入侧倾的角度	

16.4.2　实例——多轴刀路

本实例的基本思路是打开初始文件，设置毛坯材料，然后设置加工参数，进行模拟加工，其加工流程如图 16-41 所示。

图 16-41　加工流程

操作步骤

（1）单击"快速访问"工具栏中的"打开"按钮 ，在弹出的"打开"对话框中选择"初始文件\第 16 章\例 16-4"文件，单击"打开"按钮 ，完成文件的调取，加工图形如图 16-42 所示。

（2）选择"机床"选项卡"机床类型"面板中的"铣床"→"默认"命令，在刀路管理器中会新增一个铣床群组，同时弹出"刀路"选项卡。在刀路管理器中选择"毛坯设置"命令，系统弹出"机床群组属性"对话框，在"毛坯设置"选项卡的"形状"选项组中选中"圆柱体"单选按钮，单击"边界框"按钮，打开"边界框"对话框，根据系统提示，框选图形，然后单击"结束选择"按钮 ，返回到"边界框"对话框，单击"确定"按钮 ，设置毛坯尺寸如图 16-43 所示，最后单击"确定"按钮 ，完成毛坯的参数设置。

图 16-42　加工图形

（3）单击"刀路"选项卡"多轴加工"面板"基本模型"组中的"沿面"按钮 ，系统弹出"多轴刀路-沿面"对话框，后续操作过程与结果如图 16-44～图 16-46 所示。

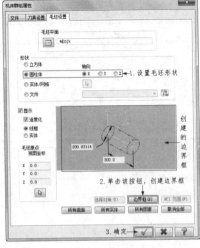

图 16-43 "机床群组属性"对话框

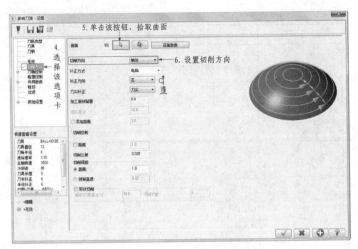

图 16-44 "切削方式"选项卡

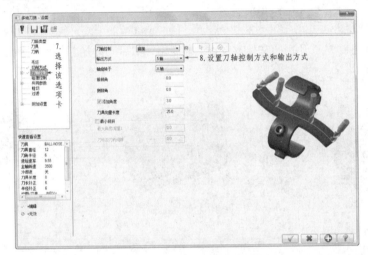

图 16-45 "刀轴控制"选项卡

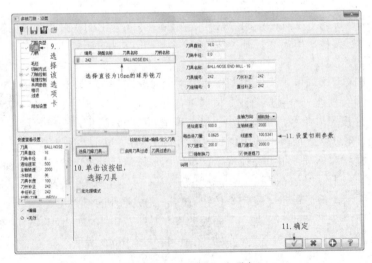

图 16-46 "刀具"选项卡

（4）设置完成后，单击"多轴刀路-沿面"对话框中的"确定"按钮 ，系统立即在绘图区生成刀路，如图 16-47 所示。

（5）完成刀路设置后，接下来就可以通过刀路模拟来观察刀路设置是否合适。在刀路管理器中单击"验证已选择的操作"按钮 ，即可完成工件的加工仿真，加工模拟效果如图 16-48 所示。

图 16-47　刀路示意图

图 16-48　加工模拟效果

16.5　旋转五轴加工

旋转五轴加工用于生成五轴旋转加工刀路。该模组适合于加工近似圆柱体的工件，其刀具轴可在垂直于设定轴的方向上旋转。

16.5.1　设置旋转五轴加工参数

（1）选择"机床"选项卡"机床类型"面板中的"铣床"→"默认"命令，在刀路管理器中会新增一个铣床群组，同时弹出"刀路"选项卡。单击"刀路"选项卡"多轴加工"面板"扩展应用"组中的"旋转"按钮 ，系统弹出"多轴刀路-旋转"对话框，选择"切削方式"选项卡，如图 16-49所示，其中图素类型选项的含义如表 16-4 所示。

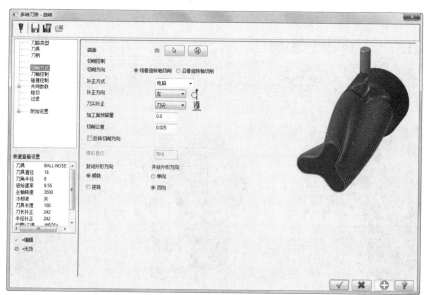

图 16-49　"切削方式"选项卡

表 16-4　图素类型选项的含义

选　项	含　义
切削公差	用于设置刀路的精度。较小的切削误差，会产生比较精确的刀路，但生成刀路的计算时间也随之增加
封闭外形方向	该参数用于设置封闭外形轮廓的旋转四轴刀路的切削方向，Mastercam 提供了两个选项，即顺铣和逆铣
开放外形方向	该参数用于设置开放式外形轮廓的旋转四轴刀路的切削方向，Mastercam 提供了两个选项，即单向和双向

（2）选择"多轴刀路-旋转"对话框中的"刀轴控制"选项卡，对话框显示如图 16-50 所示，其中"使用中心点"选项在工件中心至刀具轴线使用一点，系统输出相对于曲面的刀具轴线。

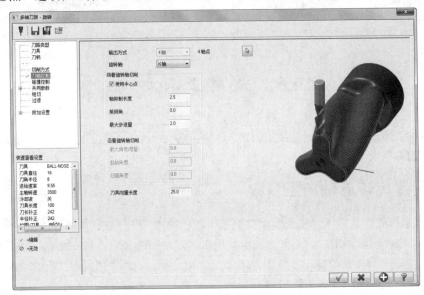

图 16-50　"刀轴控制"选项卡

16.5.2　实例——旋转五轴加工

本实例的基本思路是打开初始文件，设置毛坯材料，然后设置加工参数，进行模拟加工，其加工流程如图 16-51 所示。

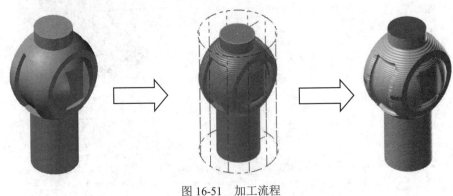

图 16-51　加工流程

操作步骤

（1）单击"快速访问"工具栏中的"打开"按钮，在弹出的"打开"对话框中选择"初始文件\第 16 章\例 16-5"文件，单击"打开"按钮 ![打开(O)] 完成文件的调取，加工图形如图 16-52 所示。

（2）选择"机床"选项卡"机床类型"面板中的"铣床"→"默认"命令，在刀路管理器中会新增一个铣床群组，同时弹出"刀路"选项卡。在刀路管理器中选择"毛坯设置"命令，系统弹出"机床群组属性"对话框，在"毛坯设置"选项卡的"形状"选项组中选中"圆柱体"单选按钮，单击"边界框"按钮，打开"边界框"对话框，根据系统提示框选图形，然后单击"结束选择"按钮 ![结束选择]，返回到"边界框"对话框，单击"确定"按钮 ![✓]，返回"机床群组属性"对话框，如图 16-53 所示。

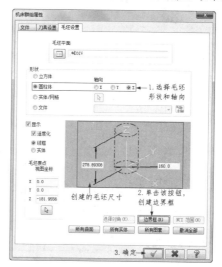

图 16-52　加工图形

图 16-53　"机床群组属性"对话框

（3）单击"刀路"选项卡"多轴加工"面板"扩展应用"组中的"旋转"按钮 ![旋转]，系统弹出"多轴刀路-旋转"对话框，后续操作过程与结果如图 16-54～图 16-56 所示。

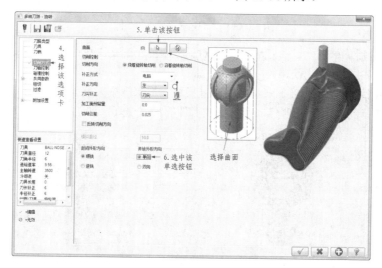

图 16-54　"切削方式"选项卡

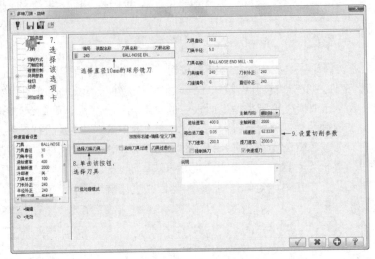

图 16-55　"刀具"选项卡

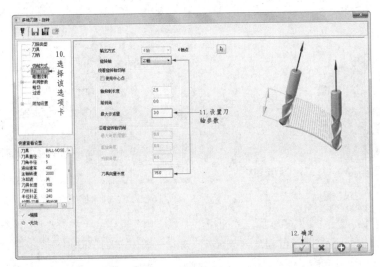

图 16-56　"刀轴控制"选项卡

（4）设置完成后，单击"多轴刀路-旋转"对话框中的"确定"按钮 ，系统立即在绘图区生成旋转四轴刀路，如图 16-57 所示。

（5）完成刀路设置以后，接下来就可以通过刀路模拟来观察刀路设置是否合适。在刀路管理器中单击"验证已选择的操作"按钮 ，即可完成工件的加工仿真，加工模拟效果如图 16-58 所示。

图 16-57　旋转四轴刀路

图 16-58　加工模拟效果